本书由国家社科基金重大项目"人工认知对自然认知挑战的哲学研究"（21&ZD061）

山西省"1331 工程"重点学科建设计划

山西大学"双一流"学科建设规划

资助出版

认知哲学文库

丛书主编 / 魏屹东

认知的
存在论研究

THE EXISTENTIAL RESEARCH
OF COGNITION

王 敬 著

社会科学文献出版社
SOCIAL SCIENCES ACADEMIC PRESS (CHINA)

文库总序

认知（Cognition）是我们人类及灵长类动物的模仿学习和理解能力。认知的发生机制，特别是意识的生成过程，迄今仍然是个谜，尽管认知科学和神经科学取得了大量成果。人工认知系统，特别是人工智能和认知机器人以及新近的脑机接口，还主要是模拟大脑的认知功能，本身并不能像生物系统那样产生自我意识。这可能是生物系统与物理系统之间的天然差异造成的。而人之为人主要是文化的作用，动物没有文化特性，尤其是符号特性。

然而，非生物的人工智能和机器人是否也有认知能力，学界是有争议的。争议的焦点主要体现在理解能力方面。目前较普遍的看法是，机器人有学习能力，如机器学习，但没有理解能力，因为它没有意识，包括生命。如果将人工智能算作一种另类认知方式，那么智能机器人如对话机器人，就是有认知能力的，即使是表面看起来的，比如 2022 年 12 月初开放人工智能公司（Open AI）公布的对话系统 Chat GPT，两个 AI 系统之间的对话就像两个人之间的对话。这种现象引发的问题，不仅是科学和工程学要探究的，也是哲学要深入思考的。

认知哲学是近十多年来新兴起的一个哲学研究领域，其研究对象是各种认知现象，包括生物脑和人工脑产生的各种智能行为，诸如感知、意识、心智、自我、观念、思想、机器意识，人工认知包括人工生命、人工感知、人工意识、人工心智等。这些内容涉及自然认知和人工认知以及二者的混合或融合，既极其重要又十分艰难，是认知科学、人工智能、神经科学以及认知哲学面临的重大研究课题。

"认知哲学文库"紧紧围绕自然认知和人工认知及其哲学问题展开讨

论，内容涉及认知的现象学、符号学、语义学、存在论、涌现论和逻辑学分析，认知的心智表征、心理空间和潜意识研究，以及人工认知系统的生命、感知、意识、心智、智能的哲学和伦理问题的探讨，旨在建构认知哲学的中国话语体系、学术体系和学科体系。

"认知哲学文库"是继"认知哲学译丛""认知哲学丛书"之后的又一套学术丛书。该文库是我承担的国家社科基金重大项目"人工认知对自然认知挑战的哲学研究"（21&ZD061）系列成果之一。鉴于该项目的多学科交叉性和研究的广泛性，它同时获得了山西省"1331 工程"重点学科建设计划和山西大学"双一流"学科建设规划的资助。

魏屹东

2022 年 12 月 12 日

摘　要

　　以存在论现象学研究人类认知是回答以什么样的方法、形式或核心去解决关于认知的哲学问题。借鉴和利用海德格尔关于"此在"的生存论分析对认知的相关要素进行说明和解释，可能是研究认知问题的一条新的途径，一定程度上能够促进认知科学与欧陆哲学相结合，以一种新的态势区别于认知哲学中传统的研究范式。海德格尔的存在论哲学与认知科学的结合是否具有其合理性与有效性，以及由此产生的存在论认知能否成为认知科学中一条新的研究进路，这是亟须论证的问题。对已有认知科学研究纲领及其哲学基础的梳理和分析表明，诸多认知研究路径都有其缺陷：经典的认知主义和联结主义模型受困于"计算至上"的形而上学迷梦，遵循心物与心身二分原则造成了认知与世界、身体的割裂，因而难以理解人的情感、意志活动，且不能正确说明人类认知的形成与演化，而且计算主义对于描述人的情感体验、意志冲动以及审美活动而言并不充分；以"4E＋S"为核心的第二代认知科学研究纲领虽在批判笛卡尔主义的哲学基础方面颇有进展，但自身却面临着难以融合为一的困境，认知活动的脑外要素之因果性与构成性的分歧仍未弥合；胡塞尔现象学因其先验唯心主义和反自然主义立场而与认知科学的实证原则相悖，它将全部意义都植根于先验的主体性之中，而这一先验主体性缺少经验世界的支撑。理论建构的基石是概念。本书讨论了存在论认知的三个核心概念——"此在"、世界和在世存在，分析了"此在"具有的身体、实践以及情境三种维度，澄清了世界与背景，以及认知视域中的环境概念的差别，将在世存在看作人类认知得以可能的条件。海德格尔力图把人的存在设想为在世界中存在，却缺失了对身体要素的讨论，需要对之作出修正。在将海德格尔的存在论现象学与认知科学相结合的方面，存在论认知具有三个主要命题：（1）以动态的原初上手活动取代静态的静观认知；（2）以具身的情境性认知取代无身的离身性认知；（3）由表征性认知拓展为行动导向性认知，人类认知是表征和行动的叠加耦合。海德格尔将理论性的认知看作对上手操劳的一种修正，操用器具的上手活动是通达事物本身的正确方式，但这一直接的上手活动也遭遇了自动化、智能化的延展实践形式的挑战。任何单一的上手状态都是在情境中与人们照面，身体性的"在世界中存在"才真正符合人类真实的生存境况。同时，上手活动并不必然地排斥表征，认知是行动导向的，这是对既有的表征性认知的拓展而非替代。将存在论哲学引入认知研究也面临着理论困境与质疑。一方面，"此在"作为存在论概念与事实层面的自然化描述并不相容，自然化"此在"并没有现实层面的可能性，它是思辨式的、现象学的先验解释和先验分析的产物，不适于形式化、模型化的科学解释。另一方面，"海德格尔式人工智能"尝试以"被抛"的机制化回答"框架问题"，面临着非因果的现象学解释与因果的自然主义解释之间不相容的矛盾，按照"被抛"设计的人工智能也未能完整地呈现人类智能的整体结构。存在论认知的理论困境以及存在论现象学与诠释学之间在理论上的连续性表明，单纯依靠存在论哲学不足以支撑整个存在论认知，有必要将诠释学纳入存在论认知的框架中，以丰富其内涵。首先，海德格尔的存在论现象学就是一种诠释学；其次，人类认知也是一种诠释，认知依赖于诠释，渗透着诠释，诠释与认知具有结构上的"家族相似"；最后，诠释学能够对认知科学产生助益。同时，诠释学也揭示了人类认知本身的复杂之维，凸显了认知的动态性与自我超越性的特征。存在论与诠释学可以共同构成推动认知研究的新助力。

关键词：存在论认知；"此在"；在世存在；人工智能；诠释学

‖目　录‖

‖ Contents ‖

导　论

一　选题意义

自 20 世纪 50 年代以来，人类认知的本质问题已经成为现代科学关注的焦点，与之相应的认知科学随之诞生。在短短的 70 多年间，它的发展速度之快，涉及范围之广，是任何时代的科学都难以企及的。如今，已经成为 21 世纪前沿科学的认知科学先后产生了计算隐喻和符号主义、脑隐喻和联结主义、交互隐喻与具身心灵等不同的理论模型，也经历了以认知心理学、人工智能、人工神经网络、神经科学为主要研究方向的发展阶段。同样的，在认知哲学的领域也产生了符号主义、计算主义、情境主义等理论以及随之而来的各种哲学反思和批判。我们的选题意义主要有以下三点。

第一，从认知研究的切入角度来说，以符号主义、联结主义为代表的第一代认知科学研究纲领、以"4E + S"为核心的第二代认知科学研究范式、动力系统理论以及现象学都从各自立场对认知相关问题进行了回答与解释。经典认知范式之后的绝大多数研究进路都基于对笛卡尔的主客二元认识论模式的哲学批判。海德格尔的存在论从对世界的世界性分析和"此在"的生存论分析展开了他对笛卡尔的批判，着力把人当作世界的参与者而非旁观者，摒弃了超越性的"视见"，这种实践描述引起了认知科学家和哲学家的关注。因而，从存在论角度切入认知科学可以说是一种新的研究进路。

第二，海德格尔的存在论与胡塞尔的现象学都是现代西方哲学史上具有相当影响力的哲学流派，有着举足轻重的地位，二者都与认知科学有着密切关系，都对认知科学研究范式的哲学基础转换产生了积极的作用，甚至有可能成为认知科学新的哲学基础和来源。例如海德格尔的"在世存在"、对事物的上手性和现成性的区分等，都为具身认知、情境认知等研究进路提供了富有启发性的启示和指导。另外，由于海德格尔将"此在"看作存在意义显现之所，对存在意义的追问也是诠释学自身的目标与任务，因此，可以说，他的存在论是与诠释学相结合的，他将两者统一了起来。一般而言，理解与人的认知有着千丝万缕的联系，甚至可以把后者纳入前者的范畴，海德格尔与伽达默尔对于理解之"前结构"的重视有助于描述人类认知自身的澄明。概言之，海德格尔的诠释学与受到其实质性推动的伽达默尔诠释学有可能给予研究人类认知现象以何种有效的启示，需要我们加以考察。

第三，根据笔者的搜索，目前国内学界对将海德格尔与认知科学相结合这一领域的关注不多，相关文献仅有数篇论文，而国外已有数本研究专著和若干论文，说明国外学界业已注意到这一问题的重要性，而国内学界对此认识不足。因此，本书在全面考察作为认知科学哲学基础的笛卡尔到海德格尔之转向的基础上，充分将认知科学的相关问题与海德格尔的存在论哲学相结合，在对认知进行存在论分析的基础上提出一条新的并具有可行性的研究路径。在笔者看来，虽然这一选题有很大的难度和挑战性，相关资料也较少，但这在一定程度上可以拓展认知科学的研究视野，推动认知哲学领域的学术研究，还可以弥补国内相关研究的不足。

二　国内外研究现状

认知科学是研究人类心智、认知和智能的交叉学科，其智力起源主要包括1956年以来兴起的人工智能研究热潮、心灵哲学中的"功能主义"理论、认知心理学和语言学反对激进行为主义的"认知革命"等。到现在为止，走过半个多世纪历程的认知科学，已不像产生初期那样"仅仅是不同领域的人对心智的泛泛而谈"。今天，不同领域的研究者联手为心智与认知的探索贡献了许多新奇的研究方法和富有创见的成果，例如传统的符号计算主义与联结主义，以"4E＋S"为核心的第二代认知科学研究纲领，从现象学、实用主义、生态学等角度介入认知科学的研究路径，等等。以上各个研究方向的论文不一而足，汗牛充栋。国内学界对海德格尔存在论的研究也十分重视，成果颇丰，但大多是对其著作展开的文本解读。因此，我们首先梳理这一解读过程中关于意向性、语言、知识等与认知相关联的文献。

（一）海德格尔与认知相关的问题研究状况

海德格尔本人虽然几乎没有谈过"认知"这一词，但这并不能说明他不重视这一问题，恰恰相反，海德格尔格外重视认识论问题。《存在与时间》一书中便有关于认识和真理的讨论；在《时间概念史导论》中，他进一步指明了人的认知在存在论哲学中的地位，但他把认知视为此在在世界中存在的一种"派生"方式。海德格尔在着手阐述在世现象之际就特别注重对传统认识论（主要是笛卡尔主义认识论）的批判。在他看来，整个传统认识论陷入了认识主体如何以一种合理的方式从其内在范围抵达外在对象这一窠臼，要摆脱这一困境，必须一开始就将认识理解为"此在在世界中存在的一种方式"。目前，国内学界对这一问题域的关注度较高，诸多新的认知研究进路也都吸收了海德格尔的这一思想，并以此为基础作进一步解读。

1. 海德格尔关于认识论的研究状况

李龙的博士学位论文《认识论的先验转向和生存论转向——以生存论维度重新理解认识论》认为海德格尔在批判先验哲学的独断性和传统形而上学的实体性中开启了认识论的生存论转向，揭示出了认识论的生存论前提，在生存论维度上重新理解了认识论。作者指出，其生存论转向本质上是反对科学主义认识论、反对技术控制论的，实际上是在认识论的先验转向基础上强调思维方向的重新开拓，不再从思维的先验结构、思维的逻辑机能去研究认识的可能前提，而是从在世的生存论结构、人的生存领会来研究认识的可能前提。海德格尔的生存论转向改变了认识论的主题，认识论的根本问题已不再是寻求知识的客观性、真理性问题，而是通达存在的意义。①

---

① 李龙：《认识论的先验转向和生存论转向——以生存论维度重新理解认识论》，博士学位论文，吉林大学，2004。

丁蓓增的《海德格尔对传统认识论的解构》一文认为，海德格尔哲学的目的在于摆脱以自然科学为思维模式的世界观，对存在问题的重新分析使他突破了狭隘的主—客体认识关系，向人们展示了一个新的、广阔无比的领域；① 张一兵的论文《意蕴：遭遇世界中的上手与在手——海德格尔早期思想构境》深入探讨了海德格尔哲学语境下的"意蕴"概念，他认为意蕴不是认识论的范畴，而是一种遭遇性的存在，它的展露表现为两个存在特征——意蕴的上手—在手状态和意蕴共同世界中的显现，存在就是意蕴建构起来的相遇之发生；② 余平的论文《"朝向实事本身"之思——从笛卡儿到海德格尔》认为海德格尔以"在－世界－中－存在"化解掉了意识哲学的不破金身，进而击中了认识论哲学一直够不着的自在存在，亦即那种滚滚而来激荡并席卷着我们的"实事本身"；③ 刘丽霞在《心物关系问题的解决：从胡塞尔到海德格尔》一文中论述了海德格尔对胡塞尔的认识论范式的批判，反对从内部解决心物关系，坚持从此在领域出发理解"物自身的经验"；④ 陈辉在其论文《海德格尔对"世界观"概念批判的多重意蕴》中论述了海德格尔所理解的"世界观"，在他看来，后者是对主体形而上学的一种表达方式，应坚决予以解构、批判，人与世界的关系完全不同于这一概念所显示的那样，他试图在这一层面上超越主客二分。⑤

2. 关于认知的意向性问题

由布伦塔诺开创，后经胡塞尔改造而来的意向性概念也受到了海德格尔的极大关注，他将这一概念用于研究此在"在世界中存在"的问题，脱离了胡塞尔解释意识的原初路径，因此具有不同的意义。国内学界对这一问题的关注较多，孙周兴的论文《我们如何得体地描述生活世界——早期海德格尔与意向性问题》认为海德格尔早期正是借助"意向性"获得了真

① 丁蓓增：《海德格尔对传统认识论的解构》，《社会科学》1994 年第 9 期。
② 张一兵：《意蕴：遭遇世界中的上手与在手——海德格尔早期思想构境》，《中国社会科学》2013 年第 1 期。
③ 余平：《"朝向实事本身"之思——从笛卡儿到海德格尔》，《四川大学学报》（哲学社会科学版）2013 年第 2 期。
④ 刘丽霞：《心物关系问题的解决：从胡塞尔到海德格尔》，《中南大学学报》（社会科学版）2013 年第 5 期。
⑤ 陈辉：《海德格尔对"世界观"概念批判的多重意蕴》，《社会科学论坛》2018 年第 4 期。

正的"实事域",并在视域到世界、理论化到生命体验等方面对意向性作了诸多推进;① 舒红跃的论文《从"意识的意向性"到"身体的意向性"》认为海德格尔对胡塞尔现象学的批判不在于拒绝意向性,而在于否认意向性是第一性的存在基本结构,他认为"意识的意向性"、单纯地朝向某物,必须被回置到"在之中存在"的基本结构中,意向性奠基于此在的超越性,它不是此在最原初的特征,意向行为是被奠基的,根基于此在的实存;② 杨晓斌的博士论文《意识意向性、身体意向性与伦理意向性——胡塞尔、海德格尔与列维纳斯哲学中的意向性概念》认为海德格尔确立了一种与胡塞尔的意识意向性不同的身体意向性,他将意向式存在者(实在的人,此在)作为这一意向性的起点,并且通过对"本质"和"实有"的回溯,将这意向式存在者等同于"动手性或制作性施为者";③ 陈攀文的论文《现象学意向性理论的生存论转向:从胡塞尔到海德格尔》论述了海德格尔基于"存在论"立场对胡塞尔的意识意向性理论作出的三个方面的批判性改造:海德格尔认为意向性之"主体"是指向实践价值意义的此在而非先验自我,意向之意义出自此在之实践和价值性质的筹划而非纯粹意识之授意活动,意向性之指向性根源于使生存价值得以绽出的时间性而非意识的本质结构之事实。作者认为海德格尔的意向性理论超越了传统哲学而走向了价值和实践哲学,从意识意向性转向了生存意向性。④

3. 关于认知的语言问题

语言作为人类认知的一种特殊现象,一直受到哲学家们的关注,海德格尔的存在论哲学也对语言问题展开了独特的追问。国内目前的研究状况如下。冯凯迪的硕士学位论文《试论海德格尔的语言之思——基于语言与世界之关联的考察》从语言和世界的内在关联阐释了海德格尔的语言观,

---

① 孙周兴:《我们如何得体地描述生活世界——早期海德格尔与意向性问题》,《学术月刊》2006 年第 6 期。

② 舒红跃:《从"意识的意向性"到"身体的意向性"》,《哲学研究》2007 年第 7 期。

③ 杨晓斌:《意识意向性、身体意向性与伦理意向性——胡塞尔、海德格尔与列维纳斯哲学中的意向性概念》,博士学位论文,浙江大学,2012。

④ 陈攀文:《现象学意向性理论的生存论转向:从胡塞尔到海德格尔》,《求索》2015 年第 5 期。

并分析了世界概念以及世界和语言的关系问题;① 谢文静的硕士学位论文《行走在"思"与"诗"的路上——海德格尔存在论的语言学诠释》在诗、语言和存在的框架下讨论了海德格尔语言和存在的关系;② 张贤根的《语言:区分与道路——海德格尔语言思想研究》论述了海德格尔在批判流俗语言和技术语言的基础上实现的语言转向,以及海德格尔为保持语言的纯粹性和本真性所作的努力,即区分诗意语言与技术语言,并利用前者克服后者;③ 杨佑文的《海德格尔的"语言转向"及其语言观》一文探讨了海德格尔的"语言转向"及其意义,区分了他前期和后期语言观的差别;④ 张海洋的《本体论语言哲学视域中的海德格尔语言观》批判了海德格尔前后期语言观,从"语言与此在"、"语言与意识世界"和"语言与存在"三个维度来澄清海德格尔语言观的本质;⑤ 王锺陵的《论海德格尔的语言观》一文分析了海德格尔关于语言的"道说"概念与老庄哲学之谓道的异同。⑥ 综上,我们看到,海德格尔对语言的理解以其"存在论"思想为理论基础,把对"存在"意义的追问作为其探究语言本质的出发点,海德格尔认为人如何通过意识世界认识外在世界正是语言意义的体现。"语言是存在自身既澄明又遮蔽的到来,因此语言是存在之家,人在其中生存着。"⑦ 语言的本质既体现在语言与存在的关系中,也体现在语言与人和人的世界的关系中,语言的意义既离不开存在,也离不开人和人的世界。

4. 关于认知的情绪问题

与认知科学和心理学等学科对情绪的讨论不同,海德格尔对情绪的研究进路另辟蹊径,他是从此在生存论分析的角度考察此在在世的情绪问题

---

① 冯凯迪:《试论海德格尔的语言之思——基于语言与世界之关联的考察》,硕士学位论文,吉林大学,2018。

② 谢文静:《行走在"思"与"诗"的路上——海德格尔存在论的语言学诠释》,硕士学位论文,吉林大学,2017。

③ 张贤根:《语言:区分与道路——海德格尔语言思想研究》,《自然辩证法研究》2003 年第 3 期。

④ 杨佑文:《海德格尔的"语言转向"及其语言观》,《理论月刊》2011 年第 3 期。

⑤ 张海洋:《本体论语言哲学视域中的海德格尔语言观》,《外语学刊》2016 年第 5 期。

⑥ 王锺陵:《论海德格尔的语言观》,《江苏社会科学》2018 年第 2 期。

⑦ 〔德〕海德格尔:《在通向语言的途中》,孙周兴译,商务印书馆,1997,第 87 页。

的，国内学术界对此的研究主要集中在"畏"和"烦"两种情绪上。刘丰的硕士学位论文《论海德格尔的"根本情绪"——畏》论述了作为本体的情绪以及情绪的基本结构；① 张银华的硕士学位论文《海德格尔生存论中的情绪问题研究》通过分析与阐述"烦"与"畏"这两种情绪的本质和情绪的本真含义来寻找此在（人）在生存论中的结构性因素，以获得对此在的本真性认识；② 孙周兴的《为什么我们需要一种低沉的情绪？——海德格尔对哲学基本情绪的存在历史分析》一文以存在论方式分析了"惊恐""压抑""畏惧"三种时代的基本情绪，认为它们是极为重要的，对于哲学或者思想具有根本的"调音—规定"作用；③ 肖庆生等的论文《海德格尔哲学中的情绪本体论探究》论述了此在的基本情绪——"操心"和本真情绪——"畏"，认为海德格尔的情绪本体论是一种具有颠覆性并影响深远的思想，并且揭示了其现实启示。④ 综上，我们看到，海德格尔将情绪理解为此在的一种源始存在方式，此在是一种情绪性的存在者，这是它的又一特征。他说道："在现身情态中此在总已被带到它自己面前来了，它总已经发现了它自己，不是那种有所感知地发现自己摆在眼前，而是带有情绪的自己现身。"⑤ 因此，此在最初在情绪之中展开其存在和世界。海德格尔认为情绪具有两个主要环节："烦"和"畏"。此在正是借助这两种情绪来揭示、把握此在本真的存在意义，他也正是通过对"畏"和"烦"两种情绪的细致分析厘清本真存在的确切含义。我们可以看到，海德格尔的情绪分析不属于认知科学的任务和范畴。

（二）关于海德格尔式人工智能的问题

近年来，人工智能的不断发展为人类的生产和生活带来了巨大的便利，但其自身也面临着诸多问题，哲学家出于自身责任对人工智能展开了批判和分析。有的哲学家，比如德雷福斯，利用海德格尔的现象学思想对

---

① 刘丰：《论海德格尔的"根本情绪"——畏》，硕士学位论文，四川大学，2005。
② 张银华：《海德格尔生存论中的情绪问题研究》，硕士学位论文，黑龙江大学，2008。
③ 孙周兴：《为什么我们需要一种低沉的情绪？——海德格尔对哲学基本情绪的存在历史分析》，《江苏社会科学》2004 年第 6 期。
④ 肖庆生等：《海德格尔哲学中的情绪本体论探究》，《学术交流》2014 年第 6 期。
⑤ 〔德〕海德格尔：《存在与时间》，陈嘉映、王庆节译，三联书店，2012，第 158 页。

人工智能的前景进行了深刻的反思，他将现象学与人工智能的具体技术紧密地结合在了一起。国内学者以德雷福斯的理论主张为基础，对他提出的"海德格尔式人工智能"（Heideggerian AI）进行了进一步的反思和批判。

徐献军是较早关注这一问题的学者，他在 2011 年发表的《国外现象学与认知科学研究述评》中介绍了海德格尔式人工智能的初步研究，指出了现象学与认知科学之间合作的可能潜力。① 在其 2013 年发表的论文《海德格尔与计算机——兼论当代哲学与技术的理想关系》中，他论述了在海德格尔与计算机的联系的影响之下，计算机专家作出的一些改变，即以海德格尔哲学为基础构建新式的计算机系统的设计进路，包括威诺格拉德的存在主义设计、阿格勒的指示表征设计以及多罗西的具身交互设计。同时指出各自进路所具有的理论和实践意义。② 在《论德雷福斯、现象学与人工智能》一文中，作者对德雷福斯的哲学贡献作了描述，认为他的贡献主要有两部分：一是基于海德格尔的存在论现象学和梅洛－庞蒂身体现象学形成了自己的现象学哲学，二是成功地建立了现象学、计算机科学与人工智能等不同学科之间的联系。作者在对德雷福斯的思想进行分析后认为，德雷福斯的研究存在两个缺陷：一是对胡塞尔的评价有失公允，低估了胡塞尔对于人工智能和认知科学的重要程度；二是德雷福斯过于强调身体的重要性而忽视了意识。在作者看来，随着技术的进步，德雷福斯要求的人造身体可能会实现，但人和机器的本质区别不在于身体，而在于意识，使人工智能具有意识和心智，才是它成功的标志。问题在于，如果约翰·塞尔的生物自然主义是正确的，那么这种观点恰恰指出了意识、心智与身体构成的因果关系。目前看来，只有碳基构造的生命体才展现出了意识现象，人们有理由相信，身体才是产生意识和心理现象，甚至发展成智能的基础。③

在另一篇论文《德雷福斯对人工智能的批判仍然成立吗？》中，徐献军考察了德雷福斯对人工智能进行批判的哲学依据，同时力图回答在深度学习和强化学习长足发展的背景下，德雷福斯对人工智能批判的有效性问

---

① 徐献军：《国外现象学与认知科学研究述评》，《哲学动态》2011 年第 8 期。
② 徐献军：《海德格尔与计算机——兼论当代哲学与技术的理想关系》，《浙江大学学报》（人文社会科学版）2013 年第 1 期。
③ 徐献军：《论德雷福斯、现象学与人工智能》，《哲学分析》2017 年第 6 期。

题。作者认为德雷福斯是立足于海德格尔和梅洛－庞蒂的现象学哲学对人工智能进行批判的，而且他对原有的现象学进行了改造，是"德雷福斯式的海德格尔与梅洛－庞蒂现象学"。在作者看来，人工智能的哲学假设是理性主义，是其哲学原则的极致演绎和实践化，人工智能的发展可能会面临传统理性主义与海德格尔—梅洛－庞蒂现象学之间的取舍。关于批判是否有效的问题，作者持正面态度，认为德雷福斯的批判到今天为止依然有效，他揭示出了束缚人工智能发展的哲学假设，这是至关重要的。[①]

王颖吉的论文《作为形而上学遗产的人工智能——休伯特·德雷福斯对人工智能的现象学批判》重温了德雷福斯关于人工智能的重要见解，论述了德雷福斯基于存在论现象学对经典人工智能的批判。作者汲取了海德格尔与梅洛－庞蒂现象学的重要观念，认为智能的实质是情境化和具身化的心智，指出未来人工智能的前景在于发展出一种去除表征、重视身体和情境且不依赖规则的智能形式。[②]

张昌盛的论文《人工理性批判：对德雷福斯的人工智能哲学的现象学反思》从德雷福斯关于人工智能极限的现象学分析入手，通过与塞尔的生物自然主义进行对比，作者认为德雷福斯诉诸海德格尔与梅洛－庞蒂现象学而提出的"海德格尔式人工智能"是优于表征主义式人工智能的，但不能应对认知科学的发展和生物自然主义所带来的挑战。因此，理解人工智能问题的关键是理解认知、智能和意识之间的关系，而涉及意识问题就不能不提及胡塞尔的先验现象学，德雷福斯恰恰在这一点上误解了胡塞尔。人工智能的本质是对人类认知和智能的揭示，是对意识的重新思考。[③]

段似膺的论文《海德格尔式人工智能及其对"意识"问题的反思——兼与何怀宏先生商榷》探讨在海德格尔式人工智能中再现"意识"的问题。作者认为，虽然海德格尔式人工智能改变了以往传统的符号表征模式，并以生物和日常世界间的交互活动为基础，但它依然会面临强人工智

① 徐献军：《德雷福斯对人工智能的批判仍然成立吗？》，《自然辩证法研究》2019 年第 1 期。
② 王颖吉：《作为形而上学遗产的人工智能——休伯特·德雷福斯对人工智能的现象学批判》，《南京社会科学》2018 年第 3 期。
③ 张昌盛：《人工理性批判：对德雷福斯的人工智能哲学的现象学反思》，《重庆理工大学学报》（社会科学版）2018 年第 12 期。

能遇到的困境，即人类是以身体为中介在诸多情境中直接把握意义的，人与世界打交道的方式之基础在于他的身体存在，人工智能与人类的本质区别在于身体而非意识，关键是没有依托"在世存在"的"身体—意识"。①

陶锋的论文《人工智能语言的哲学阐释》从海德格尔存在论的视角出发，探讨了人工智能语言面临的根本难题。作者认为，人工智能语言是一种技术语言，而技术语言是抽象的逻辑演算的公式，它遮蔽了存在者的现象和显现，因此人工智能永远无法实现本真的语言（诗的语言）。基于海德格尔的语言观，作者认为人工智能不会像人一样独立地获得语言，因为前者不具有生存论意义上的超越、领会和情绪，无法像人一样体会语言的本质，也没有类似于人的言谈能力。②

夏永红在《人工智能的创造性与自主性——论德雷福斯对新派人工智能的批判》一文中梳理和考察了德雷福斯对人工神经网络和具身人工智能的批判。作者认为德雷福斯已有的批判缺乏必要的理论基础和理论指引，因而流于单纯的技术评估。通过引入德雷福斯对本真性这一海德格尔哲学概念的重新阐释，作者力图从生存论层次阐明人工智能的创造性和自主性的先验条件：两者都奠基于生命的脆弱性。作者将人工智能不具有完全智能的根本原因归于它缺乏人类本身具有的自主性和创造性，缺乏一个脆弱的活生生的身体，指出人工智能研究的前景在于人工与生命的结合。③

朱清华的论文《德雷福斯与海德格尔式人工智能》考察了海德格尔式人工智能如何应对框架问题这一难题。首先，作者论述了德雷福斯对人工智能具有的四个形而上学假设的批评。其次，作者区分了海德格尔式人工智能的三个发展阶段：①基于行为的机器人学；②给上手状态编程；③虚拟的海德格尔式人工智能，并指出了海德格尔式人工智能在解决框架问题时的缺陷，认为它不足以彻底地解决框架问题。最后，作者考察了德雷福斯对人工智能批判的有效性问题，认为德雷福斯的批判关乎更为根本的问

---

① 段似膺：《海德格尔式人工智能及其对"意识"问题的反思——兼与何怀宏先生商榷》，《学术争鸣》2019 年第 1 期。
② 陶锋：《人工智能语言的哲学阐释》，《南开学报》（哲学社会科学版）2020 年第 3 期。
③ 夏永红：《人工智能的创造性与自主性——论德雷福斯对新派人工智能的批判》，《哲学动态》2020 年第 9 期。

题，即人根本的思维和行动方式是否为概念性和表征性的。他认为德雷福斯的批判在哲学上是站得住脚的，海德格尔对"在世存在"的本质描述可以作为人工智能发展的一个参照系。[①]

李日荣的《海德格尔的时间性此在与人工智能发展的自主性难题——兼论德雷福斯人工智能批判的局限性》一文从此在的本真性和自主性的视角出发，认为德雷福斯对人工智能的批判未能看到海德格尔对人类智能本质的完整揭示，其本质介于形式与非形式之间，人工智能的正确发展方向应当是能够揭示人类智能形式与非形式化特征的融合统一，呈现二者之间的"关联领域"。[②]

同时，国外学界对海德格尔哲学与人工智能的讨论也具有一定热度，时间的跨度比国内学界要更大。贝斯·普雷斯顿（Beth Preston）在论文《海德格尔与人工智能》（Heidegger and Artificial Intelligence）中指出，海德格尔式人工智能并非将"表征"和"计算"作为核心概念，而是以社会性为本质特征，它从根本上对立于认知主义，智能的涌现在于同外在环境的交互，而非神经元的联结。[③] 卡罗斯·埃雷拉（Carlos Herrera）与里卡多·桑斯（Ricardo Sanz）在论文《海德格尔式 AI 与机器人的存在》（Heideggerian AI and the Being of Robots）中认为，海德格尔对人类（此在）的生存论分析并不适用于人工系统，因为海德格尔的存在论哲学否认机器人或人工智能具有与人类相同类别的存在论意义。他们对人工系统进行了海德格尔式的存在论分析，认为机器人或人工智能是一种特殊的、不同于人类和动物的存在者，是执行人类劳动的机器。对人工智能或机器人进行存在论分析是一项艰巨的挑战，作者认为海德格尔式人工智能的任务在于为制造智能机器提供智力方面的支持。[④] 查理塔（Mario Andrés Chalita）和塞

---

① 朱清华：《德雷福斯与海德格尔式人工智能》，《哲学动态》2020 年第 10 期。

② 李日荣：《海德格尔的时间性此在与人工智能发展的自主性难题——兼论德雷福斯人工智能批判的局限性》，《陕西师范大学学报》（哲学社会科学版）2022 年第 1 期。

③ B. Preston, "Heidegger and Artificial Intelligence," *Philosophy & Phenomenological Research* 53 (1993).

④ Carlos Herrera and Ricardo Sanz, "Heideggerian AI and the Being of Robots," Vicent C. Müller (eds.), *Fundamental Issuses of Artifical Intelligence* (Switzerland: Springer International Publishing, 2016), pp. 497 – 513.

泽拉兹（Alexander Sedzielarz）的论文《超越框架问题：海德格尔对 AI 的贡献》［Beyond the Frame Problem：What（Else）Can Heidegger Do for AI?］对海德格尔哲学是否可以作为人工智能的思想来源进行考察：如果海德格尔启发的认知科学是可能的，那么这种科学应该聚焦于存在论的差异，而不是海德格尔思想中的任何其他特征。①

我们看到，将海德格尔哲学应用于人工智能成了当前的一个研究热点，由于德雷福斯是利用海德格尔哲学批判人工智能的先驱和集大成者，因此，国内学者首先关注的是德雷福斯从存在论现象学角度对经典人工智能的批判，并在其基础上作进一步的分析和再批判，关注的侧重点包括意识问题、框架问题以及人工智能的形而上学预设等。可以说，国内学者几乎是以德雷福斯的批判为依托来展开自己的分析研究的，特别是后者在《计算机不能做什么：人工智能的极限》一书中提出的关于传统人工智能的四个假设：①生物学假设、②心理学假设、③认识论假设以及④本体论假设。② 这四种假设至今仍在对我们的研究产生影响。总体看来，国内学者在相关方面的研究似乎仍旧没有脱离德雷福斯，集中于对计算机的无身性（disebodied）、非情境性特征的批判，没有对海德格尔式人工智能作出具体、清晰的描述和定义。我们认为，德雷福斯的批判是否仍然有效，需要结合人工智能最新的研究成果来予以审视，并以此来判断海德格尔式人工智能的适应性，不能简单、匆忙地作出海德格尔式人工智能已经过时的结论。

（三）其他学者将存在论哲学与认知科学相结合的研究状况

1. 第二代认知科学研究纲领与存在论哲学的关系述评

在对第一代研究纲领的认知主义、联结主义进行反思与批判的背景下，以"4E＋S"为核心的第二代认知科学研究纲领应运而生，后者注重身体和情境在认知过程中的作用，强调主体与环境的交互作用与过程。其主要进路包括具身认知（embodied cognition）、延展认知（extended cogni-

---

① Alexander Sedzielarz, "Beyond the Frame Problem：What（Else）Can Heidegger Do for AI?," *AI&SOCIETY* 38（2023）：180.
② 〔美〕休伯特·德雷福斯：《计算机不能做什么：人工智能的极限》，宁春岩译，三联书店，1986，第166页。

tion）、生成认知（enactive cognition）、嵌入认知（embedded cognition）以及情境认知（situated cognition）。后四种进路实质上是具身认知的不同形式，但这四种认知理论与存在论现象学的关系并不密切，只是在关于具身认知的"身体"概念方面，国外学界进行了较为细致的研究。

关于具身认知的研究和探讨，国内学界主要是围绕其与以计算—表征为核心的正统认知科学之间的争论展开，有的从现象学角度加以论述，有的则从认知心理学角度进行探究，但还没有人从海德格尔存在论哲学的角度介入具身认知理论。讨论"身体"概念的论文也非常少，原因可能在于海德格尔本人不太重视身体问题，在《存在与时间》和其他著作中没有对身体予以适当的哲学分析。在海德格尔看来身体只是空间性的物体，没有独特的存在论地位。相比于国内，国外学者的讨论和研究要热烈、深刻得多。埃德加·E. 彼得斯（Meindert E. Peters）的论文《海德格尔的他者化——论〈存在与时间〉中对身体和"主体间性"的批判》（Heidegger's Embodied Others：On Critiques of the Body and "Intersubjectivity" in *Being and Time*）研究了加拉格尔与雅各布森在认知科学领域提出的有关海德格尔的"主体间性"的问题，后者认为海德格尔之《存在与时间》对主体间性的研究忽视了源始的主体间性：具身性交互，作者为之进行了辩护。① 查尔斯·戈登（Charles Guignon）的论文《身体、躯体感觉和生存性感觉：一种海德格尔视角》（The Body，Bodily Feelings，and Existential Feelings：A Heideggerian Perspective）考察了海德格尔对身体和以身体为基础的感觉的存在论分析。② 阿科伊贾姆·托伊比萨纳（Akoijam Thoibisana）的《海德格尔论此在作为习惯体的概念》（Heidegger on the Notion of Dasein as Habited Body，2015）一文对人们认为海德格尔忽视身体的观点进行了批判，他认为海德格尔在《存在与时间》中所讲的是一种活生生的身体（lived body），是对此在身体的现象学理解。克里斯蒂安·乔坎（Cristian Ciocan）的《论海德格尔对此在分析中的活身》（The Question of the Living Body in Heidegger's

---

① M. E. Peters，"Heidegger's Embodied Others：On Critiques of the Body and 'Intersubjectivity' in *Being and Time*," *Phenomenology & the Cognitive Sciences* 7（2018）.

② Charles Guignon，"The Body，Bodily Feelings，and Existential Feelings：A Heideggerian Perspective，" *Philosophy Psychiatvy & Psychology* 2（2009）：195－199.

Analytic of Dasein）分析了海德格尔对此在的存在论分析忽视身体的原因和意义。① 经过搜索后，我们发现国外关于海德格尔存在论哲学与身体问题的研究成果主要表现为论文形式，目前尚无相关专著，且主要是分析存在论哲学语境中的"身体"概念，对认知科学哲学语境下的"身体"研究比较薄弱，并没有将存在论分析与认知科学哲学的相关身体问题予以有效的结合，这恰好给我们提供了一种新的思路。

2. 海德格尔存在论现象学与认知科学的关系述评

近年来，欧洲大陆哲学在认知科学中的作用日益为当代西方学术界所重视，随着认知科学研究的深入发展，海德格尔哲学引起了认知科学家、人工智能学者和哲学家的广泛关注，人们开始研究海德格尔哲学对认知科学研究的反思和批判启示。然而，国内学界对这一领域的研究还做得很不够，相关论文只有刘晓力和孟伟的论文《认知科学哲学基础的转换——从笛卡儿到海德格尔》，文章认为海德格尔认知观可以为认知科学的研究提供一种新的构成性解释，并主张一种涉身—嵌入式认知科学研究纲领。② 兰州大学孙冠臣的论文《从表象主义到现象主义——认知语境中的"存在问题"》探讨了胡塞尔与海德格尔各自关于认知的现象主义观点，认为只有将认知彻底还原为存在、生存，才能避免主体与客体二分所造成的理论困境，进而有效应对怀疑论的挑战。③ 北京航空航天大学韩连庆在其论文《哲学与科学的短路——德雷福斯人工智能批判的局限》中引用齐泽克的观点，认为德雷福斯主张的海德格尔式认知主义（Heideggerian cognitivism）将哲学化约为科学，造成"哲学与科学的短路"，从而错失哲学真正的超越论维度。④ 孟伟与杨之林《涉身认知的外在主义解释与人工智能的未来发展》认为海德格尔的具身性理念支撑了涉身认知的外在主义解释框

---

① Cristian Ciocan, "The Question of the Living Body in Heidegger's Analytic of Dasein," *Research in Phenomenology* 38（2008）：72 – 89.

② 刘晓力、孟伟：《认知科学哲学基础的转换——从笛卡儿到海德格尔》，《科学技术与辩证法》2008 年第 6 期。

③ 孙冠臣：《从表象主义到现象主义——认知语境中的"存在问题"》，《天津社会科学》2012 年第 6 期。

④ 韩连庆：《哲学与科学的短路——德雷福斯人工智能批判的局限》，《哲学分析》2017 年第 6 期。

架，其主要是两个观念："上手状态"与"顺应于事的视"。"上手状态"描述了人的原初认知状态，"顺应于事情的视"是一种生于情境、面向行动且不断引导行动的意识状态。① 刘晓力与孟伟合著的《认知科学前沿中的哲学问题》（2014）用一小节的篇幅探讨了海德格尔与认知发展的关系，介绍了海德格尔对日常认知的内在机制和外在情境的描述。② 这是国内为数不多谈及存在论哲学与认知科学的文献。我们看到，国内学界在这方面的研究并不系统，比较零散，停留于对某些概念的说明，缺少一种整体主义的视角。

相比之下，国外学界在这一研究领域则要活跃得多。在著作方面，迈克尔·惠勒（Michael Wheeler）与朱利安·基弗斯坦因（Julian Kiverstein）主编的《哲学与认知科学的新方向：海德格尔与认知科学》（*New Directions in Philosophy and Cognitive Science：Heidegger and Cognitive Science*）一书是国外学者将海德格尔哲学与认知科学相结合取得的成果，共包含 11 篇论文，论述的主题都不相同，故而对每一篇论文进行概述。

朱利安·基弗斯坦因的论文《何为海德格尔式认知科学?》（What Is Heideggerian Cognitive Science?）主要论述了海德格尔哲学给予认知科学的启示与经验，认为海德格尔的存在论哲学，尤其是对"在世存在"的存在状态的探讨可以作为新一代认知科学研究纲领的哲学基础。作者在深入批判以笛卡尔主义为基础的第一代认知科学研究纲领，特别是以符号操作为核心的老式有效人工智能（GOFAI）的基础上，研究了海德格尔式认知科学的优势以及它在某些理论方面的不足。作者认为认知科学的海德格尔范式优于甚至可以取代笛卡尔范式，要做到这一点，需要证明当今认知科学中有比老式有效人工智能更为出色的替代选项，此外还必须证明这一新的范式不会受到框架问题的影响，并且可以使人们理解"在世存在"这一人类存在的基本方式。这篇论文相当于该书的导论，作者对后述章节的内容作了简要介绍，并以海德格尔哲学的视角解释了当今盛行的 4EA（具身认

---

① 孟伟、杨之林：《涉身认知的外在主义解释与人工智能的未来发展》，《西南民族大学学报》（人文社会科学版）2018 年第 3 期。
② 刘晓力、孟伟：《认知科学前沿中的哲学问题》，金城出版社，2014。

知、延展认知、生成认知、嵌入认知以及情感认知）认知模式内部关于"具身性"（embodiment）与"嵌入性"（embeddedness）的争论，并且认为 4EA 认知科学的发展方式符合海德格尔现象学。

休伯特·德雷福斯的论文《为什么海德格尔化的人工智能会失败，以及修复人工智能需要让人工智能更加海德格尔化》（Why Heideggerian AI Failed and How Fixing It would Require Making It More Heideggerian）探讨了人工智能与哲学的关系，尤其深入研究了如何以海德格尔哲学解决符号主义 AI 所面临的困境与难题，并研究了海德格尔式 AI 如何消解框架问题。在他看来，前者由于无法解决常识困境和框架问题因而是一种退化的研究方案，主张接受海德格尔对笛卡尔内在表征的批判：认知是嵌入和具身的。

马修·拉特克里夫（Matthew Ratcliffe）的论文《不可能有此在的认知科学》（There Can Be No Cognitive Science of Dasein）讨论了积极的海德格尔进路在认知科学与人工智能领域内的前景，提出了"海德格尔认知科学"的哲学概念，并证明其早期哲学观点并不和自然主义相容，认为利用认知科学术语来理解"在世存在"是非常荒谬的。因为经验科学根本不能解释人类的存在方式，所以借助认知科学理解"此在"是一种拙劣的想法，海德格尔哲学至少在某些主题上并不完全适用于认知科学。

安德里亚·雷贝格（Andrea Rehberg）的论文《海德格尔与疑难反思下的认知科学》（Heidegger and Cognitive Science-Aporetic Reflections）讨论了认知科学的新模式——"具身—嵌入式认知模型"，主张在利用海德格尔改进新的认知模型时不应忽视一些深层次的基础问题，例如"什么是'此在'"。这一问题又可延伸出何为"此在"的本真与非本真状态、什么是"此在"的被抛、沉沦和事实性、什么是"此在"的决断（resoluteness）和展开（disclosedness）以及"此在"的绽－出（ek-sists）方式，最重要的是"此在"对存在的前理解等诸多问题。关于"此在"的绽－出以及相关的存在形式［在之中（being-in）、共在（being-with）和朝向存在（being-towards）等］的分析明确地表明对认知的传统解释没有考虑"此在"基本的生存状况，全部知识只有通过对"此在"的基本处境进行艰苦的抽象才有可能获得。此外，作者还重点论述了海德格尔对语言的存在论性质的反思，主张为了理解海德格尔的存在论思维，必须认识到语言在其中的关键作用，而且其本质上不包含任何单纯的工具概念性。

迈克尔·惠勒的论文《自然化此在和其他被指控的异端》（Naturalizing Dasein and Other Alleged Heresies）的主要目的是为自己的海德格尔式认知科学进行辩护，尤其是回应拉特克里夫之前的论断：不存在关于"此在"的认知科学。前者主张海德格尔式认知科学与自然主义是不兼容的，惠勒针锋相对地指出，合理地对待认知科学的丰富多样的研究方案需要从根本上承认彻底的自然主义和人类心理现象相关。而且任何与认知科学相结合的心灵哲学与认知哲学，其形式都是自然主义的。他认为在某种程度上，一门真正的海德格尔式认知科学能够将海德格尔的哲学框架和关于心灵、智能、思维以及行动的认知科学进路的基本特征予以系统结合。作者还探讨了海德格尔的诠释学现象学框架与认知科学间的关系问题。此外，惠勒也针对德雷福斯和里特维德（Rietveld）的批评进行了辩护，重点论述了海德格尔认知科学的相关性问题。他认为我们可以通过结合海德格尔现象学来消除相关性问题，并且洞察到易受相关性影响的活动的可能性条件，以及一门由经验充分支持的认知科学，进而从机械、因果解释的角度理解现象学解释。在相关性问题上，惠勒区分了内在语境敏感性（intra-context sensitivity）和区间语境敏感性（inter-context-sensitivity），并针对里特维德的批判进行了有力的辩护。

加拉格尔（Shaun Gallagher）与雅各布森（Rebecca Seté Jacobson）的论文《海德格尔与社会认知》（Heidegger and Social Cognition）主要讨论了海德格尔哲学与社会认知的关系问题，作者认为海德格尔对共在（being-with）的分析较当代认知科学中的标准和主导性理论能够更充分地描述社会认知，然而其同时认为海德格尔对共在的分析不够深入，这也为我们理解上手状态提供了某些启示。加拉格尔认为海德格尔对共在的存在论分析包含着基本的主体间性过程，以及由此衍生的社会认知。认为共在是"此在"原初的存在论结构，不是外在的附属物，而且与世界内其他人的存在无关，正是"此在"的共在使他人的存在具有意义。在作者看来，海德格尔对共在的存在论分析可以支持现象学对当代社会认知解释的批判。作者在整篇文章所要表达的核心论点是，海德格尔的存在论分析未能说明原初的交互主体性这一现象，他留下的是一个关于次级交互主体性和共在的贫乏概念，以及让人难以理解的本真性联系。

玛利亚·塔里奥（Maria L. Talero）的论文《共同注意与表现力：经验调查极限的海德格尔指南》（Joint Attention and Expressivity：A Heideggerian Guide to the Limits of Empirical Investigation）主要讨论海德格尔的存在论现象学所确定的一种先验现象性（transphenomenality），作者认为通过理解海德格尔哲学的先验现象学维度，我们能够更好地理解诸如背叛、亲密、信任等主体间性的经验，而经验手段则无法实现这一目的。海德格尔认为经验的先验现象学维度可以利用现象学予以追溯，但这一维度具有经验方面的不确定性。作者关注的重点在于经验方法在多大程度上可以与海德格尔对主体间性体验的思考相一致，他考察了认知心理学的"共同注意"（joint attention）概念，并将有关共同注意的实证研究与海德格尔的观点相联系，认为海德格尔的主体间性现象学指出了对鲜活体验（lived experience）的实证研究的局限性，并揭示了将经验方法与现象学内涵予以结合所产生的潜在问题。

海伦娜·德·普列斯特（Helena De Preester）的论文《器具与生存的空间性：海德格尔、认识科学与装有假肢的主体》（Equipment and Existential Spatiality：Heidegger，Cognitive Science and the Prosthetic Subject）考察了身体与技术之间的关系，并主要解决了以下问题：人类与其行动时使用的客体或人工制品究竟是什么关系？这一特殊联系的意义是什么？该联系如何可能建立？文章主要依据海德格尔在《存在与时间》中关于人类活动和活动中使用的人工制品的分析进行论述。在作者看来，海德格尔的存在论分析只是预设而没有论述身体与具身性（embodiment）这一主题。作者认为海德格尔不愿意此在的存在空间性与身体联系过于密切，身体的空间性必须从在世存在的存在论角度来理解。关于器具（equipment）与上手状态，作者认为我们不应从"纯粹事物"的不必要的性质，诸如实体性、物质性、延展性等出发考察器具。相反，器具的本质在于任何器物都从属于其整体性。我们总是首先了解器具的整体性，只有在环境中它才能显现自身。从此在与世界之原初的实践关系而言，它总是先遭遇并使用器具，上手状态比现成在手更为根本。作者主张存在的空间性与身体密切相关，并论述了海德格尔不对身体进行讨论的原因。关于在世存在的论述也明确地将身体包括在内，这使我们能够更为清晰地洞察存在的空间性的特殊本质。而且海德格尔哲学中的核心概念"使用工具"与人类的身体结构关系密切，所以我们不能忽视身体问题。身体的延展性是此在的构成。在作者看来，此在的存在与经验性、身体性存在的相互交织不仅是偶然的，而且是必要的，此在凭借工具和仪器的去远能力构成身体，而身体的具体构成对此在的空间性具有决定性作用。

杰夫·玛帕斯（Jeff Malpas）在论文《海德格尔、空间与世界》（Heidegger, Space, and World）中对海德格尔的空间性和世界概念进行了重新解读，认为当今的认知科学对于空间性出现的方式及其在海德格尔思想中的发展关注不够，我们不能撇开空间性来谈论世界，也不能单纯基于实践行为或"因缘"（involvement）来理解世界和空间性。作者探讨了海德格尔思想中的空间与世界的出现方式，包括他在《存在与时间》中讨论空间时产生的一些问题，并概述了两种主题。首先，作者揭示了复杂的、非衍生的空间性结构；其次，他意图说明空间性与世界概念的联系方式，尤其是海德格尔本人对世界概念的澄清方式。另外，作者认为海德格尔在《存在与时间》中有关空间性的定位是有问题的，原因之一在于他难以割裂空间性观念与空间的均匀延展之间的关联，后者是笛卡尔主义的核心要素，原因之二在于空间性的定位本身也与海德格尔对身体作用的不确定有关，这导致空间性在《存在与时间》中处于完全次要的地位。在作者看来，海德格尔并未完全忽略与身体相关的问题，而是在明确这些问题的重要性的同时有意将其搁置。此外，作者深入分析了空间/空间性的主观模式和客观模式，认为空间和空间性同世界概念一样，不属于物理科学和"经验主义的形而上学"领域，而属于适当的哲学领域。

西奥多·沙茨基（Theodore Schatzki）的论文《时间性与人类活动的因果路径》（Temporality and the Causal Approach to Human Activity）考察了某些关于人类活动的解释对活动的科学概念和研究的启示，这些解释以海德格尔对在世存在的分析为基础，并阐明了在世存在对于研究和理解心智（mentality）的影响。作者认为心灵研究与行为研究二者不是彼此独立的，而是专注于具体的心理或行为现象且具有众多分支的统一整体。全文分为三部分，作者在第一部分讨论了因果性和行动科学，在第二部分考察了海德格尔的存在论哲学与活动的时间性结构的关系，在第三部分讨论了在世存在与人类活动的因果进路。

约瑟夫·劳斯（Joseph Rouse）主编的约翰·豪格兰德（John Hauge-land）关于海德格尔研究的论文集《约翰·豪格兰德——被解蔽的此在》（*John Haugeland—Dasein Disclosed*）收录了大约16篇论文，它是对海德格尔观点的一种仔细的哲学解读，而不是对其文本进行评论。其内容涉及海德格尔哲学中的此在、解蔽、世界、时间性和在世存在等主要概念，他从根本上挑战了人们对海德格尔的《存在与时间》的一般解读，重新解释了海德格尔的观点及其哲学意义。论文的排序和主题与其在《存在与时间》中出现的次序大致相同。该书分为四个部分。第一部分是豪格兰德研究海德格尔的最初两篇论文，指出了海德格尔自己的哲学立场；第二部分则根据上述立场对亚里士多德、笛卡尔和康德进行批判性的重新考察；第三部分是豪格兰德关于海德格尔已经发表和未发表的论文或演讲，《阅读布兰登，阅读海德格尔》（Reading Brandom Reading Heidegger）和《顺其自然》（Letting Be）这两篇主要讨论《存在与时间》的第1部分，《真理与有限》（Truth and Finitude）主要关注《存在与时间》第2部分的前三章内容，《死亡与此在》（Death and Dasein）讨论了存在的死亡（existential death），《时间性》（Temporality）介绍了豪格兰德有关《存在与时间》第2部分第4章的解释；最后一部分的两篇论文虽然没有直接阐述海德格尔的主张，但是清楚地表明了豪格兰德如何看待自己关于海德格尔解释的许多主题对当代哲学所产生的广泛意义。①

迪米特里·吉内夫（Dimitri Ginev）在其2011年的著作《认知存在主义的原则》（*The Tenets of Cognitive Existentialism*）中提出了认知存在主义，其英文名称为cognitive existentialism。这一概念是基于对世界的诠释学理解和客观性理解的区分，他将认知存在主义视为一种新的科学解释路径，也就是基于诠释学现象学的构成性分析。与我们所关注的问题不同，吉内夫

---

① Joseph Rouse, *John Haugeland-Desein Disclosed* (Cambridge, M. A. & London, England: Harvard University Press, 2013).

提出这一概念的目的在于反对科学哲学中惯常的以客观主义视角解释世界，其核心是认知表征主义。他认为心智不是关于世界内诸事实之表征的存储之所，前者设计、规划着人的实践行动，具有某种驱动力。认知存在主义的意图在于避免主客分立产生的实体化心智（自柏拉图开始便认为后者是干预世界的幕后推手），认为人的思维或心智总体上已是世界中的实在，当然，该假设不是基于主客割裂来对世界作出定义。而具有全部认知能力的人，一开始便被抛入实践之中，人构建表征与图像与其客观实践交织在一起，是一种特殊的认知实践过程，他利用的也是海德格尔对于科学概念的存在论解读。

从整体来看，吉内夫的认知存在主义在认知问题上着墨并不多，它涉及的是科学研究领域构成的诠释学和本体论方面的问题，认知存在主义的任务在于依靠诠释学的构成性分析解决科学在认知上的特殊性问题，科学研究在其自身的理解视界和文本表达的空间中不断创造着这种特殊性。20世纪90年代，罗恩·麦克拉姆洛克（Ron McClamrock）于1995年出版著作《存在主义论认知：世界中的计算心智》（*Existential Cognition：Computational Minds in the World*）是最早使用"存在论认知"这一词语的专著，全书分为四个部分，分别对应四个问题：①如何使本质上嵌入的认知与科学解释的某些一般原则相符合？②我们为什么对内在主义的现状感到不满？③认知的嵌入式进路需要注意什么？④接受嵌入式认知会是什么结果？麦克拉姆洛克在最后一章讨论了将萨特的存在主义与梅洛－庞蒂的身体现象学的洞见应用于认知科学的可能性。他反对将认知看作局限于大脑内的信息处理过程，无论是认知主义还是基于内在主义假设的反认知主义都是错误的。现象学的存在论转向将胡塞尔所定义的直接呈现于反思的意向思维同世界关联起来，将人从"意识世界"拉回了现实世界当中，打破并瓦解了笛卡尔关于心灵的错误观念，即心灵本质上是独立于世界的某种存在物。决定思维与行动内容的不再是胡塞尔所说的"先验意识"，而是由意向性、环境和世界共同组成的结构，意向对象正是我们在环境中与之互动的对象。这样一来，意向性的结构也有可能被重新解释。将复杂的思维、感知与行动结构同诸主体共有的环境结构相连接，能够减轻人们在主体"内在性"上的理解压力，毕竟，内在的"黑箱"比进入人们视域的东西要难理解得多。①

"存在先于本质",麦克拉姆洛克从萨特提出的这一存在主义信条出发,主张人类思维的存在状态先于它本身所包含的内容,前者在世界中的存在相较于其本质和定义具有逻辑上的优先性。他认为笛卡尔的"我思故我在"正是将人的属性存在优先于实体存在,我们首先知晓和意识到的是心灵的"思维"属性,而不是在世界中存在这一事实。同海德格尔的"在世存在"所持立场相似,萨特的"存在先于本质"也反对笛卡尔的唯我论,反对自我在意识之中和外部世界的对立,世界没有内在与外在的严格区分。所谓表征也不是心灵的内在图像,而是呈现为主体同世界之间的意向关系,表象就是世界中的事物向意识的投射(因此不存在表象与存在的分殊和对立,存在也不是隐匿于表象背后的东西)。思维和行动只有依托结构化的世界才能展现其意义,脱离开世界进行分析很有可能徒劳无功。

休伯特·德雷福斯与马克·A. 拉索尔(Mark A. Wrathall)主编的《现象学与存在主义指南》(*A Companion to Phenomenology and Existentialism*)对比研究了 20 世纪的两大哲学流派——现象学与存在主义,以及两者的基本问题和概念。第 16 章、第 17 章、第 21 章论述了存在主义和现象学的情感和身体问题。②

迈克尔·惠勒所著的《认知世界的重构:下一步骤》(*Reconstructing the Cognitive World:The Next Step*)在其第 5 ~ 9 章利用海德格尔的哲学观点来解释其核心的 DEEDS 主张:①在线智能(online intelligence)是智能的基本类型;②在线智能形成于延展的大脑—身体—环境系统;③认知科学需要对生物维度有更多认识,认知科学应当采用动力系统视角。在韦勒看来,海德格尔哲学与心灵、认知科学息息相关,海德格尔式的流畅应对、实时环境的相互作用是知识的一种构成形式,他对默会知识(know-how)的环视可以有效地理解人类认知。③

---

① Ron McClamrock, *Existential Cognition:Computational Minds in the World* (Chicago:The University of Chicago Press, 1995).

② Hubert Dreyfus, Mark A. Wrathall (eds.), *A Companion to Phenomenology and Existentialism* (Oxford:Blackuell, 2006).

③ M. Wheel, *Reconstructing the Cognitive World:The Next Step* (Cambridge:The MIT Press, 2005).

马克·拉索尔与杰夫·玛帕斯（Jeff Malpas）主编的《海德格尔、应对与认知科学——纪念德雷福斯文集》第 2 卷（*Heidegger，Coping，and Cognitive Science—Essays in Honor of Hubert L. Drefus* Volume 2）是在阐述、研究德雷福斯在人工智能与认知科学领域的观点的基础上挖掘海德格尔哲学与认知科学的关系。该卷由一些学者的论文构成，他们为德雷福斯准备将现象学的洞察力应用于各种问题的做法所影响。德雷福斯对海德格尔等哲学家的解读构成了意向性、熟练应对（skillful coping）和具身性等问题的背景。①

该书的第一部分讨论基于现象学的实践分析，这是德雷福斯的大部分研究工作的基础。约瑟夫·劳斯（Joseph Rouse）、戴维·斯特恩（David Stern）、西奥多·R. 沙茨基（Theodore R. Schatzki）、约翰·塞尔（John Searle）、马克·A. 拉塞尔（Mark A. Wrathall）和查尔斯·泰勒（Charles Taylor）都对德雷福斯关于熟练应对所产生的问题进行了评论。劳斯一方面将德雷福斯对实践应对的区分予以复杂化，另一方面又将显性表达和理论理解间的区别予以复杂化，主张将显性表达与理论反思同化为熟练行为的一般模型。沙茨基阐述了德雷福斯批判笛卡尔心理状态理论的一个特点，认为信念、希望等常识心理学观念可以而且应该以某一方式来理解，即符合德雷福斯对模型的现象学批判，在这一模型中，心理状态必然包含主题觉知（thematic awareness）。德雷福斯主张可对实际行为进行某种分析，斯特恩和塞尔都予以回应。斯特恩强调熟练应对抵制任何形式分析，并探讨了许多支持这一观点的论证。与劳斯一样，塞尔提出某些明确的熟练应对形式（如撰写哲学论文）以挑战德雷福斯对意向性的反表征主义说明，他认为，所有的熟练应对都必然涉及意向的心理活动。塞尔还认为，德雷福斯关于熟练应对的现象学未能适当地考虑熟练应对包含的意识和逻辑结构。拉索尔的文章在讨论海德格尔的"解蔽"概念的语境下，探讨了塞尔与德雷福斯的"背景"之间的关系。查尔斯·泰勒在这一部分的结尾考察了反基础主义的影响，强调了具身性、熟练应对在我们理解人类存在

---

① Marle A. Wrathall，Jeff Malpas（eds.），*Heidegger，Coping，and Cognitive Science—Essays in Honor of Hubert L. Drefus*，Volume 2（Cambridge：The MIT Press，2000）.

时的重要性。同时，泰勒坚持认为不仅仅是实践在推动历史的变迁。

第二部分讨论了德雷福斯与现代形式的笛卡尔主义进行现象学批判的持续相关性。丹尼尔·安德勒（Daniel Andler）考察了人工智能和认知科学的当代发展（如新语境论）受到的德雷福斯式影响（Dreyfusian influence）。安德勒与肖恩·D. 凯利（Sean D. Kelly）的论文对人们批评（比如塞尔）德雷福斯运用现象学研究意向性和心智的相关问题作出了回应。凯利认为现象学应该在认知科学中发挥作用，他将现象学与脑科学的关系比作数据与模型的关系。他利用熟练的驾车行为说明这种关系。哈里·柯林斯（Harry Collins）探讨了德雷福斯对人工智能批判的实质局限，认为德雷福斯没有充分考虑到不同的知识和具身状态（embodiment）。柯林斯主张这样做的结果是，虽然德雷福斯正确识别了计算机不能做的事情，但在确定计算机能做什么事情方面他的作用甚微。最后，阿尔伯特·伯格曼（Albert Borgmann）通过计算机介导的多用户领域使得对结果进行分析并限制离身性（disembodiment）成为可能。

该书最后一部分介绍了受德雷福斯的"应用哲学"启发的一类研究工作的几个典型例子。德雷福斯赞扬了查尔斯·斯皮诺萨（Charles Spinosa），并指出其最好的著作总是以一种存在论现象学意义为指导，因为哲学理念背后的日常现象都存在着争议和问题。斯皮诺萨的论文试图通过描述现代的经验来阐明海德格尔对神性的解释。这反过来又让斯皮诺萨以非神秘主义的方式说明在我们当代感到幻灭的世界为活生生的上帝保留经验的位置到底具有何种意义。罗伯特·C. 所罗门（Robert C. Solomon）利用德雷福斯的著作对信任进行了详细阐述，他认为信任是一种共同的、变革性实践，而非一方面是一种精神或心理状态，另一方面是一种社会现实。乔治·唐宁（George Downing）扩展了德雷福斯对专家应对的描述，以理解身体在我们的情感体验中的作用。费尔南多·弗洛雷斯（Fernando Flores）采用德雷福斯对实践的在世存在（being-in-the-world）的理解来重新解释商业活动，并概述了这种重新解释对商业理论产生的某些后果。最后，帕特里夏·本纳（Patricia Benner）探讨了德雷福斯将海德格尔对牵挂（care）的说明解释为与世界接触的日常实践结构对护理理论和实践的影响，她还利用德雷福斯阐释海德格尔对技术的解释来批判技术医学日益提升的主导地位。

A-T. 图米尼斯卡（A-T. Tymieniecka）主编的《二十世纪的现象学与存在主义》（*Phenomenology and Existentialism in the Twentieth Century*）第 5 章"具身性与存在：梅洛 – 庞蒂和自然主义的局限"（Embodiment and Existence：Merleau-Ponty and the Limits of Naturalism）主要论述了梅洛 – 庞蒂的具身存在论，认为对身体的自然主义解释只有与存在论进路相结合才是可能的，其具身存在论能够为意识的自然化提供一个更为广泛的具身性概念。①

在论文方面，约瑟夫·乌尔里克·奈瑟（Joseph Ulric Neisser）于 1999 年发表的《论认知科学对"此在"的使用与滥用》（On the Use and Abuse of Dasein in Cognitive Science）认为范·戈尔德（Van Gelder）的动力系统理论是在世存在的一种模型，海德格尔的此在并不否认任何内在表征以及行为的潜在机制。②

大卫·苏亚雷斯（David Suarez）在论文《海德格尔式认知科学的困境》（A Dilemma for Heideggerian Cognitive Science ）中指出，迈克尔·惠勒的海德格尔式认知科学在解释主体性的问题上陷入了进退两难的境地，无论它是直接关切主体性抑或是旨在发展一种海德格尔式的现象学心理学，都不能成功地将现象学自然化。③

此外，国外学界开始注重由海德格尔开创、伽达默尔予以发展的哲学诠释学对认知科学的影响，如维罗妮卡·瓦斯特林（Veronica Vasterling）的论文《海德格尔关于认知的诠释学说明》（Heidegger's Hermeneutic Account of Cognition）论述了海德格尔的诠释学转向对 4EAC（具身认知、生成认知、嵌入认知、延展认知以及情感认知）的影响。认知的诠释学说明，其核心观点在于认知是与世界的交互与互动，并讨论了第一、第二、

---

① A-T. Tymieniecka（ed.），*Phenomenology and Existentialism in the Twentieth Century*（Berlin：Sprintger Netherlands，2009）.

② Joseph Ulric Neisser，"On the Use and Abuse of Dasein in Cognitive Science," *The Monist* 82（1999）：347 – 361.

③ E. D. Suarez，"A Dilemma for Heideggerian Cognitive Science," *Phenomenology and Cognitive Science* 16（2017）：1 – 22.

第三人称视角的认知所具有的不同意蕴，作者区分了直观（直接）与叙事、命题与表征这两种理解方式，最后提出了一种探索性的诠释学认知模型。① 肖恩·加拉格尔在论文《诠释学与认知科学》（Hermeneutics and the Cognitive Sciences）中试图超越解释与理解的简单对立，从而考察诠释学和认知科学的关系问题。作者主要表达了三个观点：①诠释学和认知科学了解到的事实并不完全相反，这些学科在许多事情上的观点是一致的；②诠释学对认知科学和意识科学有着积极的贡献；③认知科学也对诠释学领域有所贡献。各自对应三个问题：①我们如何认识对象？②如何认识情境？③如何理解他人？国内学界对这一问题的研究虽不成熟，但有人已经敏锐地意识到了，费多益早在 2008 年发表的论文《认知研究的诠释学之维》中便深入研究了如何利用诠释学方法理解认知现象，以及可能面临的逻辑困境和难题。②

综上所述，现有的利用存在论解释认知现象的文献只是涉及认知科学和人工智能的某些领域和问题，虽然在总体上提出了一些基本的原则和方向，但是缺乏将之有效统一起来的理论框架。也就是说，当前的研究只是将海德格尔的存在论分析方法运用于解决认知科学领域的某些问题，并没有在此基础上更进一步，提出一个类似于认知现象学的研究纲领，而这正是本书所着力探究的。

（四）其他存在主义哲学家有关认知问题的论述概况

1. 萨特关于意识问题的研究

萨特本人十分关注意识问题，他在自身意识、对象意识和反思意识之间作了区分，指明了"反思前的我思"。目前国内学界已关注到萨特的意识理论，庞培培在其论文《萨特的意向性概念：内部否定》一文阐述了萨特提出的意识的内部否定概念，这一概念所确立的自为存在与自在存在，以及它在萨特整个意识理论中的作用。③《第一人称视角假设与他人问题——萨特的思路》还讨论了萨特对他人问题的解决，萨特认为不能将他人问题等

---

① V. Vasterling, "Heidegger's Hermeneutic Account of Cognition," *Phenomenology and Cognitive Science* 14 (2015): 145 – 163.
② 费多益：《认识研究的诠释学之维》，《哲学研究》2008 年第 5 期。
③ 庞培培：《萨特的意向性概念：内部否定》，《云南大学学报》2012 年第 6 期。

同于对他人心灵的知觉问题，而应在与世界和与我的关系中定义他人。①
通过分析遭遇他人的日常经验，萨特阐明了我与他人在意识层面上的根本
关联，即"我的为他存在"。其在《萨特的自身意识理论与自由概念》中
认为萨特强调意识的能动性是重要的，它是意识非主题性的自身关系在意
识层面的最终奠基。② 贾江鸿的论文《萨特的本体论证明和对笛卡尔身心
关系问题的解决》阐述了萨特富有辩证意味的心身关系理论，及其关于自
为的身体和为他的身体的区分与界定。③ 莫伟民、杜小真的论文《"我思"：
从笛卡儿到萨特》论述了萨特独特的意识观，他强调意识和它所意识到的
意识是同一的，意识是存在而非认识，主体出自世界而非处于意识之中，
正是绝对意识把我与世界相关联，他人也是意识的所是。因此作者认为萨
特坚持的是一种存在论的意识哲学。④

　　关于认知问题，萨特从本体论的层面对意识的存在作了深入的分析与
探讨，并进一步分析了非反思意识与反思意识的关系，从而为认识问题提
供了新的解释思路。20 世纪 90 年代初，杨深的《萨特认识理论剖析》一
文已分析了萨特对自然世界的认识理论，在萨特看来，除了直观认识之外
没有别的认识形式，演绎和推理只是导致直观的工具，认识就是自为对自
在的存在关系。作者还论述了萨特对认识之范畴的理解，认为真理是认识
的本体论矛盾。⑤ 贾江鸿在论文《萨特论认识：反思意识，还是非反思意
识?》中认为萨特的三部代表作《自我的超越性》、《想象物》和《存在与
虚无》各自代表一种认识类型，即反思意识的认识、非反思意识的认识和
作为一种存在方式的意识。在萨特看来，认识是自为存在的一种在世方
式，体现了其与自在存在的内在否定关系，认识不仅是一种意识的抽象判
断，而且应该从人的在世这一具体现象出发，谈论认识必须以思考意识现
象为前提。⑥

---

① 庞培培：《第一人称视角假设与他人问题——萨特的思路》，《世界哲学》2015 年第 1 期。
② 庞培培：《萨特的自身意识理论与自由概念》，《哲学研究》2018 年第 3 期。
③ 贾江鸿：《萨特的本体论证明和对笛卡尔身心关系问题的解决》，《现代哲学》2013 年第 5 期。
④ 莫伟民、杜小真：《"我思"：从笛卡儿到萨特》，《学术月刊》2006 年第 3 期。
⑤ 杨深：《萨特认识理论剖析》，《社会科学战线》1994 年第 5 期。
⑥ 贾江鸿：《萨特论认识：反思意识，还是非反思意识?》，《河北学刊》2017 年第 1 期。

2. 伽达默尔关于真理的研究

伽达默尔的哲学诠释学是当今西方哲学思潮中极为重要的一派，他的独创性理论不仅突破了传统诠释学方法论的框架，而且为当代西方哲学的发展开辟了新的视域。特别是关于真理的阐释，在他的诠释学理论中占据着核心位置，可以说，真理观是贯穿伽达默尔哲学诠释学的一条主线。目前国内研究者对此展开了不同程度和不同角度的探讨。孙丽君在《伽达默尔真理观及其理论资源》一文中对伽达默尔的真理观进行了系统的梳理，她认为真理的本质在于向一个"公共视域的形成"前进，真理是一种态度而非认识的成果；① 帅巍的论文《伽达默尔解释学"我－你"关系及其真理观》比较了诠释学真理观与传统真理观的差异，认为伽达默尔意义上的真理是在实际的人与人之间的交往实践或对话中被揭示的，不是干瘪的、理论化的概念运动；② 王坡的硕士学位论文《作为实践的理解的真理观——伽达默尔的真理观研究》从实践的角度出发详细论述了伽达默尔的诠释学真理观。伽达默尔反对认识论的真理观的独断性，试图为精神科学乃至整个人类科学建立一种统摄性的真理观，主张这种真理观首先必须从精神开始。他继承了海德格尔的真理观，认为真理不能脱离人的存在而存在，真理必须在人的实践活动中获得其价值体现，真理需要指导人的实践活动。我们看到，伽达默尔哲学诠释学批判了认识论的真理观预设的主客二分，对于我们克服传统真理观的狭隘性，从而全面理解真理的本质具有很大的启迪作用，并深刻地揭示了主体认识真理的动力机制。③

综上所述，目前在将以海德格尔为主的存在论哲学同认知科学的相关问题相结合的方面，国内学者的认识显得有些不足，只是从宏观角度描述了海德格尔哲学是否可以作为认知科学新的哲学基础，并未深入、具体地进行研究。相比之下，国外学者在这一方面的研究显得相当热烈。虽然研究的主题比较杂，范围较广，涉及主体间性、框架问题，认知的自然化解

---

① 孙丽君：《伽达默尔真理观及其理论资源》，《山东大学学报》（哲学社会科学版）2009 年第 2 期。
② 帅巍：《伽达默尔解释学"我－你"关系及其真理观》，《社会科学研究》2018 年第 2 期。
③ 王坡：《作为实践的理解的真理观——伽达默尔的真理观研究》，硕士学位论文，华中科技大学，2013。

释等诸多问题，但主要的意图是以"在世存在"这一概念为核心构建一种新的海德格尔式认知科学（Heideggerian Cognitive Science），甚至认为其有可能取代认知科学的笛卡尔范式，并对"此在"概念以及由"此在"衍生出来的"在……之中"、"共在"和"被抛"等一系列概念进行了深入的研究，主张对认知的解释以对此在基本的存在状况的理解为前提。然而，在我们看来，当前国内外学者的研究只是将海德格尔哲学与认知科学进行了初步的结合，更多的是借助概念进行分析，既然要构建一门新的"海德格尔式认知科学"，那就不能仅仅限定于对某些概念的讨论，而是要将存在论视为一种具体的方法来回答认知科学的相关问题，尽可能在此基础上进一步提炼出存在论认知这一新的可能的认知科学研究纲领，另外，鉴于诠释学与存在论之间承前启后的密切关联，我们亦有必要考察其作为存在论认知基础的可能性。总的来说，存在论认知作为认知研究领域一个新的研究路径，我们应当充分地列举它包含的概念以及所涉及的哲学流派、理论、观念和问题，从而为之奠定扎实的理论基础。然而，从以上对文献的分析综述中我们可以看到，这一问题的研究关涉的主题实在是纷繁复杂，特别是国外学者将海德格尔哲学与认知科学相结合的部分，牵涉不少的理论和问题，对这些问题的分析又会关联一些其他认知哲学领域的观点，虽然不能罗列所有的文献，但这正好说明了对这一问题研究的意义所在，它是重要的，值得我们进行研究。

三　研究思路与方法

存在论认知或"海德格尔式认知科学"作为一种可能的认知研究纲领，在概念界定和理论建构方面还有些薄弱，因而在认知哲学层面对之进行抽象性反思可以有效地推进其理论建构的进程。第一，厘清其哲学根源，特别是与海德格尔存在论现象学的密切关系，避免进入这样一个误区：我们似乎是在从事存在论的哲学研究。相反，笔者是基于存在论现象学的视角来审视和分析人类认知的重要问题，我们的目的，是在海德格尔存在论的哲学体系中寻找与人的认知活动相关涉的概念和观念，并将其同认知科学的具体研究相结合（比如人工智能的"框架问题"），尤其以关于此在的生存论分析为基础构建一种描述和回答认知现象与问题的新路径，并探讨其成立之可能性。第二，澄清基本概念与主要命题，避免使用过程中遇到的模糊和产生歧义等问题，分析并论证其核心论题的合理性与有效性。第三，探讨存在论认知在具体的应用过程中可能产生的问题，分析这一路径是否有扩展的必要（也就是将诠释学糅合进这一路径当中）。

本书的主要研究方法是文献分析法、定性研究法以及认知的历史分析：通过对中英文资料的文献分析，全面考察认知科学哲学的各种研究进路，并在深入理解海德格尔哲学的思想内涵的基础上，将对认知现象的解释置于存在论的语境下进行分析，挖掘其对认知科学以及人工智能的理论贡献。采取从局部分析到整体综合的研究思路，充分借鉴海德格尔的存在论分析和哲学解释学的研究理论和方法，可以说，我们是在将海德格尔有关"此在"、世界和在世存在的理解存在论地反射到对人的认知现象的阐释与分析上。

具体途径：系统梳理目前国内外研究存在论认知解释的文献资料，在借鉴其表述形式的基础上，充分考察其不足之处与原因；针对当前存在论认知解释的研究现状，考察存在论分析应用于认知解释的具体机制，争取构建一种新的描述路径，并按照拟定的项目纲领开展研究工作。

四　难点与创新之处

作为 20 世纪最为杰出的哲学家之一，海德格尔的著作以艰深晦涩闻名于世，其创造的许多词语更是让试图理解他哲学思想的人望而却步，他对作为"此在"的人的存在模式以及世界作了精确、详细却又晦涩的分析。理解海德格尔的哲学本身就是一项颇具难度的任务，而如何将存在论以及作为延伸的诠释学同认知科学相结合，这无疑具有相当的难度。然而，难点同时也蕴含着创新的可能性，本书着力在研究内容上进行创新。

（1）通过对国内外研究现状的分析可以看出，国内外认知科学哲学的研究领域主要集中在对正统认知科学研究纲领的批判和寻找新的替代范式方面，对海德格尔哲学思想的挖掘并不系统，只是利用了他的某些概念和观点，而且也没有考察与存在论渊源颇深的诠释学与认知科学之间的关联，这体现在相关的学位论文和研究专著比较少，对如何利用存在论描述人类认知缺乏全方位、多角度的探究上。本书将努力解决这一问题，明确提出并论证存在论与诠释学和人类认知的相关性。

（2）国内学者从计算维度、具身维度、现象学维度等切入来研究认知哲学的相关问题，本书则从存在论的角度切入，为其提供一种新的可能的研究视角，并对认知研究同诠释学的结合作分析与展望，最终提出存在论认知这一新的认知研究概念和路径。

诚然，本书的缺陷也较为明显，具体而言：第一，海德格尔本人著作等身，论述颇多，中文版本的《海德格尔文集》就有 30 卷之多。论著之多、涉及的内容之杂给我们的研究造成了很大的难度，要从他的诸多论述中找出能够给予认知研究以启示的内容极为不易，所以难免会有疏漏，国外学者可能也是基于这一原因，故而将目光主要集中于《存在与时间》这部富有革新精神的著作。第二，海德格尔哲学是出了名的晦涩难懂，包含不少海德格尔本人创造的生僻词，由于笔者自身学术水平和素养的制约，很难做到对其思想的精确把握与理解，甚至有可能在某些观点上存在谬误。第三，由于国内学界对这一问题的重视程度较低，英美学界在该领域的论著较为丰富，笔者因此需要阅读大量英文文献，以了解这一领域的最新成果，但由于"翻译的不准确性"因素的影响，对文献的理解和解读必然会有偏倚。这有可能导致笔者对某些观点的引用不恰当。

第一章 对认知科学研究纲领的
存在论现象学考察

自 20 世纪 50 年代以来，认知科学领域发生了令人瞠目结舌的发展和变化。以 1956 年达特茅斯会议为起点，认知科学如今已走过了将近七十年的漫漫长路：从基于计算—表征的笛卡尔式第一代认知科学研究纲领，到基于大脑—身体—环境相耦合、以"4E + S"为核心的第二代认知科学，以及包括认知的自然主义和现象学进路。所有这些研究路径与纲领都各自从不同的角度解释、回答了与人类认知与心智相关的一系列重大问题，比如什么是认知，认知的预设和机制是什么，认知与意识、意向性是何关系，心智的本质是什么，心智与脑、身体是什么关系，它们之间的作用机制是什么等诸多问题，产生的研究成果不胜枚举。在这一章，笔者意图对已有的诸多认知科学研究纲领进行梳理，并从海德格尔存在论现象学的视角予以分析，重点在于解蔽这些研究进路的缺陷与不足，并以此为认知的存在论研究进路提供某些有益的借鉴。

第一节 笛卡尔式认知科学的主要哲学来源

在认知科学家和哲学家眼中，认知科学是探索人类的智力如何由物质产生和人脑信息处理的过程的科学，包括从感觉的输入到复杂问题求解，从人类个体到人类社会的智能活动，以及人类智能和机器智能的性质。① 认知科学哲学领域中能够称得上研究范式的只有以笛卡尔的主体哲学为理

---

① 王志良：《脑与认知科学概论》，北京邮电大学出版社，2011，第 14 页。

论基石的认知计算主义，包括认知主义与联结主义。以计算表征为核心，以计算操作过程为基础，笛卡尔式认知科学将心智的内部状态视作抽象的逻辑计算，表征与认知的计算过程都发生在大脑内部，离身认知是最主要的实现形式。产生于 20 世纪 50 年代的第一代认知科学研究范式，既经历过如日中天的灿烂与辉煌，也陷入过被群起攻之的困顿与落寞，如今，虽然人们对以 "4E＋S" 认知模型为代表的第二代认知科学纲领大谈特谈，意图消解甚至取代认知计算主义，但这样的努力看起来似乎依然任重而道远，后者依然顽强地存在着，并没有一蹶不振，反而在吸收了前者的一些主张后焕发了新的生机（比如威尔逊的 "宽计算主义"）。4E 认知正是在批判和吸取认知主义和联结主义的基础上发展起来的，皮之不存，毛将焉附，因此，我们首先要对传统的认知科学研究范式进行梳理和分析。

一 毕达哥拉斯："数是万物的本原"

传统的认知主义和联结主义的本质在于计算，二者在哲学立场上都坚持计算主义，其思想渊源可以追溯至 18 世纪西欧盛行一时的理性主义哲学，比如霍布斯提出了 "推理即计算"。计算的质料是数字和符号，而对 "数" 的重视和强调则肇始于古希腊时期的毕达哥拉斯学派，对数学富有成效的研究在一定程度上促使他提出了 "数是万物的本原" 这一哲学思想。毕达哥拉斯贬低了水、火、土、气等具体的物质性元素在构造世界中的作用，更看重世界的构成方式，表明他已经注意到了抽象性思维，并努力地为包括抽象事物和具象事物在内的万物寻求统一的本原。这可能是毕达哥拉斯的学说相较于米利都学说革命性的一点：最终决定事物的行为和性质的因素，不是各种原初物质，而是它们的构成形式。[①] 他发现了音乐谐音的数学基础，即谐音的音程之间存在比例关系，因此，他假定事物之间关联的实质就是数量关系，而数量关系本身也是人的思想与世界的同构，数也就成为衡量万物的标准和尺度。如果说 "数是世界的本原" 这一命题同计算主义有什么相似之处的话，在我们看来，则是对于世界的抽象

---

① 李建会、符征、张江：《计算主义——一种新的世界观》，中国社会科学出版社，2012，第 2 页。

理解。"数"是存在于事物的量的规定性，事物的多样性可以被归为量的统一性，"数"是事物的量的统一的抽象原则。① 数量关系预示了一个理解自然与世界的认识理论，与现代人相比，毕达哥拉斯学派缺少了概念与范畴的工具，但他们依然从现象的杂多中进行了科学的抽象，即便以我们的眼光来看显得有些稚嫩。

此外，毕达哥拉斯学派关于数与具体事物的关系和认知与联结主义推崇符号之间也有一些相似之处：前者认为万物都是在模仿（分有）数，后者试图将所有对象化约为逻辑符号，可以看作前者的逆向。数与符号成了事物的范型，亚里士多德将毕达哥拉斯的"数"既归于形式因，又归于质料因。作为形式因的"数"不包含形体，是抽象的，毕达哥拉斯希望从理想的"数"出发，从完满的几何关系推出构造世界的规则。

二　笛卡尔："心身二分"

在当代，认知科学家和哲学家会受到笛卡尔哲学思想的影响与渗透，认为认知就是心智或者说是心智的表现活动，是与物理、化学等机械运动相对立的、具有现象特质的心理和意识过程，认知活动与身体活动被截然分开了。第一代认知科学之所以被人们称为笛卡尔式的认知科学，是因为这一科学研究纲领的哲学基础就是笛卡尔的理性主义哲学。笛卡尔将心智与物质区分为两种独立的实体，二者的属性差异之一在于广延，即是否占据以长、宽、高为基准的物理空间。从这种意义上讲，由于身体也占据物理空间，因此其本质是广延，故而属于物质的范畴。心智虽然没有广延，但笛卡尔认为它拥有空间位置。所谓空间也就是指大脑的松果体，人的灵魂就居住在其中，它是联结心智和身体的"枢纽"，是两者交互的"中转站"，负责统摄两者的行动。随着现代医学的发展与进步，人们已然揭开了松果体的神秘面纱，现代解剖学告诉我们，其中并不存在笛卡尔所谓的"灵魂"，松果体的主要作用是通过分泌激素以抑制神经系统。以今人的视角来看，松果体的观点有些幼稚甚至荒谬，但如果我们基于笛卡尔的理论语境便不难理解他的这一看似不合理的做法。由彻底怀疑一切存在得出了

---

① 汪子嵩等：《希腊哲学史》，人民出版社，2014，第250~251页。

"我思故我在"（Cogito ergo sum）的哲学命题（这里的"我"不是作为身心统一体的我，而是指独立存在的心智），强调不能怀疑以思维为属性的心智实体的存在，进而论证物质与心智是相互平行、彼此独立的关系。笛卡尔构造出来的清楚明白的"我思"亦确立了心智区别于身体的性质，无论思维的幽灵身在何处，它的基本性质就是自由，[①] 属于物质范畴的身体则被机械因果律的锁链牢牢禁锢，因而不灭的灵魂（心智）是第一位的，优先于身体，纯粹智性的东西一定优于纯粹物质性的东西。

第二代认知科学惯常地主张笛卡尔提出的心身二元论为当代的无身认知（认知主义和联结主义）提供了哲学基础，在某种程度上给予了其可行性论证，认为笛卡尔过于重理性（心智）而轻身体。但笛卡尔自始至终都在强调心智与身体的统一性，他明确地说道，"我们不能光说理性灵魂驻扎在人的身体里面，就像舵手住在船上一样，否则就不能使身体肢体得以运动，那是不够的，灵魂必须更加紧密地与身体连接和统一在一起，才能在运动以外还有同我们一样的感情和欲望，这才构成一个真正的人"。[②] 显而易见，笛卡尔并没有摒弃和抛离身体，相反，他愈发强调和重视人是心智与身体的统一体，而不是单纯的复合，只有这样，人才称得上是完全的实体。在他看来，心智与身体之间并不松散，如果认为二者是舵手与舰船的关系，那么舵手完全可以下船或者换乘别的船只，从这种意义上来说，身体之于心智类似于舰船之于舵手正是第二代认知科学对笛卡尔哲学的理解。然而，我们认为，这样的理解失之偏颇，误解了笛卡尔对心身关系的描述。他自始至终都坚持身心统一体的"人"的观点，并把它看作一个原初的，从而是不可被怀疑的基本概念。[③] 但是在二者如何实现互动的问题上，笛卡尔始终没有给出令人满意的解决办法，这也为后来的哲学家，如胡塞尔、梅洛－庞蒂以及认知科学家的工作留下了足够的空间。总的来说，笛卡尔从主观上对心智与身体的区分客观地、不经意地为第一代认知

---

① 周晓亮、尚杰主编《西方哲学史（学术版）》第4卷，江苏人民出版社，2011，第74页。

② 转引自贾江鸿《作为灵魂和身体的统一体的"人"——笛卡尔哲学研究》，中国社会科学出版社，2013，第103页。

③ 贾江鸿：《作为灵魂和身体的统一体的"人"——笛卡尔哲学研究》，中国社会科学出版社，2013，第115页。

科学、计算机科学以及人工智能描绘了某种可行性。

三 霍布斯:"推理即计算"

如今,大多数认知科学研究者都将笛卡尔的理性主义哲学传统看作第一代认知科学的研究基础,因而也将其称为笛卡尔式认知科学。但是笛卡尔在著作中从未表达过"认知是可计算的"这一观点,也就是所谓的"计算隐喻"。认知主义和联结主义都将人的认知活动理解为基于规则的符号表征与计算,这是传统认知科学的核心观念之一,而这一思想的来源最早可以追溯至17世纪英国经验主义哲学家托马斯·霍布斯(Thomas Hobbes),他明确提出了"推理即计算"的思想,霍布斯和笛卡尔一样是传统认知科学的思想先驱。

认识论在霍布斯的哲学体系中占有十分重要的地位,他首次将牛顿经典力学原理引入认识论,是近代西方哲学史机械主义认识论最主要的代表之一。霍布斯认为人的认知能力是构成人性的各种自然能力之一,而自然能力又分为两类:肉体能力和心智能力。作为哲学研究对象的后者又可分为"认知能力或概念能力"以及"促动能力"。① 第一种能力可以使人进行判断、推理等理性认识活动,第二种能力则使人产生各种情感的非理性活动。霍布斯认识论的研究重点就是人的认知能力。他认为思维推理的方法是加减计算,霍布斯说道,"所谓推理,我所意指的是计算。而计算或者是要加到一起的许多东西集合成一个总数,或者是求知从一件事物中取走另一件事物后还剩下的东西。因此,推理与加减是一回事……因此,一切推理,都包含在心灵的这两种运作,即加减里面"。② 我们如何对心中的观念进行推理和计算呢?根据霍布斯的观点,当我们远远地看到某个东西,由于距离较远,我们看到的是一个具有广延的形体。因此,首先出现在我们心中的是"物体"的观念,走近时发现这个形体具有理性动物的一切特征,包括言语、动作、表情等,心中随之产生"理性的"观念,这些

---

① 转引自周晓亮、尚杰主编《西方哲学史(学术版)》第4卷,江苏人民出版社,2011,第296页。
② 托马斯·霍布斯:《论物体》,段德智译,商务印书馆,2019,第17页。

观念的叠加便构成了"人"的观念，减法与此相反。霍布斯认为不应把这种加减计算限于数学、物理学与几何学领域，一切与推理相关的东西都可以利用这种计算方式，"由此可见，无论哪种事物，只要用得上加减法，就得靠推理。相反，如果用不上加减法，推理也就无从存在"。① 从我们的视角来看，霍布斯的这一思想过于简单浅显，人的认知能力不仅包括推理，还有感觉、知觉、记忆、思维、想象甚至情感等等。仅就推理而言，加减计算也不能涵盖一切推理形式，将推理等同于加减运算表明霍布斯在当时受到了几何学与经典机械力学的深刻影响，因而将人的理性认知活动简单化了，将之完全视作符号化的数量关系运算，抹杀了其他功能，如抽象思辨和具象思维。他提出的"推理即计算"这一原则虽然与计算主义的核心假设相比要简单得多，也未上升到理解人类认知和心智本质的高度，陷入了机械论的思维方式。但在我们看来，霍布斯的这一思想不自觉地成了计算主义的哲学先驱，虽然与图灵的计算概念有着巨大的差别，但就当时的时代背景而言，这已是十分卓越的哲学设想了。

四　莱布尼兹："普遍语言"

一直以来，传统的认知研究范式对于符号尤为重视（因而被称为符号主义），我们认为有可能受到了莱布尼兹的启发。莱布尼兹在他的《神正论》一书中提出了一个雄心勃勃的设想——"普遍语言"："这种语言是一种用来代替自然语言的人工语言，它通过字母和符号进行逻辑分析与综合，把一般逻辑推理的规则改变为演算规则，以便更精确更敏捷地进行推理。"② 他尝试将数学与逻辑统一起来，建立普遍的符号逻辑，这样做的目的在于为人类认知提供一种统一的表达方式，从而摆脱或者消除长久以来人们在认识论领域中的纠缠与纷争，实现不同语言、民族以及学科之间的有效交流。在莱布尼兹眼里，人虽然在外貌、体质、种族和风俗习惯等方面存在着诸多差异，有些差异甚至是本质性的，但在人类理性层面却存在

---

① 托马斯·霍布斯：《利维坦》，陆道夫等译，群众出版社，2019，第16页。
② 转引自刘辉《普遍语言与人工智能——莱布尼茨的语言观探析》，《外语学刊》2020年第1期。

某种融贯和共通。莱布尼兹认为，符号可以使我们获得更为一般性的、准确的定义和论证过程，理性推理的实质就是符号的演算过程，人们使用符号来指称那些我们所确定知晓的属性或者过程，符号的结构直接反映概念世界甚至实在世界的结构本身。在我们看来，对于理解莱布尼兹的认知观而言，"普遍语言"是不可缺少的部分，认知的目标之一在于获得知识与真理，而要想获取清楚明白且完整的知识，形式语言则是必要的条件和手段。莱布尼兹确信，符号或者文字不仅能够使我们借助形式的符号构造我们的推理、表达我们的思想，而且能够使我们获得从纯粹的心理表征那里得不到的概念和真理。[①] 符号化的思维方式对于增强人的记忆能力而言是一个相当有用的工具，同时它也是演绎推理的必要组成部分。

从本质上来说，莱布尼兹的"普遍语言"推崇的是一种符号主义，我们认为它可能包含了莱布尼兹本人的两个期许：一是使人们的推理不依赖于对推理过程中的命题的含义内容的思考，就像计算不依赖于对计算中出现的符号和含义内容的思考一样；[②] 二是以符号结构为基础的推理过程优于依赖心理表征的推理。莱布尼兹强烈反对笛卡尔的演绎概念，他希望以数学家的方式来解决哲学、逻辑方面的推演问题，操作字符的形式化过程则是实现有效论证的唯一途径，也就是以符号取代概念和图像，依据形式的组合规则构成推理的最佳模式。从这种意义上看，"普遍语言"并不注重心理内容，而是转向以客观的符号标记来表示概念。因此，它的主要功能在于为心灵提供导引，避免它在复杂的定义或概念的链条中迷失，心智在面对概念和推理演绎的复杂性时往往不知所措，同时既可以区分定义，又可以简化推理过程。"所谓方法就是一条为思维服务的导引线，它简便而可靠，跟着这条线就能没有紧张，也没有白费气力，也不怕会出错误，我们的思维就能安全进行，好象希腊神话里那个提修斯执有阿里阿德涅的导引线在迷宫中走路一样。"[③]

总而言之，在莱布尼兹那里，概念作为人类理性的产物，需要借助于

① C. Leduc, "The Epistemological Functions of Symbolization in Leibniz's Universal Characteristic," *Foundations of Science* 19 (2014): 53–68.

② 〔德〕肖尔兹：《简明逻辑史》，张家龙译，商务印书馆，1977，第50~51页。

③ 〔德〕肖尔兹：《简明逻辑史》，张家龙译，商务印书馆，1977，第53页。

符号形式的转向来超越作为知觉和想象力的感知。他已经向人们指明，心智能够在不利用心理内容的情况下对符号进行组合与计算，理解与分析符号不必以分析它的概念意义为前提，将符号承载的意义内容搁置一旁，心智就能够自由地聚焦于抽象、形式的元素。从某种意义上说，"普遍语言"背后折射出来的符号思维为我们表达巨量的数字和图形提供了可能性，而这正是认知主义甚至当下人工智能的主流路线。

第二节　笛卡尔式认知科学的缺陷与困境

自 20 世纪 50 年代以来，控制论、信息论以及计算机科学等多门学科的蓬勃发展，以及一系列具有开创性的研究成果的发表，例如图灵发表的《论可计算数及其在判定问题中的应用》《计算机器与智能》，麦卡洛克与皮茨发表的《神经活动内在概念的逻辑演算》，纽厄尔与西蒙发表的《作为经验探索的计算机科学：符号和搜索》等，为人工智能以及认知科学的发展开辟了道路，指明了方向，一场轰轰烈烈的研究人类心智的革命呼之欲出。1956 年的达特茅斯会议成为人工智能的发端，长期以来，人们都将人工智能视为认知科学的智力内核，并希望这门一般性的智能科学能够对以意向性为基础的各种心理能力甚至生物具有的心智作出完满的解释，"它必须告诉我们，智能是仅仅体现于那些具有大脑般的基本构造（包括由关联细胞组成的网络中的并行处理过程）的系统之中，还是也可以用某种别的方式来实现"。① 西蒙甚至预言，在 20 年内，机器将做到人所能做到的一切事情。无论是认知主义抑或联结主义都把大脑看作一种计算系统，只关心"它体现出何种函数关系，而不是哪些脑细胞体现出这些关系，或大脑生理机能怎样使这种关系成为可能"。② 因此，尽管联结主义以模拟大脑神经网络来研究人类的认知活动，展现出与认知主义截然不同的工作方式——对信息数据的处理由顺序式的串行转变为并行分布式的处理

① 〔英〕玛格丽特·博登编《人工智能哲学》，刘西瑞、王汉琦译，上海译文出版社，2001，第 2 页。

② 〔英〕玛格丽特·博登编《人工智能哲学》，刘西瑞、王汉琦译，上海译文出版社，2001，第 2 页。

方式，但从根本上看，二者都是在应用形式规则对符号进行形式操作，这种由神经科学家构造的人工神经元组成的联结网络模型只是对大脑神经活动高度抽象的理想形式，其本质仍然是数字式的信息加工。在我们看来，这样的模型无法在构造上与神经联结实现一一对应，无法在生物学意义上重现神经系统的运作机制，原因之一是大脑的神经元和突触的数量过于庞大，人工神经元的形式模拟并不是保证智能得以涌现的充分条件，且人工神经网络未能展现出人类大脑特有的直觉、顿悟、灵感等突现的智能表现形式，更未能表现出人类认知的情感特征（情感认知）。无论认知主义还是联结主义都只截取了人类认知的一个片段和方面，任何形式的系统都不可能纯粹借助计算而达到对认知的完满理解，而认知主义与联结主义也由于心物和心身二分的理论预设面临着诸多难以解决的困境。

一 心物二分导致认知与世界的割裂

在研究人类认知活动与心智本质的道路上，联结主义比认知主义更进了一步。从仿生学的意义上讲，联结主义对认知的研究具有某种整体性，对大脑神经网络联结活动的模拟要比单纯的符号操作更具有优势，它克服了认知主义本身在形式化方面的困难，在认知主义难以应对的快速认知、联想记忆等方面，联结主义展现出了较好的处理能力。认知主义的逻辑规则被联结主义的神经元联结规则取代了，[①] 但是从计算本质上来说，二者并无不同，它们都把认知活动看作基于规则对符号的转换和计算，认知离不开表征。如果非要找出不同点的话，那就是认知主体与对象（世界）的表征中介由心智转变为人工神经网络，表征方式由符号表征转变为神经网络激活模式的表征，但是强调表征关系依然是认知主义与联结主义的不谋而合之处，不愿意放弃表征体现出两者的基本框架都是基于心物、主客的二元对立。这种做法的后果便是不可避免地将人的身体和环境的影响和作用从人类认知的领域中排除出去了，人的身体并不参与人的认知过程，环境对于人而言是分离的、客观的，心智与身体、环境之间互相分离，这样的立场和观点是第一代认知科学研究纲领面临的理论瓶颈，同时也成为以

---

① 刘晓力、孟伟：《认知科学前沿中的哲学问题》，金城出版社，2014，第78页。

"4E＋S"为核心的第二代认知科学研究纲领批评的重点。具身认知、情境认知、延展认知等都是在批判前者的过程中发展起来的，它们都强调身体和环境在解释人类认知中的积极作用并赋予之重要的地位，而不仅仅将其看作可有可无的附属物。

心智与世界割裂开来的理论预设间接地导致认知主义将心智视作一个计算系统，大脑的计算等同于数字计算机的计算，人的智能正是凭借控制内部信息处理的输入和输出规则得到解释。这种规则只是纯粹形式的句法理论，它的意义只产生于符号自身的因果效力，也就是说，意义是内在的，而不是由外在的世界所赋予的。在认知主义和联结主义的视域中，世界（环境）是和主体对置并被给予的认知材料，忽视了主体与客体之间的一切情境性关联。① 世界就像一个巨大的、由原始的物质材料堆砌而成的东西，人的大脑作为中央处理器将全部由感官刺激产生的感觉经验加以形式化，形成符号以便进行操作计算，因此，世界类似于一个可以随时供主体取用的数据库，两者之间的关系是平行的，通过形式化的表征进行勾连。然而，这样带来的潜在问题是我们能否对世界进行可靠性表征？换言之，我们能否借助表征的利刃撕裂现象的帷幕，从而精确地把握实在本身？主体与作为客体之世界之间的对峙产生了解释鸿沟，这个问题从近代以来便困扰着哲学家。休谟说道，"我们既然假设，心与物是两种十分相反，甚至于相矛盾的实体，所以物体究竟在什么方式下来把它的影像传达到心里，那真是最难解释的一件事"。② 康德则是在休谟的启发下直面这个问题，通过所谓的"哥白尼革命"区分了现象与物自体，虽然他为人类理性划定了地盘，人的知性能力只可以触碰现象世界而无法认知超出现象之外的事物，但是由于坚持表征是主体认知世界的唯一方式，所以在康德那里，心智与世界仍然是断裂的，世界的本来面目依旧遥不可及。然而人类理性自身具有的能动性以及巨大求知欲不可能满足于只认识现象，我们依然会不遗余力地去追问、考察那些永远无法放弃的东西，正如康德所言，

---

① 李建会等：《心智的形式化及其挑战——认知科学的哲学》，中国社会科学出版社，2017，第337页。

② 〔英〕休谟：《人类理解研究》，关文运译，商务印书馆，1957，第135页。

"幻相的大本营……在不停地以空幻的希望诱骗着东奔西闯的航海家去作出种种发现，将他卷入那永远无法放弃、但也永远不能抵达目的之冒险"。① 我们认为，要摆脱这种困境有两种方法：一是跳出"我"的牢笼，立足于上帝视角审视认知主体与世界的关系；二是放弃笛卡尔的主客二分原则，摒弃主—客对立的本体论预设或前提，放弃唯表征论但不放弃表征，表征不是我们认识对象世界的唯一方式和途径。第一种似乎是抛却表征最为彻底的方法，但在我们看来这只是形而上学的想象，人不可能超出自身的限制去认识对象，这样的超越只会发生在意识中，由"我思"来进行，我们作为有限的存在者并没有这样的知觉经验，至多只是头脑中的虚幻设想。第二种方法相对来说更为可行，海德格尔对"此在""在世存在"的揭示为人们超越主客二分的表征之路提供了启示，即"在传统的沉思、表征、计算之上，补充实践、操作、交互，以一种替代和开放的方案来实现心智与世界的勾连"。②

在海德格尔看来，我们作为"此在"是被抛入世界之中的，"被抛"这一生存论现象具有强制性、不可选择性，"此在"始终与世界具有一种因缘关系。人不可能作为没有身体的精神或纯粹的先验自我而存在，因为他已被投入一个先在的世界，必定要与其他"此在"以及非"此在"的存在者产生关联，这种相关的前提条件是"此在"存在于世界之中，且这种关联首先是存在关系，而非认知关系。我们在前述中提到，认知主义和联结主义并非完全搁置世界或环境的影响，也不完全否认认知对环境的依赖，关键在于世界（环境）在二者的眼中是否具有交互的意义，即它在人类认知中能否充当积极的角色，能否对人的认知活动产生某种主动、有效的反馈。笛卡尔式认知科学基于内在主义的立场把认知与世界相分离，将世界视作消极、次要的环节，然而世界是变动不居的，赫拉克利特说过，"人不能两次踏进同一条河流"，主体的行动在某种程度上也可能造成世界（环境）的扰动，传统认知科学主张的物理符号系统并不能将世界完全形

---

① 〔德〕康德：《纯粹理性批判》，邓晓芒译，杨祖陶校，人民出版社，2004，第216页。

② 李建会等：《心智的形式化及其挑战——认知科学的哲学》，中国社会科学出版社，2017，第342页。

式化，无力处理由世界的变动所产生的巨量信息，人却可以灵活地应对这些变动，因而也就无法实现对人类认知的实质模拟。在这个意义上，智能主体不可能也不能够在世界与自身之间画下严格的界线，人的认知需要世界（环境）的积极参与和反馈，两者间不存在勾连的问题，因为主体本身就"在世界之中"，而这正是海德格尔的"在世存在"最为根本的观点，"在世存在"就是人（此在）的基本建构。

二　心身二分导致认知与身体的割裂

第一代认知科学研究范式将人的认知活动描述为基于规则对符号的操作与计算过程，将人脑类比为数字计算机，基于功能主义假设的认知主义提倡的是一种离身认知，身体只是作为认知的承载者而持存，本身不参与认知过程。作为联结计算心智理论的联结主义也只是模拟生物大脑的神经网络活动，依然不涉及身体。在我们看来，认知主义和联结主义将身体排斥在外的一个原因在于它们继承和发扬了笛卡尔理性主义哲学传统。笛卡尔认为，人区别于物的关键就在于其全部本质是思维，"而另一方面，我对于肉体有一个分明的观念，即它只是一个有广延的东西而不能思维，所言肯定的是：这个我，也就是说我的灵魂，也就是说我之所以为我的那个东西，是完全、真正跟我的肉体有分别的，灵魂可以没有肉体而存在"。① 身体是广延，属于物质的范畴，永远是可分的，但是思维是单一、完整的东西，是不可分的。在笛卡尔看来，身体某一部分的缺失并不会影响精神的认识能力，"尽管整个精神似乎和整个肉体结合在一起，可是当一只脚或者一只胳膊或别的什么部分从我的肉体截去的时候，肯定从我的精神上并没有截去什么东西"。② 故愿望、感觉和想象等认识活动只是精神的事，与身体无关，而认知主义和联结主义范式模拟的计算思维则更加不需要身体的参与，符号的计算表征就能解释一切。一言以蔽之，人脑是认知的核心，实现对生物大脑的模拟就可理解人的全部认知活动。

---

① 〔法〕笛卡尔：《第一哲学沉思集：反驳和答辩》，庞景仁译，商务印书馆，2012，第85页。
② 〔法〕笛卡尔：《第一哲学沉思集：反驳和答辩》，庞景仁译，商务印书馆，2012，第93页。

第一代认知科学研究范式自诞生以来便有着恢宏的愿景：基于物理符号系统为人类认知建立模型，人工系统能够模拟智能甚至本身就具有智能或心智。在我们看来，这种抛却身体的离身认知不仅没有实现既定的目标，反而遭遇各种挫折而变得渐行渐远，脱离身体的认知研究面临诸多困境，我们认为主要有两种：①不能正确理解人类认知，无法解释情感体验、意志冲动等非理性活动；②不能正确说明认知的形成与演化。

我们先来考察第一种困境。认知主义的符号研究进路和联结主义的神经网络加工进路皆是采用计算机隐喻来解释人的认知和心理活动的，主张认知活动的本质在于计算，是根据形式系统和算法规则对信息或符号的操作过程。然而无论是哪一种进路，揭示的都是计算的心智（computational mind），而非体验的心智（experiential mind）。[①] 这种计算隐喻只是模拟和描述了人类认知理性的一个方面，一般而言，主体的认知过程往往伴随着情感或情绪状态，即便是常人看来最为理智化的科学实验、逻辑演算等活动也都随附着情绪，只是不轻易为人们所察觉和感知。在我们看来，不存在任何纯粹理性的、不掺杂任何情感要素的认知形式和过程。将认知和心理过程理解为抽象的符号计算剥离了人类认知的现象属性和情绪属性，忽略了认知与情感相互交织这一错综复杂的方式。而且在某种程度上，人是以具身介入世界的方式来理解这个世界的，将情绪和身体感觉排除在认知之外，我们得到的不是稳固的自我意识、开明的决策、明智的道德判断以及有效的社会交互，而是一种精神机能障碍的状态。[②]

另外，抽象的符号计算不能很好地解释人类认知活动中瞬间迸发的、具有创造性、偶然性的突发思维状态，比如灵感。在强人工智能看来，经过恰当编程的计算机具有心智，可以进行理解和其他认知操作，人工神经网络的逻辑运算过程可以涌现出智能。那么，这种严格遵循规则、程式化的计算如何能够产生突现的思维状态呢？日常经验告诉我们，灵感往往是在人们经历长期的艰苦思考，在"百思不得其解"的状态下受到外界因素

---

① 费多益：《心身关系问题研究》，商务印书馆，2018，第78页。
② Michelle Maiese, *Embodiment*, *Emotion*, *and Cognition*（New York：Palgrave Macmillan，2011），p. 186.

的偶然刺激而突然涌现的思维状态，灵感本身没有规则，也不遵循规则，具有突现性和不可预测性的特征。图灵式的逻辑推理和计算不会产生灵感，图灵机的整个操作过程都由若干控制命令顺序连接而成，每一步操作都有其控制命令，所以，图灵计算是基于规则的"机械步骤"，无法理解甚至产生灵感。此外，我们认为灵感的产生也离不开身体，得益于主体与世界的交互，牛顿被苹果砸中而发现万有引力，阿基米德在泡澡时发现浮力定律都是凭借身体对外界的接触与感知。人的身体塑造着认知过程，"身体是认知的限制者、认知过程的分配者和认知活动的调节者"，① 因而有着举足轻重的作用，不能轻易地舍弃。

鲜活、生动的人类经验向我们表明，理性认知不是单纯的逻辑推理和符号操作，而且非理性的意志、欲望和冲动也在为人类构筑认知大厦添砖加瓦，理性和非理性之间不是截然对立的关系。亚里士多德在著作《形而上学》开宗明义地写道，"求知是人类的天性"，追本溯源，这种天性就是求知的欲望和满足自身好奇心的冲动，而意志的冲动往往通过身体表现出来。人们对世界的理解都是从对身体的理解开始，身体是我们与世界打交道的媒介（这是身体的工具性特征）。世界不是一个对象性的存在，不可能被理性认识所穷尽，通达世界的道路，是通过身体去体验、去知觉。② 身体不仅是认知与意识的载体，也是个体活动的核心，然而却被人们有意或无意地"遗忘"了。

其次，从进化论的角度讲，人的认知、意识与人的身体一样都是自然选择和进化的产物，既不是上帝的恩赐，也不是突如其来的惊喜，它具有独特的自然起源和演化机制。科学研究发现，在人类进化过程中，大脑容量不断增加，在大约 200 万年的演化过程中，人的大脑体积扩大了三倍，中枢神经系统和大脑额叶的迅速扩张使得大脑的功能越来越复杂、完善，最后出现了抽象思维。同时，躯体的进化改变了人类行为，制造和使用工具以及劳动形式的日益丰富反过来又增强了人的知觉、注意、记忆、思维

---

① 李建会等：《心智的形式化及其挑战——认知科学的哲学》，中国社会科学出版社，2017，第 189~191 页。

② 费多益：《心身关系问题研究》，商务印书馆，2018，第 72 页。

和想象等认知能力，认知的形成和演化离不开以大脑为核心的身体。直接从高度进化发展的人类大脑和人类现有的认知模式来研究认知、智能和意识，不能从根本上全面解决认知、智能和意识的本质及其演化与发展的基本规律等重大基础问题，我们所能得到的充其量是一些关于人类认知、智能和意识的部分知识而已。① 正如前文所述，单凭认知主义和联结主义远不足以回答关于人类认知本质的全部问题，身体也是认知过程的参与者而非旁观者，认知能力的增强离不开感官系统的进化。即便是没有任何感觉器官的多细胞生物，也是以具身的方式直接与环境进行交互作用，在德雷福斯看来，人与世界的交互往往呈现为一种熟练应对（skillful coping）活动，以一种上手、不经意的方式进行着。一部分认知官能已经内化于身体，内在表征植根于身体与外部环境的感官互动过程。我们的一切知识都源于经验，人正是通过视觉、听觉、嗅觉等身体感官系统接收外部世界的大量信息，经验是身体图式对于知觉的汇集。著名人工智能学家布鲁克斯充分考虑了身体对智能的影响，他进行了类人机器人的研究并设计制造了具有类似人的外形的机器人考格（Cog），许多科学家都在进行相关研究，这表明对人类认知的研究与探索离不开身体。人不是天生就具有完备的推理、感官系统，而是长久以来在和复杂多变的环境交互和完成任务的过程中不断发展起来的，布鲁克斯因此指出人类认知和智能具有发展性的特征，既然认知是不断发展、进化的，那么局限于理解、思维等某一阶段的认知层级便不能把握人类认知发展的总体脉络。人的认知和智能的进化离不开身体的运动、感知系统，不考虑身体的因素，就无法正确说明认知的演化与发展，没有身体，人的认知就成了无根之木、无源之水，只能像空中楼阁那样虚无缥缈罢了。

　　海德格尔明确地向我们表明，"此在"是"身体式的在世界之中的存在"，身体是人在世界中存在的根本方式，"人类的整体的存在方式只能以这样的方式来把握，它必须被把握为人的身体式的在世界之中的存在"。②

---

① 陈剑涛：《认知的自然起源与演化》，中国社会科学出版社，2012，第 61 页。
② 王珏：《大地式的存在——海德格尔哲学中的身体问题初探》，《世界哲学》2009 年第 5 期，第 132 页。

具体就认知而言，一方面，人类认知的生成需要身体来予以保证；另一方面，对人类认知的研究在不触及身体维度的条件下可能无法确保其有效性。毋宁说，如果从存在论现象学的视角来看，人的身体不是某一现成意义上的存在物，比如生物学和医学领域的概念范畴，而是一种动态的身体化。从某种程度上说，这一观念与具身认知的核心立场在本质上并不相通，后者对于身体的构造、感官和运动系统的强调更像是把身体当作一种躯体来看待，将身体加以量化、功能化，强调人的认知过程与身体之间绝对的因果力，致力于身体—认知的因果解释，身体仍被单纯地视为一种当下之物。而从身体作为人（"此在"）之存在方式，认知又是奠基于在世存在的一种方式和途径来看，人的身体与其自身的认知活动的确是不可分割、彼此交织的，谈及在世界中存在，我们就不能否认身体这一要素。因此，认知与身体之间的割裂并不符合"此在"本真的生存状况，笛卡尔的心身二分是有问题的。

三　并非一切皆可计算

国内有学者对"计算主义强纲领"的立场作了如下概括：主张物理世界、生命过程甚至人类心智都可计算，整个宇宙都由算法支配。[1] 依次对应计算主义的三个发展阶段，小到分子细胞，大到天体宇宙皆可归于算法，都可看作自然的计算过程。现如今，计算主义已经被最前沿的科学研究领域奉为一种标准的研究范式和指南，在神经科学、脑科学、人工智能、生命科学等学科领域，计算主义俨然作为标尺指导着一切。有的学者因此认为，计算主义是关于认知或生命的一种哲学理论，不能仅满足于此，它要成为一种普遍的世界观，[2] 这是计算主义的根本任务和目标，而实现宏大的目标必然会遭遇一系列的难题与困境，计算科学、复杂性科学以及哲学阵营纷纷对之发起挑战。计算主义面临着哥德尔不完备性定理、符号奠基问题以及框架问题的诘难，人们纷纷质疑数字计算机能表现出人

---

① 刘晓力、孟伟：《认知科学前沿中的哲学问题》，金城出版社，2014，第46页。
② 李建会、符征、张江：《计算主义——一种新的世界观》，中国社会科学出版社，2012，第227页。

类意识的关键特征，即"自主产生和理解语义的能力、表征动态变化的世界的能力，以及意识的最精微和神秘的直觉能力"。① 除此之外，我们认为，计算主义不是放之四海而皆准的先验规则，在面对非理性的欲望、自由意志和审美体验时计算主义的解释力便显得捉襟见肘、十分有限，因此并非一切皆可计算。下面我们分三点予以论证。

第一，人的非理性活动如意志、欲望、冲动不可计算。在我们看来，计算主义是对理性主义传统新的继承和发展，自巴门尼德区分"真理之路"与"意见之路"以来，理性主义一直在西方哲学史中占据主导地位，牢牢掌握着理解和阐述世界的话语权，成为解决一切问题的根本原则和方法。近代的笛卡尔高举理性主义的旗帜，首次鲜明地提出了机械之身体和自由之心智之间的二元对立，他将人的身体视为一部结构非常精致巧妙的机器："如果我把人的肉体看作是由骨骼、神经、筋肉、血管、血液和皮肤组成的一架机器，即使里面没有精神，也并不妨碍它跟现在完全一样的方式来运作……"② 笛卡尔坚决否认心智也可视为一部精妙的机器的观点，他的心身二元论彻底堵死了二者的勾连，作为物质的身体只是作为人类心智的载体和容器，它无法产生心智，按照这一逻辑，即便是上帝也制造不出能够产生心智活动的机器，只能对心身之间的关联作出有效或必要的保证。此外，霍布斯认为"推理即计算"，拉美特利则更为激进，提出"人是机器"的口号，认为心理活动就是机械活动，莱布尼兹提出了"普遍语言"的设想，也就是以符号语言系统描述哲学与科学，类似于弗雷格、罗素等人创立的数理逻辑。

我们认为，从近代的唯理论哲学到现代的逻辑经验主义，再到盛行于认知科学和人工智能领域的计算主义，都关注作为主体之人的理性认识能力，也就是以逻辑方式重构、理解对象物，并将其纳入一种因果的、合规范性的、合目的性的解释框架，以实现对世界的精确性把握。然而，认知的理性主义进路与非理性的情感和意志冲动是相背离的，理性对经验材料

① 李建会等：《心智的形式化及其挑战——认知科学的哲学》，中国社会科学出版社，2017，第127页。

② 〔法〕笛卡尔：《第一哲学沉思集：反驳和答辩》，庞景仁译，商务印书馆，2012，第88页。

进行概括和总结，将通过直观获取的表象抽象为逻辑表征，它体现的是人类认知反思性的方面，都要遵循某种规则，正如逻辑主义之于命题，谓词逻辑推理规则、计算主义之于算法，因而是有条件的、因果的。相反，意志是盲目的，没有理由和目标，也不遵循规则，按照叔本华的说法，它不受根据律的制约，是漫无目的的原创力，因而具有能动性。在我们看来，叔本华的唯意志论有其正确性，在某种意义上揭示出人作为生命存在物的本质特征，人的生存意志先于理性认知，一切认知能力都以意志能力为前提，意志是认知的驱动力。叔本华认为，人认识的是自己所欲求的东西，而不是欲求自己所知的东西，主体正是根据自己的意志来认识自己和对象，这也表明了意志的本质就是欲求和欲望。那么遵循理性主义传统的计算主义能否界定非理性的意志？答案是否定的，也就是说意志不可计算。叔本华将意志看作世界最本原的存在，它不是构成现象世界的因果链条的环节，不服从现象法则，因而意志是自由的。我们可以假设，如果计算主义是正确的，即大脑、生命体以及整个世界（从微观粒子到宇宙星系）皆为一个完备的计算系统，那么，任何实在都可以看作这台超级计算机的计算程序的不同计算结果。也就是说，只要有足够的信息输入，我们便可以计算出任意实体、事件在任意状态下的坐标与趋向曲线，从某种意义上而言，计算主义就是一种决定论，它的计算程序和算法规则具有相当强的因果效力，每一步程式化的运算相当于因果链条中的一个环节，是符号状态之间的因果映射。然而，这样便没有为自由意志留下空间，人有可能再一次陷入因果决定而无自由可言的尴尬境遇。因果关系不具有完满的解释力，计算主义同样做不到这一点。

第二，人的情绪感觉不可计算，计算对于情感而言是不充分的。人们现在普遍认识到，人的认知活动与情感相互交织，不可分割，概念、判断、演绎、推理等理性思维形式都受到某种情感因素、情绪或动机的影响。在萨伽德看来，推理过程往往就是一种情感过程，人类思维和推理活动的许多方面都受情感积极抑或消极的影响。[①] 对认知的描述与理解离不

---

① 〔加〕保罗·萨伽德：《热思维：情感认知的机制与应用》，魏屹东、王敬译，科学出版社，2019，第10页。

开对情感的说明，纯粹理性的认知过程是不存在的。我们认为，基于抽象的逻辑形式规则建立的计算结构或程序不能理解情感，无力对主观性的情绪进行数字化、客观化的解释，因为情感是第一人称的、感受性的体验，某种类型的情绪体验不能被某种计算状态所决定和实现，两者之间并非一一对应的关系。更重要的是，人的情感体验伴随着身体感觉，依据威廉·詹姆斯（William James）的情绪理论，情感/情绪是我们在受到外部事实的刺激时对身体变化的感知，不同情感状态之间的转换一定具有某种躯体表现，人们是因为哭泣感到悲伤，因为颤抖感到恐惧，因为报复感到愤怒，而不是相反。詹姆斯认为，没有知觉而起的躯体状态，知觉就只是一种纯粹的、苍白暗淡的、没有情绪激动的认知，没有身体上的变化，情绪所剩的只是一种冷静的、中性的、理智上的感知状态。[①] 相当多的证据表明，主体处于某种特定情感状态时的感觉包含着他对与这一情绪相关的身体变化与反应的感知，一些身体变化与情感模式之间具有非常密切的相关性，比如，当我们感到恐惧时，若取消掉全部的身体感觉，只保留关于危险的信念判断，那么这样的情绪便很难称为恐惧了。

在我们看来，主张情感体验可以计算蕴含着对情感的抽象化理解，然而，这种抽象理解的前提在于一种强认知主义立场，即情感就是认知评价和判断，而判断和评价能够被抽象化、形式化为承载语义的符号信息。从这种意义上说，强认知主义视域下的情感可以进行计算，而且国外已有学者作了相关研究，保罗·萨伽德以环境、身体和心理状态作为变量建立了以数学演绎或工具模拟为特征的关于情感的动态系统，通过计算机模拟该系统的运行状况解释情感现象。[②] 但是剥离了身体感觉的情感毕竟是不完整的，它缺失了主观维度的感受性体验，但这正是情感和理性认知之间的一个有效区分。认知本身无法产生一个情绪状态，[③] 抽象化、程式化的符号计算亦无法生成情绪。此外，对情感的纯形式化描述也未必可以实现对

---

① 〔美〕威廉·詹姆斯：《心理学原理》第3卷，方双虎等译，北京师范大学出版社，2019，第1236~1238页。

② 〔加〕保罗·萨伽德：《热思维：情感认知的机制与应用》，魏屹东、王敬译，科学出版社，2019，第48~53页。

③ 费多益：《心身关系问题研究》，商务印书馆，2018，第429页。

情感的精确预测和解释，情感是多变的，主体有能力在各种情绪状态之间自由切换，可以人为控制自身的情绪，故常有喜怒不形于色的说法。因此，我们认为情感和意志活动相类似，亦不遵循规则，不能纳入基于算法规则的计算主义解释框架。概言之，人的情感或情绪不可计算。

第三，人的审美认识和体验不可计算。在康德眼中，人类认识的知性能力要求建立一个可以统摄一切经验对象的完整系统，这与计算主义致力实现的目标不谋而合。但由于世界中的经验事实往往呈现出偶然性和不可预测性的特征，因而，概念系统无法做到全部统摄而毫无遗漏。在康德看来，坚持一切皆可计算的计算主义范式俨然超出了人类知性能力的范围，可能会陷入形而上学幻象的泥淖。康德的人本学说将人分为知、情、意三部分，即认知能力、情感能力和欲求能力，而情感能力之中包含着人的审美判断力。对美的鉴赏不同于对物的认识，审美自产生伊始就与认知区别开来，正如康德所言，"没有对于美的科学，而只有对于美的批判"。[①] 美具备一种基于主观而非概念的普遍性，具有无功利的愉快感，在康德看来，"这朵花真美"和"这朵花是美的"不是逻辑判断，只是借用了"客观判断"的形式。这种客观性不是真正的客观性，而是为了普遍传达主观情感，即达到"主观普遍性"的效果，从而实现其社会本性的方式。[②] 审美是产生意象的认识，而非产生概念的认识，审美的体验往往是一种直觉，它不含有概念，克罗齐写道，"直觉认识不需要主人，也无必要依靠他人……融合在直觉中的概念，鉴于它们被真正地融合，就不再是概念……而变成了直觉的单纯要素"。[③] 从这种意义上说，人的审美体验独立于理性认识，前者依赖于直觉给予的具体表象，而非抽象的原则和概念，而计算主义主张的计算过程几乎是机械的，它关注的是可以形式化、程序式的逻辑事实，因此，能够以计算方式表现的东西不具有美与丑的两极，只有抽象理智确定的因果关系。人在进行审美体验时无须借助抽象思考和逻辑判断进行理性分析，就能迅即地、不假思索地感知到对象的美丑。[④]

[①]　〔德〕康德：《判断力批判》，邓晓芒译，杨祖陶校，人民出版社，2004，第148页。
[②]　张慎主编《西方哲学史（学术版）》第6卷，江苏人民出版社，2011，第204页。
[③]　〔意〕克罗齐：《美学的理论》，田时纲译，中国人民大学出版社，2014，第2页。
[④]　凌继尧：《美学十五讲》，北京大学出版社，2014，第90页。

人与其他动物的区别除了抽象思维之外还在于前者可以进行审美，对美的把握亦是人必不可少的活动，也是人本质的一种体现和外化。在我们看来，如果生命的本质是计算，那么面对不涉及抽象原则和概念的审美活动，计算主义几乎没有任何解释效力，因为前者不受算法和规则支配。此外，审美活动与认知活动一样具有意向性，两者都生发于意识，审美活动本身具有某种意义，但形式系统执行的符号计算不能产生意向性和意义，也不能理解意义，更不能理解以无功利和崇高为特征的审美活动。而且从某种角度看，人在审美过程中似乎暂时摆脱了因果律的束缚，切实感受到了自身的"自由"，实现了自身形式的合目的性。我们在第一点论证中已指出计算主义与自由意志是不相容的，会使人陷入因果决定论的窠臼，因此，体现了人的自由意志的审美活动亦与计算主义不相容，也就是说，人的审美活动不可计算。

从某种意义上说，计算主义的出现与盛行可能与现代技术在当今时代的狂飙与宰制不无关联，后者的核心要求是严格性与精确性，这同计算主义的诉求主张一拍即合，排斥诗性的想象、审美意象以及思维的"不合理"跳跃。计算主义在我们看来类似于一种哲学的技术化，哲学语境中的计算术语被技术性地使用，它以数学的方式将对象描述为一个封闭系统，"以可计算、可掌控的方式将自然物摆置到作为主体的人面前，从而使其研究的每一进程都带有严格性和准确性的特点"。[1] 在海德格尔的存在论语境中，计算是指"预计到某物，也即考虑到某物，指望某物，也即期待某物。以此方式，一切对现实的对象化都是一种计算，无论这种对象化是以因果说明的方式来追踪原因之结果，还是以形态学的方式阐明对象，还是确保一种序列和秩序联系的基础"。[2] 他认为，数学和物理学与它们所要维系的对象区域具有精确性的特征，但是一切精神科学，包括哲学在内，恰恰是为了保持自身的严格性而不必然地被精确性所覆盖。从这种意义上说，海德格尔也许会从根本上反对计算主义的观念，"此在"亦不可能凭

---

① 高山奎：《试析海德格尔的技术之思及其限度》，《云南大学学报》（社会科学版）2020 年第 2 期，第 19～28 页。

② 〔德〕海德格尔：《演讲与论文集》，转引自高山奎《试析海德格尔的技术之思及其限度》，《云南大学学报》（社会科学版）2020 年第 2 期，第 21 页。

倚计算获得关于存在的理解，正如我们在前述所言，并非一切皆可计算。

综上所述，奉行笛卡尔理性主义哲学传统的第一代认知科学将人内在的心智状态抽象化为符号的逻辑表征和计算过程，无论是推崇物理符号系统的认知主义还是主张模拟人类脑神经网络的联结主义，都把计算视为理解人类认知和心智的充要条件，由此生成的认知计算主义甚至宣称一切皆可计算，计算主义俨然成为一种新的世界观。但我们认为，这一主张具有三个缺陷：第一，遵循心物二分原则造成了认知与世界的割裂，从存在论现象学的视角看，在世界中存在是"此在"的基本建构；第二，割裂了认知与身体的联系，因而难以理解人的情感、意志活动且不能正确说明认知的形成与演化，从存在论的角度看，身体与认知作为"此在"在世的一种方式是彼此交织的，无法切割，认知与身体之间的割裂遮蔽了"此在"本真的生存状况；第三，计算对于机器智能而言可能是充分的，但对于人类心智而言则并非如此，人的心智状态除了认知以外，还包括情感体验、意志冲动以及审美活动，计算对于后者而言是不充分的，不构成满足条件，甚至没有任何解释力，也无法实现"此在"对于存在的理解与领会。可以认为人的一些心理状态和过程在某种程度上能够以计算的形式存在，但是这种计算的观点并不能穷尽人类认知和思维的本质。概言之，并非一切皆可计算，计算主义意图成为一种新的世界观依旧困难重重。

第三节　对"4E＋S"认知科学的考察与分析

近年来，在认知科学领域掀起的对笛卡尔式认知科学的批判浪潮催生了一系列新的认知观，认为前者只注重关于符号的计算表征和信息加工，将人的认知过程等同于大脑的神经过程，把认知局限于颅内并消除了身体和环境对认知施加的影响，因而被人们视为一种无身认知或离身认知理论。由于受该理论指导的人工智能在理论和实践层面均遭遇了严重的困境与挫折，于是人们提出了新的认知科学研究理论来弥补以计算表征为基础的认知主义和联结主义范式的缺陷和不足，主要包括具身认知、延展认知、生成认知、嵌入认知以及情境认知，合称"4E＋S"认知理论/模型。一部分认知科学家和哲学家将这种认知理论视作认知科学领域的"哥白尼革命"，认为其可以取代传统认知科学而成为认知科学新的研究纲领和范式，事实果真如此吗？在我们看来，这样的目标依然较为遥远，还有许多亟待回答的问题，比如认知计算主义是否真的如日薄西山般衰落而到了必须被舍弃的境地，"4E＋S"模型包含的五条路径是否具有缺陷。我们力图在这一部分进行考察并给出回答，并努力从存在论现象学的角度予以简要分析。

一 "4E＋S"认知的哲学来源

第二代认知科学的产生具有诸多方面的思想来源，比如认知主义和联结主义、动力学与复杂系统理论以及人工智能，其在哲学上还得益于海德格尔和梅洛－庞蒂现象学、经验自然主义和维特根斯坦后期语言哲学的启发与影响，鉴于篇幅限制，我们在此处仅梳理 "4E＋S" 认知的哲学来源。

（一）"此在"与"身体"现象学

人们通常将第一代认知科学称为笛卡尔式认知科学，原因之一在于它坚持的是笛卡尔开创的以 "我思" 为代表的理性主义哲学传统，由此产生了心智与物质、我思与对象之间的对立鸿沟。受其影响，认知主义和联结主义将认知过程紧紧局限在人的大脑之中，结果造成了人的认知与自己身体和世界的割裂，为弥合这一裂痕，人们将目光转向现象学，希望实现由笛卡尔剧场向现象学剧场的转换，现象学方法也被用来批判心智的认知主义和计算主义范式，现象学本身也具有这种可能性，"在世存在" 与 "身体" 概念现今已融入了认知科学的视野，因此，我们首先梳理现象学对第二代认知科学的影响。

20世纪初兴起的现象学运动包含着多位哲学家的贡献，除了为这一运动奠基的胡塞尔外，还有海德格尔、舍勒以及梅洛－庞蒂。而其中最受认知科学关注的当属海德格尔的存在论现象学与梅洛－庞蒂的身体现象学，他们在胡塞尔的本质现象学和先验现象学的基础上提出了各自的现象学理论，为现象学运动开辟出了不同的道路和发展方向。胡塞尔第一次提出"回归实事本身"，所谓 "实事" 就是意识活动本身的直接经验的总和，他与笛卡尔一样，都是朝向内在感知去寻求人类认知可能具有的普遍确定性，不同之处在于，胡塞尔通过本质直观分析了意识的本质结构，以悬搁的方法排除了笛卡尔"二元论"的理论预设,这种本质直观是"一种在反思中进行的、对意识本质要素以及这些要素之间的本质联系的直接直观把握"。① 对意识结构的分析使他从布伦塔诺那里接受的"意向性"概念的内涵得以展现,意向性也在被胡塞尔赋予哲学意义后发挥了真正的力量。现如今,意向性已成为使人工智能倍感棘手的难问题,因为胡塞尔将意向性视为意识的基本结构和性质,而人工智能的目标是模拟甚至具有人类心智,意向性成了一道难以跨过的障碍、一条难以逾越的鸿沟,就此而言,意向性的存在从某种意义上也说明认知计算主义是不充分的。另外,胡塞尔对意识所作的现象学分析也为人们解决意识难问题提供了有益的启发。

为了掌握观念的本质意义、正确性和有效性,胡塞尔利用直观的方法对现象本身进行细致描述,因此体现出现象学的无前提原则,而获得无前提的经验内容与结构的关键就在于中止/悬搁我们的日常经验、偏见甚至科学的知识,不能作任何科学或哲学上的假设。本质还原与先验还原引导我们通向作为自我体验的意识之先验结构,与胡塞尔关注意识先验结构不同的是,海德格尔与梅洛-庞蒂侧重于揭示和强调世界与身体在人的认知活动中发挥的影响和作用。海德格尔要求越过意识理论的主体,回到具体的现实生活中的自我,② 在他看来,"此在"是作为世界之中的存在者而在,"在世存在"是事物(包括人在内)普遍的存在方式,人正是在世界这个整体域内和事物照面、打交道,"此在"和世界的关系不同于钱之于口袋、饼干之于盒子,世界不是全部存在者的总和与堆积,其本身亦非存在者。表面上看,"此在"和世界以时空的方式关联着,但本质上"此在"是生存于世界的意义境遇中。他强烈反对笛卡尔的主—客、心—物的二元论框架,笛卡尔认为人的存在方式在本质上是复合的,是纯粹物质世界中的不同成分(也就是说思想和身体)的范畴综合。③ 海德格尔否认"此在"从根本上是以表征方式认识事物,强调人对事物具有一种非反思性的

---

① 倪梁康:《意识的向度——以胡塞尔为轴心的现象学问题研究》,商务印书馆,2019,第10页。

② 张汝伦:《〈存在与时间〉释义》上册,上海人民出版社,2014,第9页。

③ 〔英〕S. 马尔霍尔:《海德格尔与〈存在与时间〉》,亓校盛译,广西师范大学出版社,2007,第40~41页。

存在论理解，和世界的实践交互先于这种冷静的、基于逻辑规则的表征性的认知活动。

与海德格尔偏重讨论此在的情境性（整体因缘性）不同，梅洛－庞蒂是从身体出发，从具身性角度切入来展开对笛卡尔心身二元论的批判。他反对笛卡尔将心智看作"具有自思能力的物"，批评笛卡尔主义将意识、身体和世界彻底分离的做法。在他看来，灵魂与身体的结合不是由外在的客体与主体之间随意的决定关系保证的，身体活动本身就是灵魂与身体相结合的表现形式。梅洛－庞蒂将身体看作知觉活动的主体，身体是人之体验的核心要素，并且作为主体当前的和现实的知觉场与世界相接触，将它归于物理世界便无法真正理解人类自身的体验，也就是说，体验活动与人被分割开来了。因此，梅洛－庞蒂眼中的身体具有了牵涉世界的功能，人的身体与世界以一种"预定和谐"的方式紧密地纠缠在一起，我们是作为身体性的存在者被投入世界并成为世界的一部分，而非"作为一空间世界中的简单的空间客体"。[①] "身体是在世界上存在的媒介物，拥有一个身体，对一个生物来说就是介入一个确定的环境，参与某个计划和继续置身于其中……我通过我的身体意识到世界。"[②] 缺少了身体，我们便不能实际地、以上手的方式介入世界。因为身体与我是一体的，它始终贴近我，始终为我而存在，"它留在我的所有知觉的边缘，它和我在一起"。[③] 梅洛－庞蒂力图将科学的意义奠基于人的身体体验，科学本身是这种体验的间接表达，对世界的体验是我们严肃地思考科学意义的前提。梅洛－庞蒂对身体和具身性的深入探讨、对心智与身体、意识与身体之间的传统二元论的讨论为第二代认知科学理论，尤其是具身认知理论提供了有益的启示，促使人们开始重新关注被笛卡尔式认知科学忽略的身体因素。

我们看到，以海德格尔和梅洛－庞蒂为代表的现象学是"4E＋S"认知模型重要的哲学来源，在现象学的影响下，新的认知科学进路重新将世界（环境）和身体纳入了研究范畴，开始注重认知主体与世界、身体的实

---

① 〔爱〕德尔默·莫兰：《现象学：一部历史的和批评的导论》，李幼蒸译，中国人民大学出版社，2017，第460页。

② 〔法〕莫里斯·梅洛－庞蒂：《知觉现象学》，姜志辉译，商务印书馆，2001，第116页。

③ 〔法〕莫里斯·梅洛－庞蒂：《知觉现象学》，姜志辉译，商务印书馆，2001，第126页。

践交互。同时，在人工智能领域也引发了研究者（如塞尔、德雷福斯等人）对基于认知主义的经典人工智能的批判。总之，现象学与认知科学的汇聚产生了许多深邃、富有意义的理论成果，为后者提供了有益的思想助力，认知科学的发展需要现象学的参与，它离不开现象学。

（二）杜威的经验自然主义

加拉格尔将杜威看作情境认知重要的哲学先驱。[1] 为克服和超越传统哲学中的各种二元对立，杜威提出了经验自然主义，也就是不把经验当作知识或主观对客体的反映，也不把经验当作独立的意识存在，而是当作主体和对象即有机体和环境之间的相互作用，"每一个存在的东西，只要它是被认知的和可知的，它就是在和其他事物的交相作用之中了"。[2] 即便是自言自语式的内省也不是在孤立的心智中发生的事情，而是与他人交互的结果和反映，不以交互为前提，我们便不可能具有反省的能力。对于杜威而言，情境是一种视界和复杂性条件，它塑造着我们对世界的经验，"'情境'指的不是某一单个的对象或事件，也不是某一组对象和事件，因为我们从不孤立地经验或形成对事物和事件的判断，我们只在同整体环境的联系中生成自身的经验，后者谓之'情境'"。[3] 作为有机体的人在生存中总要遇到某种环境，必须对之作出反应，以更好地适应环境。经验就是人与环境之间的相互作用，它使主体和对象、有机体和环境、经验和自然连成一个不可分割的统一整体，正是经验确立了这些要素间的连续性。此外，杜威还反对"反射弧"主张的机械的刺激—反应关系，他认为，感觉、思维和行动之间密不可分，感官刺激、中枢连接和运动反应当被视作整体中不同的功能因素，而不是各自孤立的、自身存在的实体。在杜威看来，客观的自然本身是可知的，可能使人获得一种"安适、秩序和美丽的感觉"，但笛卡尔的理性主义传统人为地将这个世界分裂了，造成了心智与身体的

---

① 参见 E. Robbins, M. Aydede（eds.），*The Cambridge Handbook of Situated Cognition*（Cambridge：Cambridge University Press，2009），pp. 35 - 51。

② 〔美〕杜威：《经验与自然》，傅统先译，商务印书馆，2014，第 175 页。

③ 转引自 Guilherme Sanches de Oliveria，"The Strong Program in Embodied Cognitive Science," *Phenomenology and the Cognitive Science*，2022，https://doi.org/10.1007/s11097 - 022 - 09806 - w。

二元对立，使得我们对世界的认识成为一件神秘的事情。基于自然主义立场，杜威认为世界就是它本身，心身结构都与自然的部分结构相吻合，都是从世界里面发展出来的，而且身体作为心智唯一的活动器官与后者不可分离，心身关系如同树木与土壤的关系一样不可怀疑。① 总之，杜威重视的是有机体与环境间的交互，强调情境与身体在认知活动中的重要作用，强调环境与身体之间的耦合互动。认知首先不是一种心理现象，而是在社会交往基础上展开的实践活动。因而，认知就是一种行为形式，不是心智中的某种思考和世界中的某种行为之间的联系，经验的基本构成就是有机体—环境，而非笛卡尔的"我思"或者康德主义的纯粹自我。杜威的这些观点有力地影响了第二代认知科学，成为后者又一个重要的思想来源，尤其是具身认知和生成认知的某些观点，其都和杜威的主张有着相通之处。

（三）维特根斯坦的"日常生活语言"

纵观整个哲学史，似乎没有哪一位哲学家能够比维特根斯坦更富有传奇色彩了，他经历了从前期的"语言图像论"到后期"日常语言哲学"的颠覆性转变，甚至完全推翻了自己前期的哲学体系。作为逻辑经验主义的代表，前期的维特根斯坦极力推崇逻辑化的语言，使用逻辑分析的研究方式，将语言看作描述世界和事实的逻辑图像，这里所讲的语言是指由哲学家和逻辑学家构造的、具有精确性的、理想化的逻辑语言，而不是人们日常使用的语言形式。然而，后期的维特根斯坦批判和放弃了自己早先追捧的逻辑原子主义，后者主张通过对命题的逻辑分析就可以揭示出世界的逻辑结构。与之相反，他认为命题和世界不存在这样的逻辑结构，命题的逻辑形式只是语言的语法结构，而语法是动态、鲜活的，语词和句子的意义要根据其在不同语境中的使用加以确定。因而不存在所谓"客观的意义"，我们想要了解的其实是一个词或句子在不同语言环境中的不同用法，② 维特根斯坦的"用法"概念旨在强调说出或写出某个词或句子的特定情境或环境，而"用法"本身则是这个词或句子在其中起作用的语言游戏。③ 这

---

① 〔美〕杜威：《经验与自然》，傅统先译，商务印书馆，2014，第 274～275 页。
② 江怡主编《西方哲学史（学术版）》第 8 卷，江苏人民出版社，2011，第 515 页。
③ 江怡主编《西方哲学史（学术版）》第 8 卷，江苏人民出版社，2011，第 516 页。

样，维特根斯坦就从对语句命题进行的孤立、内在的逻辑分析转向了在交互、外在的环境和情境中的语言使用，从而转向了某种外在主义立场，他通过对"语言游戏"的描述和对"私人语言"的反驳论证突出了实践交往和情境的重要性。

根据维特根斯坦的描述，我们对语言的使用类似于参与具有某种具体规则的游戏活动，使用语言和儿童、成人所玩的各种游戏非常相似，可以说，使用语言就是在进行某种游戏。因此，语言的意义只有在交流的语境中才能生成，语言只有"流动"起来方才具有生命力，语言不属于个人，而具有情境性、社会性的特征。在维特根斯坦看来，语言游戏就是人生活的构成部分，人们日常就是在进行各种各样的语言游戏活动。在此基础上他进一步讨论了语言游戏的规则问题，主张不能对规则进行逻辑分析，我们应该在游戏的参与过程中予以观察和体会，否则就会造成遵守规则的悖论，因为不存在普遍意义上的规则，规则由游戏产生，也应该在游戏中得到遵守和解释。孤立地谈论遵守规则必然会产生哲学的错误，[①] 因而规则亦具有情境性的特征。在此基础上，维特根斯坦对"私人语言"进行了反驳，认为根本不存在无法交流的语言，个体心智内在地生成的心理语言不能对具体的情形予以明确的概括，它如同人的指纹一样只与个人特定的心理状态相联系，具有不可通约性。从这种意义上说，维特根斯坦是基于语言的交流和理解来进行反驳论证的，而交流和理解自然离不开语境，情境可看作广义的语境，语言活动也可看作人在情境中的实践和交互活动，所以在他看来，认知不是一种由全知心智紧密组织起来的命题式知识，而是一种依赖于常识知识和情境化特定知识的技巧和实践的集合。[②] 我们认为，维特根斯坦对逻辑原子主义所谓理想语言的批判和攻击似乎显现出认知主义范式的符号化、形式化进路的某种缺陷，他对于语言使用的情境、交流和理解的重视与前面提到的杜威的主张有诸多相似，正如加拉格尔所言，维特根斯坦为理解认知的情境本质提供了深厚的思想资源。

综上所述，通过分析和追溯第二代认知科学的哲学来源，我们看到现

---

① 江怡主编《西方哲学史（学术版）》第8卷，江苏人民出版社，2011，第545页。
② 刘晓力、孟伟：《认知科学前沿中的哲学问题》，金城出版社，2014，第284页。

象学、杜威的经验自然主义以及维特根斯坦的日常语言哲学为新的认知科学进路提供了丰富的思想资源和观念启示，不只如加拉格尔所言仅是作为情境认知的哲学先驱，其他认知进路诸如具身认知、生成认知等理论观点也都受到了他们的影响，重视和依赖身体与情境的作用成了"4E＋S"认知理论的共同诉求。

二　对"4E＋S"认知模型的考察与分析

针对认知主义、联结主义日益暴露的缺陷和困境，第二代认知科学研究纲领对之展开了反思与批判，主要针对两个问题：①人类认知的本质是什么？②人类认知的空间定位是什么，即认知在何处发生？我们对认知的本质和外延至今没有严格的定义和令人满意的解释，导致出现如此多的认知研究路径，"有这样一门关于认知的科学……却不知道认知的构成要素，至少这么说是很尴尬的"。① 关于认知的本质，各种研究纲领之间未能达成统一的意见，新的认知科学进路认为传统的笛卡尔式认知科学对认知本质的理解是错误的，至少是不全面的，认知不仅是基于规则对符号的操作和计算过程，而且涉及作为活动图式和物理结构的身体同世界的交互耦合；在认知的定位问题上，各研究进路的看法不一，众说纷纭，但无论是具身认知、延展认知、嵌入认知、生成认知还是情境认知，其共同之处在于都重视情境（世界）对人的认知过程的作用和影响，因此，沃尔特（Sven Walter）将4E认知都纳入情境认知的范畴当中，作为情境认知框架统摄下不同的子研究进路，他认为，认知涉及的"颅外过程"包括两个要素：一是脑外的其他身体部分；二是外在于身体的环境，即自然性和技术性的资源。根据对认知的关系维度（relational dimension），即因果性和构成性的区分，他提出了四种不同的情境认知假设。②

A. 认知过程与身体过程相互依赖。

B. 认知过程与身体过程相互构成。

---

① F. Adams, R. Garrison, "The Mark of the Cognitive: Reply to Elpidorou," *Minds and Machines* 23 (2013): 340.

② Sven Walter, "Situated Cognition: A Field Guide to Some Open Conceptual and Ontological Issues," *Review of Philosophy and Psychology* 5 (2014): 245.

C. 认知过程与自然性或技术性的外在身体过程相互依赖。

D. 认知过程与自然性或技术性的外在身体过程相互构成。

A 和 B 构成了具身认知的核心主张，C 表明认知是嵌入式的，D 则表明认知是可延展的。下面我们分别对情境认知和 4E 认知进行分析并判断其是否能够整合为一，能否成为取代笛卡尔式认知科学的新范式。

（一）情境认知：情境依赖不能取消认知的反向自识

情境认知的核心预设是，智能行为是从智能体与其所处的环境的动态耦合过程中涌现出来的，而不是心智自身的产物。这种观点与传统的认知主义的内在表征主义针锋相对。信息并不是某种先验的存在，而是有机体和环境耦合的结果。我们认为情境认知具有四个特征：境遇性、交互性、动态性和即时性。事实上，这四个特征不是情境认知的产物，而是人类认识活动本身就具有的特质，由于长久以来认知科学受到笛卡尔主义二元论的影响，特别在第一代认知科学研究范式的认知主义、联结主义的计算表征的大一统形势之下，这些特征被无情地遮蔽了，尽管两种框架都取得了令人瞩目的成就，但是在自身的发展过程也暴露了许多缺陷，没有完全揭示人类认知的真正本质，因此接下来我们要将被遮蔽的特征重新开显出来。

1. 境遇性：认知的主体自适应

情境认知的境遇性主要针对认知内在主义（internalism），该观点认为心智与认知不仅不涉及而且独立于任何外在环境，心智与认知的内容都在大脑之内。情境认知主张，认知是在有机体与世界（包括自然界与文化社会）的交互中涌现出来的一个适应性过程。由于情境在认知中的特殊地位与作用，境遇性成了情境认知理论最根本的特征。海德格尔的"在世存在"为我们指出了情境的意义，认为我们的存在方式就是一种与外部世界有着意向性关联的存在，也是最能体现人的本真状态的存在方式。他在《存在与时间》一书中也提到了"situation"一词，并将其理解为"形势"，"代表着一种发自人的生活境遇或世界的诠释学形势……世界与经验着它的人的实际生活息息相通而不可区分，因此世界（welt）就绝不只是所有存在者的集合，而意味着一个世界境域"。① 海德格尔将情境称为"环境"

---

① 谢地坤主编《西方哲学史（学术版）》第 7 卷上册，江苏人民出版社，2005，第 496 页。

或"周遭世界（Umwelt）"，在他看来，世界是在与人、人与事物的关系的基础上对我们显现的意义整体，人对于世界是一种情境性的而非嵌入性的存在，我们不是仅仅在地理意义上被置于环境之中，相反，是一种有意义的世界构成了我们存在的一部分，情境作为我们生存的构成部分而存在。我们无法想象在没有意义的情境中进行认知活动，因此从一开始，人就是境遇性的，浸没在情境之中。

2. 交互性：认知的环境关联

情境认知的交互性特征与认知主义孤立的认知观相对立。认知主义将人的认识活动看作基于规则对符号和信息进行的孤立计算，后来的联结主义有所进步，将认知和智能看作大量单一神经元处理信息时相互作用而涌现出的结果，是基于神经元承载信息的并行分布式处理过程，是对人的大脑处理信息过程的抽象和模拟。但从情境认知的角度看，它们都忽视了外在环境的影响和作用，认为认知行为只是大脑与心智的产物，因此仍属于孤立的内在表征主义立场。与之相比，情境认知的交互性是包括心、脑、身体在内的人与情境之间的相互映射，不单单强调身体的基础性作用，更注重其与情境的耦合过程。

此外，认知的交互性保证了认知主体以及情境的能动性，使人在认识世界时居于一种主动地位。现象学告诉我们，更为原初、根本和现实的状况是主体与自然对象、他人之间的一种共存关系，我们作为认知主体是嵌入整个情境中的，认知活动伴随着与情境间的交互，这样便模糊了主体与世界的概念差别，消解了二元论造成的人与世界之间的对立和矛盾。加拉格尔也指出，"我们原初和通常的在世方式，就是一种实践的互动（即一种行动、介入或基于环境因素的互动），而不是心理主义的或概念式的沉思"。[1] 换句话说，认知的交互性以主体和情境的实践互动为基础，认知的结果不是心智内在的自我反省，也并非对于抽象符号的内在表征，而是认知主体与情境交互活动的结果。

3. 动态性：认知的机制呈现

情境认知的动态性是针对传统认知研究范式的静态的内在计算—表征

---

[1] S. Gallagher, *How the Body Shape the Mind* (Oxford: Oxford University Press, 2005), p. 212.

而言的。以往的表征—计算模型将认识活动局限于大脑内，认为认知产生于脑内的神经活动。这种符号主义进路的认识模式以笛卡尔的主—客、心—物二分对立为预设和前提，认知成为孤立的主体对客体的反映和表征。在我们看来，这种静态的认识模式与现实情况不相符，忽略了认知主体是与情境进行动态交互的存在状况。人的存在的基本结构是"在世界中存在"，人和世界的联系不是日常经验中的空间关系，人（此在）的在世意味着它与其世界处于一种浑然一体、类似于耦合的关系，作为认知主体的人和其所处的情境存在着协调和共变。海德格尔指出，"认识乃是在世的另有根基的样式，而在世之存在先要越过在操劳活动中上手的东西才能推进到对现成在手的东西的分析"。① 人们通过与事物发生实践性的关联，了解事物的上手状态才能揭示其本真的属性，我们可以察觉到，海德格尔试图以一种动态的认知方式去替换笛卡尔主义传统的静态认知方式。这样看来，海德格尔为我们打开了认知动态性的广阔视域，使我们意识到人类认知在最根本、最原初的意义上就是能动的，动态性是人类认知活动的本质特征之一。

4. 即时性：认知的当下耦合

情境认知主张，人的全部认知活动不只是依赖于认知主体的自上而下、由内到外的信息处理和加工过程，也就是由人出发构造和解释关于外部世界的一切知识，它更依赖于外部环境对主体的自下而上、由外而内的刺激，并且这种刺激过程是当下的、即时的，同所处的情境是协调共变的关系，一旦变换所处的情境，那么该情境对认知主体的刺激和影响过程也发生相应的改变，我们将这种特征称为即时性。

人类的日常活动，特别是人们的日常交流都离不开语言，都要在一定的语境下进行，并且这种语境具有当下性和直接性的特征。人们在某一确定的语境中交谈和对话，一旦对话终结，语境也自然随之消失，当变换了交谈对象，对话的语境也自动改变。在这里，我们认为语境和情境是相通的：即时的语境即情境。如果我们要理解谈话者的意图、接收最准确的信息，那么我们就有必要投入即时的语境或情境当中去，这就是为什么人们

---

① 〔德〕海德格尔：《存在与时间》，陈嘉映、王庆节译，三联书店，2012，第84页。

特别是新闻记者强调要获得第一手的信息和资料。在我们看来，即时、当下获得的信息是最真实可靠的（当然不排除会有虚假信息的可能性），准确程度也最高，即使是过后的回忆、推理和之前的预测、判断也要基于当下、即时的情境，所以，我们有理由认为人类认知具有即时性的特征。

我们认为，境遇性发挥着基础性的作用，动态性与交互性都是在情境基础之上展开的，即时性则是对境遇性的进一步详细描述，也就是说，这四个特征相互依存、相辅相成，共同体现出情境认知最本质与核心的主张。这些特征不是某一种认知进路的产物，而是人类认知活动本身就具有的性质。我们认为，分析情境认知的四个特征并不是为了单纯从本体论层面对认知活动进行描述与刻画，而是为了加深人们对于情境认知的理解，认识到情境认知对于传统认知理论的必要批判和反思。心理学的研究表明，情境会强烈地作用于人的行动。通常而言，即使我们没有觉知到情境的特征或影响，情境的特征似乎也会驱动着我们的行动，但这样会产生比较消极的后果：人类主体对自己的所为几乎没有自觉的控制力，关于何所为也几乎不自知。① 对于情境认知这一概念框架而言，情境对人类认知与行动的影响不是单纯被动的，需要从具身性、嵌入性和生成性的角度对主体和情境的交互予以分析。当前的情境认知与具身认知科学都没有明确地回答以下关键问题：我们应当如何区分情境和情境要素（situational factor）？在何种意义上，对情境要素的反应不是一种消极的因果现象？为什么不同的人会对同一情境要素产生不同的反应？为什么个人的反应会随着时间的推移发生改变？人们应该如何理解他与情境要素之间的互动？这些问题仍需要情境认知理论给出明确的答案。同时，情境认知的确切含义是什么依然存在着争议，在一些观点的表述上，我们可能很难将之与具身认知区别开来，情境认知与具身认知存在着一种相似和兼容，特别是在概念和历史上相互通约。

（二）具身认知：身体之于认知的因果性而非构成性

一般而言，具身认知主要有两种含义：一是作为某种范畴术语，用于

---

① Martin Weichold, "Situated Agency: Towards an Affordance-based, Sensorimotor Theory of Action," *Phenomenology and Cognitive Science* 17（2018）: 761 –785.

区分具身与非具身的认知过程，从而能够正确判断社会认知、语言以及意识等特定现象；二是指理解和研究全部认知的一种方式，不单指适用于某些认知现象的范畴。[①] 从这种意义上说，具身性已经成为研究人类认知的必要起点，关于身体是否参与认知已不是存有争议的论题，它成为被人们普遍接受的原则，人们的研究重心转向了认知的具身机制。具身认知是在对传统的认知主义和联结主义范式的质疑声中产生的，它批判了后者持有的离身立场，强调人的身体在认知过程中的渗透和影响，甚至将身体体验和感官知觉视为基本的认知能力，要求摒弃一种以大脑为中心的还原主义。认知是蕴含具身性、嵌入性、延展性、生成性以及生态性特征的现象。我们看到，具身认知不仅主张身体对于认知具有某种因果力，还认为身体具有之于认知的基础性和构成性作用。相较于古老的心身二元论，具身认知视域下的心身关系产生了某种反转，身体似乎成为决定认知和心智状态的因素，不再是笛卡尔眼中只具有广延属性的东西，心智的特性也随附于它，心智与身体之间的坚实壁垒被打破了。具身性不是对心理和行为现象的某些事例的假设，而是对我们研究和理解这些现象的初始假设，具身认知是作为认知科学的整体研究方案而提出的，而不是对传统认知研究范式的理论和方法论承诺的有限补充。

在认知科学领域，针对经典认知科学的"无身性"，根据身体在认知过程中的作用，有学者将具身认知划分为朴素具身化和激进具身化两种形式，[②] 这表明，具身认知虽然在反对离身认知方面目标一致，但在如何看待身体的作用方面依然存在分歧，还算不上一个统一的范式。

"朴素具身化"强调身体对认知的因果作用与影响，并不反对和排斥计算和表征，而是将其内涵进行了延伸和扩展。在以往信息加工的单一基础上加入了身体的要素和内容，身体和环境的互动为人的认知提供了信息来源，三者构成了紧密的结合体。计算和表征的内容有了具身性的特征，身体的感觉和运动系统也具有了某种表征作用，高级认知过程所加工的内

---

① Guilherme Sanches de Oliveria, "The Strong Program in Embodied Cognitive Science," *Phenomenology and the Cognitive Science*, 2022, https://doi.org/10.1007/s11097-022-09806-w.

② 陈巍、殷融、张静：《具身认知心理学：大脑、身体与心智的对话》，科学出版社，2021，第48页。

容接纳了身体感觉和运动信息。① 在某种意义上，"弱立场"的具身认知对认知表征的态度是温和、包容的，并非彻底批判这种解释策略，其实质是以身体和环境的交互为核心对计算主义框架进行一种补充和修正，典型代表是威尔逊的"宽计算主义"和克拉克的"动态计算主义"理论。结果也导致这种朴素的具身认知呈现出"严重依赖内部表征、计算转换和抽象的数据结构等特点……对身体、环境和行为的关注就仅仅是作为一种获得内部数据结构和操作权限的方法与工具"。②

如果说"弱立场"的具身认知主张身体参与认知的话，那么"强的、激进立场"的具身认知则主张身体塑造认知，后者不满足于对传统认知科学修补式的改良，要求彻底拒绝和消除计算和表征在认知科学中的影响，"认知科学中结构的、符号的、表征的和计算的观点都是错误的"。③ 认知和心智活动是人的身体与环境互动的产物，身体的生理构造和其包含的感官系统决定了人类认知能力的范围、程度和强弱，大脑内部的神经生理特征决定了心智的形式结构，因此，强具身观之所以'强'，在于它赋予身体在塑造心智特征方面重要地位。④ 这表明，强立场的具身认知已然将身体视作心智和认知状态实现的关键乃至唯一的途径和载体，具身认知的强、弱立场的临界点在于表征的有用与无用。

区别于强弱立场的对立，笔者试图在具身认知的两种立场之间保持某种张力，采取温和的理论态度。一方面，我们不同意完全否认和取消认知机制的计算与表征功能，虽然计算不可能全方位、立体式地涵盖与描述认知现象，心智活动也不能完全借助计算来理解。然而，德雷福斯却指出，计算主义根植于西方哲学中悠久的理性主义传统，作为一种抽象化思维，它以概念和规则编制而成的逻辑之网理解世界（计算不仅限于一般意义的数字运算，

---

① 陈巍、殷融、张静：《具身认知心理学：大脑、身体与心智的对话》，科学出版社，2021，第49页。
② 陈巍、殷融、张静：《具身认知心理学：大脑、身体与心智的对话》，科学出版社，2021，第49页。
③ 陈巍、殷融、张静：《具身认知心理学：大脑、身体与心智的对话》，科学出版社，2021，第49页。
④ Dempsey, Liam P. I. Shani, "Stressing the Flesh: In Defense of Strong Embodied Cognition," *Philosophy and Phenomenological Research* 86 (2013): 590–617.

还包括概念、命题的操作和推理演绎）。因此，只要人们以抽象方式认知对象便无法摆脱计算的影响。同样，表征作为人与外部世界勾连的主要方式，即便在德雷福斯描述的专家阶段，主体只是不需要进行预先表征，不意味着表征不存在，我们认为它只是暂时隐入了技能背景。表征是人类认知活动的重要组分，虽然可能与感觉—运动等较低层的认知加工关联不甚紧密，但是在思维、推理和记忆等高阶的认知加工过程中却发挥着基础性的作用。

另一方面，我们也赞同强具身认知的某些观点，即身体构造的特殊性决定心智的特殊性，[①]比如，除非我们有能力成为一只蝙蝠，否则永远不可能具有与之相同的知觉和关于世界的经验，身体构造存在差异的生命体对世界的感知方式不同。所有生命体的知觉经验都是基于身体的构造，是具身性的。我们通常是利用身体具有的感知通路和机制来理解世界中的其他事物，比如，我们以眼睛测量远近，以手掂量、估测物体的轻重，人们也往往以躯体的某些部分作为通用的符号系统（例如在大多数文化背景下，人以点头和摇头的形式表示对某一观点的赞成与反对）。

具身认知可能具有的缺陷主要集中于它的激进版本，矫枉则易过正。首先，从某种程度上讲，过分强调身体的基础性，甚至构成性作用，强调身体的躯体结构、感官运动系统以及神经系统的影响有可能将认知和心智状态归为生理过程，向身体的复归可能会重蹈还原论的覆辙。其次，正如有学者指出的，激进的具身认知面临着两大难题：（1）具身认知的理论、概念和方法能否覆盖、适用于解释人的全部认知和心智活动，（2）具身认知的描述框架是否真的与经典认知科学的范式格格不入，甚至可以完全代替它。[②]最后，夏皮罗指出，具身认知给予认知科学研究的一个重要观念就是概念化，即智能体的身体概念和属性限制、约束着对智能和认知的研究，从这种意义上说，具身认知似乎为认知科学的研究设置了一个不可逾越和突破的界限，也就是说，身体是人类认知的天然边界。然而，延展认知假设对这一界限进行了强有力的冲击，在某种程度上甚至颠覆了人们关

①　叶浩生：《具身认知的原理与应用》，商务印书馆，2017，第46页。
②　陈巍、殷融、张静：《具身认知心理学：大脑、身体与心智的对话》，科学出版社，2021，第275~279页。

于认知的寻常理解。基于神经生物学过程的认知现象（包括感知、记忆、决策和学习等）第一次容纳了非神经性的要素，过度的理论跨越招致了多方的批评，可以说，延展认知是对具身认知离经叛道的一个极端变种，也是"4E＋S"模型中遭受攻击最多的假设。

（三）延展认知：对认知边界的过度突破

在我们看来，提出延展认知假设的背后原因在于没有关于认知概念的科学阐释，与生物学对生命的定义不同，对认知的阐明可以确定认知科学的划界标准，从而消弭认知科学家和哲学家关于认知边界以及认知科学边界的严重分歧，而延展认知引发了关于认知划界的论战，我们可以将这一论战看作认知科学领域尚未解决的理论和方法论争议的集合。根据延展认知假设，在当下的认知情境中，人类主体和外部的物理和社会环境之间构成了一个动态的耦合系统，"认知不局限在头脑中，而在这个耦合系统中"。① 认知过程不局限在头脑中，它延展到了世界，一部分由延展到大脑和身体之外的过程构成。批评者坚持认为，人的认知完全是一种在大脑内部的结构和过程中发生的神经现象，大脑中的认知过程可能会表现出对身体/环境结构的因果依赖，然而，接受这种因果依赖并不等于接受更为激进的构成性观点，相反，认知过程因果地依赖神经、身体和环境的现实状况并不会从根本上改变认知概念的内容，我们完全可以认为认知只发生于大脑之中。从某种角度说，延展认知假设之所以具有较大的争议，原因可能在于它提供的论证有赖于认知本质的具体理论假设，这些假设要么因为定义模糊而难以坚持，要么很可能被反对者认为论证与其所要支撑的假设同样存疑。

延展认知及延展心智论的理论原则主要有两个：均等性原则以及耦合构成原则。反对者主要针对延展认知的这两个基本原则展开批评，并据此提出两种反对论证：①耦合—构成谬误，②认知膨胀以及认知的标志问题。亚当斯（F. Adams）与埃扎瓦（K. Aizawa）早已在他们的著作中作了翔实的反驳论证，② 我们在此提出一些新的看法作为补充。

---

① A. Clark, D. Chalmers, "The Extended Mind," *Analysis* 58 (1998): 7–19.
② 详细论证请参阅〔美〕弗雷德·亚当斯、肯·埃扎瓦《认知的边界》，黄侃译，李恒威校，浙江大学出版社，2013。

一方面，延展认知作为在脑外进行的信息辨识、加工与解释世界的活动，① 在我们看来，其实质在于认知过程由"具身"向"离身"的转换，是脑充当认知手段的职能从人身体上的（部分）卸载，即认知脱离人的身体展开，并借助身体之外的技术工具得以实现。延展认知的这种离身性意味着人从"认知现场"的撤离，目的在于部分地消弭认知主体对自身天然的认知器官的生物学依赖。人们在执行某些认知任务时确实会借助、利用各种非认知的工具，比如利用纸笔或计算器进行复杂的数学运算。但是，人类使用工具同外部世界的有效交互并不意味着认知和心智可以越雷池一步，可以在大脑、身体和环境之间自由穿梭，它发挥的只是一种辅助作用。认知能力的深化并不等于认知自身结构的延伸，我们需要认识到，有关延展认知的争论并不关乎某些术语和概念，即如何定义与解释认知相关的身体和环境因素。相反，重点是该假设可能对认知科学整体造成的实质影响，如果延展认知假设是正确的，那便直接动摇和质疑了认知研究的基石——颅内主义。从本质上说，延展认知关切的是身体具身与环境嵌入的事实能否被传统认知科学吸收，或是这些事实有无必要彻底地改变传统认知科学的主题和理论框架。②

另一方面，延展认知主张，人类作为有机体同身体之外的物理设备共同构成了一个动态的耦合系统，认知过程就在这一系统中涌现。这样一来，产生的问题在于应当如何看待作为载体的物理设备。在笔者看来，若要延展认知成立，则必须证明它们具有和脑同等的、无差别的认知地位，在克拉克和查尔莫斯（C&C）看来就是一种信息随时可供取用的"可通达性"（accessibility），他们正是利用这一属性来为物理设备承载的认知过程与大脑的原初认知过程具有同等地位进行辩护的，然而笔者认为，C&C 忽略了可通达性背后可能具有的意识或心理基础，认知在某种意义上亦伴随着一种心理状态，而心理状态是具有意向性的，意向性则植根于意识之中（虽然存在着无意识的意向性，但与认知状态牵涉的意向性却是有意识的，

---

① 肖峰：《作为哲学范畴的延展实践》，《中国社会科学》2017 年第 12 期。
② D. M. Kaplan, "How to Demarcate the Boundaries of Cognition," *Biology and Philosophy* 27 (2012): 545–570.

否则认知过程便无法产生了），即使便携式的外部设备具有可通达性，能够与大脑连接，也不能保证自身具有意识基础。对认知加工产生积极作用只是一个满足条件，内在认知资源的可靠稳定根本上源于人的意识。C&C若要证明跨越大脑、身体和环境的耦合系统与内部资源具有同等地位，就必须证明该耦合系统具有相应的意识基础，在我们看来，如此，论证认知延展的问题就转变为论证意识能否延展的问题，如果不能证明意识的延展性，认知的延展也就无从谈起，认知延展要以意识的同一性为前提。然而，意识不具有延展的可能，因为意识就是发生于我们身上、伴随着我们的某些心理生活的一种内在的过程、状态或现象。① 我们认为，不考虑意识的因素而企图描述和说明认知延展是一个较为严重的缺陷，而这恰恰被延展认知假设忽略了。

基于一种积极外在主义立场的延展认知是对第二代认知科学的过度推进和延伸，因而受到了多方面的批评。延展认知之所以会引起如此多的非议，很有可能是因为我们没有对认知概念的外延作出必要的澄清，缺少任何能够被广泛接受的科学描述，尽管人们迫切需要这一描述。认知科学是对认知现象的研究，而认知的外延决定了认知科学的划界标准，如果没有关于认知的有效说明，恐怕认知科学的实践会受到严重的误导，我们可能研究的是一个错误的对象，或者选择了一种错误的研究方式。② 因此，我们对延展认知的相关假设持怀疑立场，它的论证还存在着诸多漏洞，在理论上也存在问题，需要进一步澄清，比如伴随着认知状态并与之相互纠缠的情绪是否也可以延展，等等。也许随着技术的进步与发展，社会进入人机交互甚至相融的赛博格时代，人可以像今天从网上下载数据资料一样将自己头脑中的记忆、想象、思维等认知资源下载、存储到芯片中，从这种意义上看，认知甚至心智都延展了，但就目前的情况而言，延展认知只是一种假设，它并未构成一种事实，人的心智仍是内在的。

（四）生成认知：对行动交互的过度侧重

生成认知是认知科学中一条具有较大影响的研究进路，瓦雷拉、汤普

---

① 高新民、沈学君：《现代西方心智哲学》，华中师范大学出版社，2010，第499页。
② Mikio Akagi, "Rethinking the Problem of Cognition," *Synthese* 195 (2018): 3551.

森和罗施的《具身心智：认知科学和人类经验》一书使之受到了越来越多的关注。一般而言，生成认知主张认知过程不是只由大脑构成，主体和世界之间的作用和反作用才是人们的认知基础，认知是具身主体在其所处的物理世界中进行动态交互的结果。因此，生成认知的关键词是"互动"，我们之所以知晓这个世界，是因为我们以特定的方式在环境中行动着，比如同他人交流、环顾四周以及使用工具。"生成"（enactive）一词表明这种认知进路明确反对个体的内在心智对外在世界的表征，认知也不是借助表征模拟、再现世界的能力，而是基于我们内含于自然、社会情境的感官运动能力。认知与行动相互纠缠、水乳交融，认知是具身的行动，认知结构形成于经常和反复出现的感觉运动模式，与身体构造和身体动作具有深刻的连续性。[①] 近几年，生成认知又产生了新的概念内容，它将主体与世界的交互从自然物理世界延伸到了社会文化世界，比如，社会的可供性（social affordances）和参与式的意义建构（participatory sense-making），前者强调他人的情感表达与行动如何影响我们自身关于世界的体验，后者标示了人通过他人的参与理解世界和自身的能力。[②] 一般而言，认知的生成主义理论认为主体身体层面和社会层面的互动是相互交织的，社会文化并不与身体的互动相对立，而是在后者之上，人类不只是作为自我维持的生命体而存在，而且其自我维持活动依赖于人的社会交互。

我们认为，相较于具身认知而言，生成认知的观点更为激进一些。后者主张认知现象存在于整个有机体的部分活动之中，而不是对表征或信息的操作，有时甚至所有的生命体，包括微生物，都会参与认知活动。它强调正是有机体的行动造就了自己的经验世界，世界在有机体的行动中向其显现。认知是作为自主体的人主动向世界敞开的结果，自主体自我维持并自我同一。在某种意义上，生成认知视域中的世界被褪去了客观、中立的外衣，加入了主体感知觉建构的成分，人的复杂、精致的感觉运动活动构成了他的经验世界。具身的行动塑造了有机体的知觉经验，知觉经验反过

---

① 叶浩生、曾红、杨文登：《生成认知：理论基础与实践走向》，《心理学报》2019 年第 11 期，第 1271 页。

② Geoffrey Dierckxsens, "Introduction：Ethical Dimensions of Enactive Cognition-perspectives on Enactivism, Bioethics and Applied Ethics," *Topoi* 41（2022）：235 – 239.

来又引导着有机体的行动。由此可见，生成认知关注的重心"既不是个体内部的认知机制，也不是影响认知的环境因素"，而是有机体与环境之间非线性的、动态的非因果关联。似乎在生成认知看来，身体与世界的交互活动可以为一切认知现象和认知结果提供某种解释，"所有的行动过程都是认识过程，所有的认识过程都是行动过程"。① 果真如此吗？我们认为不然。生成认知侧重描述的是认知的实践维度，它将认知视作一种实践形式，强调的是认知对于主体行动的有效作用与影响，因而具有某种实用主义的烙印。在我们看来，人类认知是一种具有多重维度的复杂意识现象，不可能也没有必要将所有的认知过程都归于主体与世界的互动过程。比如，人们在下棋时关注的焦点不是周围环境的特征，而是当下变幻不定的棋局，同时在脑中进行着对棋局的思考并进行模拟（高超的棋手甚至有能力作详细的路数推演）。在这种情况下，主体与周遭世界几乎没有发生互动，棋手必须将自己的注意力集中于比赛本身，甚至需要排除环境产生的干扰。

激进的生成认知认为，基本的心智不存在任何内容，全部心智活动都是主体和世界互动的产物，不存在任何负载内容的心理表征（也就是说心智活动内容的载体是行动而非心智本身）。如果这一主张是正确的，那就意味着我们在进行下棋等排除环境影响的活动，以及进行判断、推理等思维活动时，我们的心智没有任何内容，也就是说，我们的心智是空的。这显然是有问题的，人在这种情况下需要心理表征。在前述中我们提到，认知是一种具有复杂维度的意识现象，不论是传统的表征认知观还是生成认知主张的行动认知观都侧重于描述认知现象特定的某一方面，不能相互替代。我们从不否认认知有具身性和技能性的特征，也就是把认知视为在情境中对技能的熟练运用和身体行动，也承认主体与世界交互活动的重要性。但是在我们看来，对行动的过分强调淡化了认知的心理和现象特征，激进的生成认知在某种程度上将认知理论转化为一种行动理论，极力渲染身体和行动的影响和作用无法为"认知的非身体性方面的特征提供令人信

---

① 叶浩生、曾红、杨文登：《生成认知：理论基础与实践走向》，《心理学报》2019 年第 11 期，第 1273 页。

服的解释"。① 此外，生成认知不看重认知的内在过程，将认知视为脑、身体、世界之间的行动关联，认知活动是在身体与外部环境的交互中涌现出来的，但是对闭锁综合征的研究有力地冲击了这一主张，该研究表明，身体的损伤不是影响认知功能的根本原因，人类认知并不必然地依赖人的身体结构。此外，依靠感觉运动模式形成的认知结构能否合理描述基于抽象概念的判断、推理和决策等高阶认知过程，生成认知也并未予以说明。我们可以看到，生成认知因其激进的版本而产生了理论上的缺陷，如何克服这些问题，需要进一步研究与思考。

（五）嵌入认知：心智、身体、世界的层层嵌套

与其他几种认知进路的观点相类似，嵌入认知也重视和强调环境在认知形成中的作用，强调主体的认知过程依赖于环境的影响，认知的机制是在和环境的交互过程中产生的，智能体和环境不是彼此对立的关系，而是构成一个大的认知系统，前者内嵌于后者之中。在嵌入认知看来，人的感觉运动和认知能力不仅植根于物理环境，而且植根于包含着生物、技术和文化等的更广泛的情境之中。嵌入认知也和其他进路一样主张认知主体和环境的直接互动，因而也排斥和反对表征，认为没有必要对世界进行建模，布鲁克斯甚至断言，世界本身便是最好的模型。主体通过以工具为中介和世界的实践交互将自身的部分认知任务卸载到了环境中的载体，从而减轻大脑的负担。我们看到，在如何看待环境作用的问题上，嵌入认知持一种较为温和的立场，也就是说认知过程与环境之间是依赖性的关系，与激进的延展认知主张的构成性关联存在较大的差异，与情境认知的主张非常接近。因此，鲁伯特认为，在处理有机体和环境相互作用的关系方面，嵌入认知要比延展认知的解释策略更好一些。②

我们看到，嵌入认知是 4E 认知中较为明显地重视环境的进路之一，它反对认知的内在主义，强调大脑过程、身体过程和环境过程之间纷繁复杂的本质关联。人的日常经验也支持着嵌入认知的概念主张，我们应当认

---

① 何静：《论生成认知的实用主义路径》，《自然辩证法研究》2017 年第 3 期，第 109 页。
② Robert D. Rupert, "Challenges to the Hypothesis of Extended Cognition," *Journal of Philosophy* 101 (2004): 389 – 428.

识到，至少有一些心理过程不是孤立地存在于大脑之中，而必须通过跨越身体和环境的机制予以解释。嵌入认知指出，身体与环境是自主运作的心理或大脑过程的一种随附性因素，这种观点是严重的误解，相反，嵌入认知代表了心理或认知过程的外在主义：一些心理过程并不完全由内部的大脑，甚至是身体过程构成，而且包含着环境过程。在这种观点中，环境过程共同构成了心理过程的一部分。① 只有保证大脑同身体和环境的相关性，大脑的功能才能正常运作，如今这已成为理解人类认知时普遍的背景假设，大脑可以实现心理过程并不意味着身体与环境因素不甚紧要。我们认为，嵌入认知的立场比强调身体和环境之重要性的主张要更强一些，对于认知的内在主义而言，身体和环境是大脑过程的边界条件，而嵌入认知的观点是，这些所谓的边界条件实际上是某些认知过程的一部分。我们看到，这样的主张确实是激进的，虽然不如以延展认知为代表的积极外在主义那样强烈。

至此，我们对情境认知、具身认知、延展认知、生成认知和嵌入认知分别作了分析说明，在不同程度上发现了它们各自一些缺陷和可能面临的困境。总体看来，各个研究进路虽然有着独立的内涵，但一些立场和主张仍然十分接近甚至相吻合。比如都重视身体和环境在认知中的影响和作用，强调认知的具身性和境遇性特征；都主张以动力学的交互活动取代计算表征；都采用整体主义的解释策略，将认知主体、认知过程和环境视为一个更广泛的认知系统。这些可以说在很大程度上突破、扩展甚至取代了笛卡尔式认知科学原有的观点和立场。梅纳里认为，至少在拒斥或从根本上重构传统的认知主义方面，各个进路之间还是存在同质性的。② 同时，延展认知与生成认知的激进立场要求彻底取代认知主义，认知解释根本不需要心理表征，对此我们依然持谨慎态度。在笔者看来，无论主体与世界的交互多么纷繁复杂，多么积极地将外在的资源整合到认知过程当中，认知始终都产生于大脑之中，身体作为认知依赖的空间载体以一种动态、有

① F. Keijzer, M. Schouten, "Embedded Cognition and Mental Causation: Setting Empirical Bounds on Metaphysics," *Synthese* 158 (2007): 109–125.

② R. Menary, "Introduction to the Special Issue on 4E Cognition," *Phenomenology and the Cognitive Science* 9 (2010): 459–463.

效的方式积极地探索世界，分担了大脑的认知负担，但我们仍然需要表征。原因在于，认知主体一定具有内在的心理状态，由于外在环境的实际状态与前者会存在某种落差，因而主体需要在心智内予以再现和模拟，这就需要表征的功能。我们以为，有关人类心智和认知的描述需要丰富一些，因为人的认知活动总归充满了多样性，单一的、同质性的解释并不能合理地呈现认知现象的复杂性特征。

"4E＋S"认知模型对经典认知科学范式造成了猛烈的冲击，但认知主义依然具有强大的解释力，从某种程度上说，较弱的认知主义立场是可以被我们接受的，人的认知过程需要且应该接纳基本的表征能力。常言道，过犹不及，片面地反对表征使得我们缺失了对人类认知能力的完整刻画和描述，换言之，表征不应被驱逐出认知解释的范围。此外，"4E＋S"认知理论本身并不是一个统一范式，虽然它们在反对主流认知科学的某些观点方面比较一致，比如，内在主义和方法论的个体主义，但是诸认知进路只是具有维特根斯坦所谓的"家族相似"，将"4E＋S"予以整合并不容易。尽管所有的生成认知理论都赞同具身性的立场，但并非所有的具身认知都主张认知的生成性，延展认知的某些观点也与认知嵌入的立场相冲突。①总之，目前的"4E＋S"自身面临着亟待解决的问题，要成为一种新的范式仍然道阻且长。

第四节　对胡塞尔先验现象学的反思

在反驳和批判笛卡尔式认知科学范式的浪潮中，现象学的思想资源日益受到人们的重视和关注，它不仅被看作新的认知研究纲领的思想来源，而且被视为一条介入认知科学研究的新路径，特别是在解决意识的"难问题"方面提供了独特的方法和视角。有学者认为，如果要转换认知科学的哲学基础，完成从心身二元的"笛卡尔剧场"向"在世存在"的"海德格尔剧场"的迁移和转变，现象学无疑是最佳的选择。认知解释的现象学

---

① C. Lassiter, J. Vukov, "In Search of an Ontology for 4E Theories: From New Mechanism to Causal Power Realism," *Synthese* 199 (2021): 9785–9808.

进路主要是胡塞尔的意识现象学、自然化现象学和存在论现象学三种，我们在此简要论述胡塞尔的意识现象学，并试图从海德格尔的存在论现象学立场出发对其进行简要的分析。

作为认知科学的主要问题域之一，意识的"难问题"一直以来备受重视和关注，胡塞尔的描述现象学对于意识结构的先验分析为解决这一问题提供了可能，胡塞尔对于意识问题的关注源于他对绝对真理的不懈追求，源于他对使哲学成为一门"严格的科学"这一理想目标的不懈追求，源于他本人的认识论关切，即确保知识，包括科学知识，建立在坚实的基础上。① 所谓"严格的科学"一方面是指最具有确定性的知识起源于内在感知之中，更确切地说，起源于对意识活动的内在反思之中。② 通过本质还原和先验还原的一系列理性活动，将一切自然的立场和观点，包括关于世界存在的信念，一切不可靠的判断、命题、理论、常识悬搁起来不予讨论，而不是教条、独断地否定这种自然态度。因为"科学的现象学态度"不持有任何立场，不具有偏倚性，故而胡塞尔发出了"回到实事本身"的呐喊，也就是回归主体原初的意识体验结构，全部事物都是意向活动（也就是在纯粹意识中得以构造的，都是意向相关项）。从这种意义上说，胡塞尔的现象学"消除了笛卡尔的主客二分认识论的传统模式，认知关系在更原初的本质上是'关于……的意识'的主客不分的意向形式"。③ 所以，他的怀疑主义与笛卡尔"普遍怀疑"的方法仍有区别，在胡塞尔那里，认识论没有基础、不存在任何前提并且不依赖任何东西，而笛卡尔的怀疑活动已经暗示了主体"我"的存在（而这也是海德格尔对胡塞尔的不满意之处），因而前者进行的怀疑比后者更加彻底，作为结果的"我思"也更加明晰。

胡塞尔由描述现象学向先验现象学的转变使他关于意识的分析得到了进一步深化，前者要求人们摆脱心理主义影响，从心理学的现象到达纯粹、一般性的本质，后者要求进一步转向对纯粹意识本身的研究。也就是

① 〔美〕肖恩·加拉格尔：《现象学导论》，张浩军译，中国人民大学出版社，2021，第37页。
② 倪梁康：《意识的向度——以胡塞尔为轴心的现象学问题研究》，商务印书馆，2019，第7页。
③ 刘晓力、孟伟：《认知科学前沿中的哲学问题》，金城出版社，2014，第101页。

说，意识活动及其对象都被统摄到纯粹意识之下，至此，胡塞尔以彻底的超越论方法完成了由二元论向一元论的转化，全部事物都在意识中被给予、被显现。新的认知科学研究纲领当然不会接受类似于纯粹意识这种形而上的超验概念，也会拒斥胡塞尔的超越立场，它们只把胡塞尔看作心智与认知表征理论的哲学先驱。德雷福斯说道，"胡塞尔终于被认为是现今对意向性感兴趣的先驱，是第一位在语言哲学和心智哲学中提出心理表征作用的一般理论的人。作为首位将心理表征的指向性（directedness）置于其哲学之核心地位的思想家，胡塞尔也开始作为现今认知心理学和人工智能的研究之父而出现"。[①] 在德雷福斯眼里，胡塞尔的哲学观念同如今的认知主义有不少相似之处，倘若胡塞尔还在世，他有可能会赞同认知主义的计算—表征观点和形式化立场。

在我们看来，胡塞尔本人对绝对有效性和明见性的追求与如今的认知科学研究具有某些相似之处，都力求精确。"对胡塞尔来说重要的是，将自然科学的科学倾向贯彻到极致"，[②] 从而把人类认知现象的一切要素均统摄到纯粹意识的领域之内，对认知现象、活动与过程的研究转变为对纯粹意识的研究。胡塞尔将数学与逻辑学视为精确知识的典范，认知科学也旨在精确地揭示人类认知的机制与过程，前者是朝向纯粹意识这一内在、原初领域进行的先验探索，后者是对认知现象的经验探索，前者悬搁了纯粹意识之外的一切现象，后者需要考察关涉认知活动的一切影响因素，特别是外在的环境以及文化等，而这些是胡塞尔所要竭力排除的。海德格尔对胡塞尔现象学的批判正是基于这一点，人在周遭世界中的体验和存在状况才是关键，意识的建构性作用只有在反思中才具有其有效性。从这种意义上说，海德格尔的存在论现象学比胡塞尔的先验现象学更适合于为认知科学提供智力支撑，因为其回归了现实性，不是单纯"观念性的"。他强调人在世界中鲜活的周遭体验，而非经过现象学还原剩余的纯粹意识，强调人同周围切近事物的相互关联。胡塞尔是向作为先验主体的纯粹意识寻求

① 〔美〕约翰·克里斯蒂安：《认知科学的历史基础》，武建峰译，魏屹东校，科学出版社，2014，第171页。

② 陈勇：《海德格尔的实践知识论研究》，人民出版社，2021，第98页。

人的认知以及外部世界的可靠性根基的，"先验还原以'悬搁'的彻底化为前提，将'悬搁'获取的'无基地化了的'内部性解释为先验的主体性，由此由世界基地和世间的自身统觉所承载的纯粹意识才成为世界构造性的起源"。① 当胡塞尔由描述现象学转向先验（纯粹）现象学之后，包括海德格尔在内的大多数现象学运动的成员都不理解他的这一思想转变，纷纷指责他退回了康德式的先验唯心主义。在海德格尔看来，胡塞尔确定纯粹意识的优先地位，就是为了在纯粹的内在意识中确定人构造外部对象的明晰与可靠的起点。胡塞尔的先验还原要求排除对自然世界存在的全部信念上的设定和前提，要求直达纯粹意识本身，从还原的意义上说，对于现在的认知科学研究，他可能会持一种完全拒绝的态度。

我们的观点是，胡塞尔现象学与认知科学的直接结合背离了胡塞尔本人的反自然主义立场，他反对把认知或心智过程理解为世界内的心理—物理过程。认知科学的研究领域需要以自然态度为先，而现象学研究领域的开拓需要以方法论的反思——悬搁来摆脱自然态度，两种领域的研究甚至是相反的。在他看来，如果继续把认知性体验仅看作发生于自然界的事实过程的话，就不可能理解认知的基本认识论性质……按照自然主义方式不足以反思认知行为的成就。②因此，把胡塞尔的先验现象学整合进认知科学的解释框架的做法仍然有待进一步讨论和商榷。

小　结

在这一章，我们对认知科学领域中主要的研究范式和进路及其哲学来源作了较为详细的梳理和分析，传统认知科学范式主要基于计算—表征和笛卡尔之主客二分的认识论模式，它进一步汇入了计算主义的观念流之中，主张心智活动甚至世界的本质都是计算，倡导一种计算主义的认知观和世界观，大有包容万象、解释一切之势。然而，我们在分析之后认为

① 倪梁康：《现象学概念通释》，三联书店，2007，第129页。
② 〔爱〕德尔默·莫兰：《现象学：一部历史的和批评的导论》，李幼蒸译，中国人民大学出版社，2017，第158页。

这只是形而上的假想。一方面，由于它遵循心物二分原则造成了人类认知与世界、身体的割裂，因而难以理解人的情感、意志活动且不能正确描绘认知的形成与演化。另一方面，计算主义对情感体验、意志冲动以及审美活动而言是不充分的，甚至没有任何解释力，总之并非一切皆可计算。

以"4E＋S"认知模型为核心的研究纲领意图取代认知主义和联结主义，成为一种新的认知科学范式，虽然各个进路在批判对象方面目标一致，但是在融合为统一的理论方面面临着难题。总体来看，诸研究进路在身体、环境和认知的关系上存在着因果性和构成性的差异，比如强立场的具身认知、激进的生成认知和延展认知便是一种构成性理论，强调以大脑、身体和外在环境的交互过程取代计算—表征。然而，正如我们在前述中提到的，认知作为一种复杂的意识现象具有多重维度，表征是主体同世界进行有效勾连的不可或缺的工具，取消表征并完全以身体和行动解释人的认知活动可能会陷入还原论和行为主义的困境，因此我们认为温和的、因果性的"4E＋S"模型更好一些，具有较为融贯的解释力。

除了"4E＋S"认知模型之外，认知科学与现象学的结合如今已成为一种新的趋势，强调现象学在认知科学研究中的积极作用，尤其是提倡以新的第一人称视角来破解意识的"难问题"。此外，有人还尝试从自然化途径对现象学加以改造，希望使之与经验科学产生有效的互动，但是胡塞尔现象学特殊的方法论——先验还原决定了现象学描述和一般的神经生物学描述处于完全不同的层次。前者是本质的、超验的，后者是形式的、经验的，能否修正两者间的矛盾对立可能是现象学能否自然化的关键。然而，按照扎哈维的主张，现象学自然化得以成功的可能性在于现象学心理学，而不是先验现象学，[1] 因为前者即便经受过本质还原的洗礼，也仍然具有某种自然主义态度。但是胡塞尔本人并未停留在这一思想阶段，他在后期的思考中彻底地否定了自然主义，走向了纯粹自我的先验领域，因而回溯到了康德式的先验唯心主义，这是认知科学家所不能接受的，

---

[1]　Zahavi Dan, "Phenomenology and the Project of Naturalization," *Phenomenology and the Cognitive Sciences* 3（2004）：331－347.

对认知研究而言，胡塞尔先验现象学自上而下的探究方式并不适合于这一任务。因此，胡塞尔的先验现象学不能成为认知科学新的哲学基础，于是我们尝试将目光转向海德格尔的存在论现象学，看看它与当代认知科学的理论互动能否实现后者哲学基础的转换，甚至能否成为一种新的研究进路。

第二章　存在论认知的核心概念分析

在上一章，笔者较为细致地分析了当前认知科学领域中主要的研究纲领和进路，发现对传统的认知主义和联结主义范式的批判都呈现出一种哲学基底转换的可能趋势，也就是从笛卡尔的理性主义哲学转换为现象学、维特根斯坦日常语言哲学以及杜威的经验自然主义的共同混合体，而其中数现象学的作用最为人们所重视。在前文中，我们简要论述了胡塞尔的先验现象学与自然化现象学，发现两者在对待自然主义的态度上有着相互矛盾的方面。现象学的基本主张之一是批判主客二分的自然主义认识论及其相应的客观主义倾向，在此基础上将主体和客体之间相互依存的意向性关系确认为首要的、非二分的基础关系。[①] 在我们看来，胡塞尔向先验唯心主义的进一步转变使得他的现象学失去了作为实证性的认知科学的哲学基础之可能性，他将一切意义的源泉都置于先验主体性之内，这种主体性可以看作笛卡尔之"我思"的超越版本，世界的全部都见之于主体性本身的创造，都是主体性的成就，是先验自我的成就。先验自我是一个世界可能性的必要条件，是理解世界可能性的条件，因而在胡塞尔那里，一切绝对独立于心智的事物之实存属性都被舍弃和剥离了。胡塞尔认为，笛卡尔的"自我—我思—我思对象"结构的错误之处在于将自我视为自然世界的一部分，一种"我思物"（res cogitans），一种思维实体，我不是世界的一部分，世界也不是我的一部分。[②]

---

① 孟伟：《身体、情境与认知——涉身认知及其哲学探索》，中国社会科学出版社，2015，第68页。

② 〔爱〕德尔默·莫兰：《现象学：一部历史的和批评的导论》，李幼蒸译，中国人民大学出版社，2017，第193页。

现象学还原排除了一切与自我相关的身体与心理体验，只剩下作为意义之绝对源泉的纯粹自我。这正是海德格尔诟病胡塞尔之处，他追问"存在"的意义，就是为了反对后者的"纯粹自我"概念，褪去虚无缥缈的先验光环，使人重新回到具体的现实生活（在海德格尔看来，人早已在日常的言行中展现出对于存在意义的初步理解和领会），在作为"此在"的"我"的生存过程中揭示自我的本质。因此，海德格尔没有像胡塞尔一样赋予意向性以哲学意义上的主动性和创造力，而是从人类生存的维度理解和认识意向关系，揭示出了意向认识更为基础和根本的行动维度。因此，海德格尔的存在论现象学有可能为认知科学提供一种不同于笛卡尔主义的哲学基石，有的学者也将其描述为由"心身对立"的笛卡尔剧场向"心灵—大脑—身体—环境—世界"的海德格尔剧场的转换，① 海德格尔在对"此在"进行生存论分析的过程中对认知重新进行了定义，创造了诸如"此在"、在世存在、上手及现成在手状态等新的概念，同时也对世界等旧有的概念作了重新解读。考察和界定核心概念是研究的基石和脚手架，因而我们首先要厘清几个主要核心概念的内涵。

第一节 "此在"：身体、实践与情境的三维一体

"此在"这一概念是由海德格尔在其著作《存在与时间》中提出的，是其使用的一个关键词，德文是 Dasein②，意思是"生存""生活"。这个词由两部分构成，后一部分 sein 在德语中的意思为"存在""是"，与 being 相类似，前一部分 Da 的意思比较灵活多样，表示"此时此地""那里""那时""那么"等诸多含义。海德格尔选择 Dasein 这一不寻常的术语是为了避免引起或唤醒人们的前见，比如意识、心灵以及灵魂等概念就容易产生误导。我们在面对"此在"的时候，不能简单地依照字面意思将其理解为所谓的"在这里存在"（there-being），因为"此在"首要的含义是指

① A. Clark, *Supersizing the Mind: Embodiment, Action, and Cognitive Science* (Oxford: Oxford University Press, 2008), p. 217.
② 有的学者将之译作亲在、缘在，我们在此使用最为通用的译法，即"此在"。

人的特殊的存在方式，或者指人这种特殊的存在者，也就是人作为"此在"的根本任务在于追问存在问题。海德格尔将"此在"定义为在其存在中关心存在本身之意义的存在者，他毕生追求的目标就是弄清"存在的意义"问题，要回答这一问题，就必须从作为人的"此在"入手，因为只有"此在"这种存在者才能够追问存在问题。他说道："我们所说的东西，我们意指的东西，我们这样那样对之有所关联行止的东西，这一切都是存在着的。我们自己的所是以及我们如何所是，这些也都存在着。在其存在与如是而存在中，在实在、现成性、持存、有效性、'此在'中，在有（es gibt）中，都有着存在。"[1]"此在"在无数的存在者中具有阐明存在意义问题的优先性，它是区别于其他存在者的，差异就在于只有"此在"能够理解存在，其他存在者的存在意义只能通过"此在"对存在问题的追问以及对存在的理解才能开显出来。因此，我们认为在海德格尔眼中，"此在"是解开"存在之谜"的唯一钥匙。

在认知科学的视域中，尤其是具身认知、情境认知等新的认知研究理论也利用了海德格尔的"此在"概念，那么海德格尔意义上的"此在"和认知科学意义上的"此在"是一回事吗？"此在"是否与认知主体相等同呢？如果二者的内涵是不同的，那么存在哪些差别？下面我们予以详细分析。

一　"此在"的"身体"维度

我们认为，海德格尔的"此在"概念与认知科学语境下所讲的认知主体并不等同，不能相互替换，更不能随意滥用，两者不具有同一性。首先，海德格尔所讲的"此在"似乎没有强调身体的特殊和重要意义，更未涉及"主体"甚至"主体性"，而以具身认知为核心的新的认知科学，其视域下的认知主体则是将身体置于极其重要的位置，主张以一种基于具身性的机制描述人的认知过程。身体不是一个无助的旁观者，只能在那里注视着从一种固定的感觉、行动和表象的面纱背后溜过去的东西，而是展示自己的界面和能力的积极的建筑师。[2] 在我们看来，如果从海德格尔的视

---

① 〔德〕海德格尔：《存在与时间》，陈嘉映、王庆节译，三联书店，2012，第8页。
② 张之沧、张尚：《身体认知论》，人民出版社，2014，第83～84页。

角加以审视，那么强调和重视人的身体可能会遗漏对"此在"本质的考量，他认为"此在"的本质就在于它的生存，也就是说，不能将"此在"看作现成存在的存在者，这一概念着眼的不是人的身体，而是它的存在方式。海德格尔的目的在于削弱先前占统治地位的笛卡尔式的主体观念，即人的本质是自主（autonomous）、独立（self-contained）的心灵（mind）与自我（egos），人与世界之间最原初、最基本的关系是认知（诸如感知、相信、理解等等）。海德格尔对人类存在的阐释，颠覆了这种现代早已确定的自主个体概念，这一概念通过知道（knowing）、相信（believing）、感知（perceiving）等认识论状态来界定其与世界之间的关联。[①] 他通过对"此在"日常状态的现象学描述对这一传统观念进行了反驳，由于"此在"生存的基本结构是在世（being-in-the-world），它是被卷入现实环境中的，因而，实践交互实质上才是人与世界的原初关系。存在论现象学涉及的是包含人之身体的具身实践，触摸、抓取、手写以及拥抱等活动都是以身体为前提的，如果没有身体作为预设，所有这些活动便没有意义，甚至都不可理解。人的根本活动在于以身体熟练地使用器具来完成各项任务，笛卡尔式的理论沉思在此基础上才是可理解的。然而，海德格尔在《存在与时间》中没有对"此在"的身体、身体性有过任何具体的主题描述，于是人们怀疑他要么疏忽了这一重大问题，要么是完全不关心身体问题。

由于《存在与时间》论述身体的文字仅有寥寥数语，人们都质疑海德格尔关于"此在"之存在方式的研究是否遗漏掉了身体维度。有的学者直接将"此在"形容为"离身的"（disembodied），认为海德格尔对"此在"的描述比他所能承认的更接近于无身体的先验主体，那种康德从笛卡尔那里继承来的无身体的先验主体。[②] 德雷福斯也认为，"海德格尔似乎在暗示拥有一个身体并不属于此在的本质结构"，"此在并不必然是具身化的"，"身体不是根本"。[③] 我们的观点是，海德格尔略过关于身体问题的研究是

① J. A. Seguna, "Disability: An Embodied Reality (or Space) of Dasein," *Human Studies* 37 (2014): 36.

② 王珏：《大地式的存在——海德格尔哲学中的身体问题初探》，《世界哲学》2009 年第 5 期。

③ 〔美〕休伯特·德雷福斯：《在世：评海德格尔的〈存在与时间〉第一篇》，朱松峰译，浙江大学出版社，2018，第 41、137 页。

有意为之，海德格尔真正在意的不是"此在"有无身体，而是具身性能否和"此在"存在的本质方式相牵涉。他以"此在"这样一个中性的概念代替人的概念，某种意义上表明身体不是他讨论的重心，因为身体总是某个"我"的身体，是被"我"主观化从而具有主体性特征的身体，这明显有笛卡尔主义的影子。然而，海德格尔自始至终都在试图超越笛卡尔的二元区分，因此他没有在一般意义上谈论身体，而认为是现身情态和情绪将人的身体遮蔽了，身体在其最原初的意义上是一种非本质的现象。在20世纪60年代举办的"泽利康讲座"中，海德格尔提出了全新的身体观念，他反对把身体视为一种可分解、可还原的结构，这样会导致人们滑向"人是机器"的极端立场。海德格尔警示我们，"身体这一现象是完全独特的，它不能还原为其他任何东西，比如，不能还原为机械式的系统"。[1] "此在"是能够揭示存在意义的存在者，它不是一种现成意义上的存在者，只有在自己的生存中它方能显现自身，海德格尔认为，"此在"不能将自身理解为现成性，作为"此在"不可分割的部分，自然也不能只关注身体的生物学意义。他说道，"如果人们意图以一种恰当的方式理解身体，那么，人类的身体存在从根本上绝对不能被仅仅看作现成在手的存在物"。[2] 如果强调身体的事实性和实在性，很容易把身体也视为非"此在"的存在者，这可能也是海德格尔区分"身体"和"躯体"，并要求注意区分身体之界限和躯体之界限的原因。在他看来，躯体以皮肤为界，身体则是无界限的，二者属于不同的维度，前者居于存在者的层次，后者要从"此在"的存在论分析中予以阐明。我们举一个例子：当我用手指指向远处耸立的高塔时，指尖是我的躯体边界，但我的身体却不限于此，也就是说，高塔被纳入我的存在视域之中，与我发生了生存意义上的关联。身体不是一个内嵌于世界中的实在，相反，它为人们与世界中存在的实体相照面设定了可能性条件，也就是说，身体的界限是动态的，处于不断

---

① C. Ciocan, "Heidegger's Phenomenology of Embodiment in the *Zollikon Seminars*," *Continental Philosophy Research* 48 (2015): 469.

② C. Ciocan, "Heidegger's Phenomenology of Embodiment in the *Zollikon Seminars*," *Continental Philosophy Research* 48 (2015): 469.

的变化之中。① 从某种意义上说，海德格尔以他特有的方式解构了作为科学和生物学概念的身体。

　　总而言之，在对待身体的问题上，"此在"与认知主体存在较大差异，认知科学范式转换的一个本质特征就是对身体的日益重视，从忽略身体作用的认知主义与联结主义的无身认知到将身体纳入认知过程核心的具身认知。身体的地位与重要性不断得到提升，在某些理论的强立场中，身体甚至成了认知的主体，自我意识就是身体体验，心智内容与认知内容取决于身体结构，不同的身体结构可能会产生不同的思维方式。相比之下，海德格尔的身体观念要更加深刻和新颖，为我们理解身体提供了全新的视角，我们认为，在具身认知等理论的视域中，认知主体的身体处于海德格尔所描述的"躯体维度"。基于身体结构对人的认知功能和过程进行考察，这种方式可能会使我们对认知的研究变得更加精确，但可能会把身体当作一种可以量化的物来对待。在我们看来，延展认知对身体界限的突破之所以引发如此多的争论，一个可能的原因就在于它仍然是在生物学的意义上使用身体概念，意欲以一种和技术工具耦合纠缠的方式穿透身体和世界之间的绝对限制，然而，这种强行的突破违背了我们关于身体的一般常识。从存在论的角度将身体视为"此在"本质的存在方式，使身体成为动态的存在，依照海德格尔的术语描述就是"身体化"，身体的界限就是"此在"的存在视域的界限，从这种意义上看，倒是有可能为延展认知提供某种可行性论证。从以上分析我们可以看到，海德格尔声称的"此在"并未抛弃和轻视身体，不能认为《存在与时间》中关于身体的阐述只有寥寥数语就认为他觉得身体问题无关紧要，更不能认为"此在"是无身或者离身的，"此在"当然是具身的，需要身体的支撑。只不过在海德格尔眼中，身体

---

　① 在某种程度上，海德格尔的身体学说似乎与延展认知有些相似之处，二者都主张打破皮肤的天然限制，但它们的身体观念有根本的不同。延展认知、具身认知理论中的身体概念相当于海德格尔所指的"躯体"，它们将身体视作感觉运动系统和神经结构系统的复合，主张从大脑与身体的生理构造描述心智和认知活动。这恰恰与海德格尔的身体观念相悖，后者将身体视为"此在"的一种存在方式，不能被物质化，它不是认知科学意义上的认知器官，而是作为"此在"的人与其他存在者照面、遭遇的媒介，因而海德格尔要求从存在论的层面理解身体。C. Ciocan, "Heidegger's Phenomenology of Embodiment in the *Zollikon Seminars*," *Continental Philosophy Research* 48 (2015): 470 – 471.

已然隐入了"此在"的生存之中，隐入了"此在"的上手活动，隐入了"此在"对世内存在者的实践因缘之中。"此在"并不是像使用工具一样利用身体，正如他所言，"并非我们'拥有'一个肉身，而是我们就'是'肉身存在"。[①]

二　"此在"的"实践"维度

作为一个自在自为的实体，"此在"与自存的物体比如桌子、石头等不同，按照海德格尔的区分，石头等自然物是无世界的（worldless），动物是贫乏于世的（poverty in world），"此在"则是建构世界的，原因就在于它能够揭示、领会周围的存在者，从而最终通达存在意义本身。从某种意义上言，"此在"不是一种发生的事实，而是不断流动着的、自创生的事实。在我们看来，人建构世界的方式有两种：静观式的认知建构（比如头脑风暴和思想实验）和动态式的实践建构。笛卡尔式的认知主体与胡塞尔的先验自我、纯粹意识都属于前一范畴。笛卡尔利用普遍怀疑的方法明确区分了物质属性的身体自我和精神属性的心灵自我，并且排除了主体的身体成分，强调认知与心智活动的纯反思的单一性，意欲将纯粹"我思"视作行动的源始基础，也就是说赋予心智或心灵一种实践力和行动力。基于哲学上更为彻底的先验立场，胡塞尔将意识视作一种绝对的存在，认为无意识则无世界，意识是世界存在的先验条件，认为"世界是通过意识被开放的，产生意义的，或者被揭示的。世界离开意识是不可想象的"。[②]由此我们看到，与笛卡尔不同，胡塞尔赋予意识以充分的主动性，意识的揭示性作用在某种意义上也显现了它的行动维度。然而，胡塞尔通过现象学还原[③]悬搁了"我"的身体负载，先验自我作为悬搁之后的剩余物具有了构

---

① J. A. Seguna, "Disability: An Embodied Reality (or Space) of Dasein," *Human Studies* 37 (2014): 31–36.

② 〔爱〕德尔默·莫兰：《现象学：一部历史的和批评的导论》，李幼蒸译，中国人民大学出版社，2017，第164页。

③ 胡塞尔常常对现象学还原与先验还原不加区分地使用，因为现象学还原有广义和狭义之分：广义的现象学还原还包括本质还原；狭义的现象学还原则专指先验还原，目的在于排除一切关于自然态度的信念设定，以获得一种纯粹意识，从而到达新的先验性的经验领域。我们在这里仅指现象学还原的狭义概念。

造身体与世界的能力，但这种构造行为只是内在的，是在意识之中对构造对象的可能揭示。在我们看来，胡塞尔将身体作为其现象学还原的一个环节似乎暗示了自我与现实的断离，他"放弃了对现实世界、对事实性的指涉关系……而只是关注我们的体验是如何从内部被如实区分的"。① 我凝视、观照着纸笔、桌椅等对象物，这其实仍然是一种内在的心理把握，依然是一种纯粹的"看"，主体在意识中构造对象的结构，将实在性与事实性的经验解释为一系列意识行为或意识结构的伴随物。然而，这样的主体似乎缺失了更为主动的实践特征。海德格尔似乎正是看到了这一点，故而十分强调"此在"在世界中与其他存在者的实践接触，这正是我们首先具体体验到的东西，他反对将人与事物的理论性交互置于优先地位，而强调一种上手活动和事物的用具性和上手性。

我们认为，"此在"的实践维度主要体现为它与世界内各种现实的存在者打交道的过程，"此在"始终表现出一种固有的能力，并构成了人的诸多活动模式。它不是作为笛卡尔式的"心智"对事物的静观，而是首先使用着、操作着对象物，事物也因为"此在"的操作活动而有了用具的属性，不再作为"纯粹的物"而与"此在"相照面。我们首先与之打交道的是文具、缝纫用具、加工用具、交通工具、测量用具，在使用的过程中，用具与用具所指向的诸事物得到了揭示，海德格尔通过这种方式取消了"我思"式的认知主体——心灵的绝对地位，在他看来，实践活动至少和认知活动一样重要，都是"此在"在世界中存在的一种方式。严格来说，没有一件东西可以单独"是"用具，存在的一向是用具器物的整体。② 我们认为，用具的整体联系为"此在"显现了某种情境的基本架构，比如，自习室内的电脑、桌椅、纸笔等都不是独自或作为物的总和向我显现，都是在一种动态的使用过程中指向我，在上手的过程中对象物的意义和存在方式才向我揭示。因而，在关于对象的应对方式上，胡塞尔之"先验自我"与海德格尔之"此在"的一个明显差别在于，前者是在纯粹意识领域

---

① 〔爱〕德尔默·莫兰：《现象学：一部历史的和批评的导论》，李幼蒸译，中国人民大学出版社，2017，第173页。
② 陈嘉映编著《存在与时间 读本》，广西师范大学出版社，2019，第64页。

内的意向构造，体现的是意识意向性，后者是相对外显的上手操用，体现的是一种实践或行动的意向性。海德格尔认为对用具的上手操用更为源始，在世的"此在"只有通过对上手事物的操劳活动才能推进到对现成事物的分析。认识是一种派生的存在样式，[①] 在某种意义上，在情境中使用用具的活动具有对纯粹观察事物的优先性，"此在"也正是在使用用具的过程中变得通透、明晰起来，并对沉浸其中的操劳活动进而对自己的存在有所体验、有所领会。在海德格尔眼中，这种实践感知是人们最为自然的、在先的经验方式，而不是孤立的静观式的感知，胡塞尔的现象学体验实质上是纯化了的先验意识，悬搁了人与其所处的周围世界的行动关联（这恰是海德格尔重视的），行动、实践维度的缺失导致他的体验概念变得有些空洞。海德格尔正是看到了这一点，故而以一种更加具有行动力与实践力的"此在"概念取而代之，将静态的认知建构和动态式的实践建构结合在了一起，不再把人单纯地束缚于某一个固定的观察点，"此在"之生存的内涵更多的是实践，而不是认知。通俗地讲，"此在"既可以对手头锤子的实在属性进行审视和分析，又可以拿着锤子进行敲击与锤打，后者比前者更为源始和基本，因而充分体现"此在"的实践意蕴，而这正是我们理解"此在"概念的出发点。

三　"此在"的"情境"维度

在前述中，我们讨论了"此在"具有的实践维度，强调了海德格尔所谓的"此在"与这个世界之间的行动关联，行动是在某一具体的情境中进行并受到情境中诸多要素的影响和制约的，海德格尔关于"此在""在世存在"的阐述表明，"此在"是一种情境性的存在者，它总是处于一种情境构成当中，"此在"的实践维度决定了它也具有情境维度。海德格尔说道，"某种上手东西何因何缘，这向来是由因缘整体性先行描绘出来的"，[②] "此在"作为认知主体在展开认知活动之前已经先行处于一种整体的因缘之中，并且被这种因缘整体性所规定。在我们看来，我们作为"此在"与

---

① 陈嘉映编著《存在与时间　读本》，广西师范大学出版社，2019，第66页。

② 〔德〕海德格尔：《存在与时间》，陈嘉映、王庆节译，三联书店，2012，第98页。

情境（或世界）本身之间是一种根本上相互牵引的关联，"此在"作为一种存在方式具有"去存在""存在起来"的动态性，而不是以现成存在的形式和状态被置于情境/世界之内，"此在"的"去存在或'悬而不定的状态'并不没入一个发散的'坏无限'之中，而是就依凭这'去'（zu）的悬临趋势而回旋牵连出'我'与'世界'共处的一个境遇"。① 这一鲜活、动态的"去存在"使得我们与情境/世界的联系更加紧密，作为"此在"存在的一种样式，人的认知自然也脱离不了这种情境性的背景，在笔者看来，"此在"的情境维度主要体现为"此在"与世界的关联。

在海德格尔眼中，"此在"与世界不是传统认识论中的主体与客体的对立关系，也不是胡塞尔经过现象学还原后保留的意向行为与意向相关项之间的构成关系，而是"此在"向来就生存于世界当中，在世存在本质上就是"此在"的先天条件，"此在"的被抛决定了它自产生伊始就与世界缘结着、关联着，但是这样的缘结和关联并不意味着"此在"和世界之间是并列共存的关系，"绝没有一个叫做'此在'的存在者同另一个叫做'世界'的存在者'比肩并列'那样一回事"，② 因为这样便又重新退回了二元论的立场，而是指"此在""依寓世界而存在，说的是消融在世界之中"，③ "此在"从最根本上就在世界之中，没有无世界的"此在"，亦没有无"此在"的世界。④ 从这种意义上讲，被主体经验地理解为心灵与世界之间勾连的认知活动亦失去了其优先地位，更能与世界内的存在者相融合的实践性之上手活动的重要性便凸显了出来。也就是说，海德格尔将"那些由境遇引发的和相互牵引的认识方式看作更原本和更在先的；而视那些以主客相对为前提的和依据现成的认知渠道（比如感性直观和知性反思）的认识方式为次生的和贫乏化了的"，⑤ 他可能在"此在"与情境/世

---

① 谢地坤主编《西方哲学史（学术版）》第 7 卷上册，江苏人民出版社，2011，第 533 页。

② 〔德〕海德格尔：《存在与时间》，陈嘉映、王庆节译，三联书店，2012，第 64 页。

③ 陈嘉映编著《存在与时间 读本》，广西师范大学出版社，2019，第 52 页。

④ 这里需要指出的是，无"此在"的世界并不是一种类似于贝克莱的"存在即被感知"的主观唯心主义立场，从存在论的角度讲，只有"此在"才能揭示世界的存在论意义，反过来说，世界的意义也只向"此在"显现。正如海德格尔所言，只有"此在""拥有"世界，石头、河流等是"无世界"的，蚂蚁等其他动物则是"贫乏于世"的。

⑤ 谢地坤主编《西方哲学史（学术版）》第 7 卷上册，江苏人民出版社，2011，第 73 页。

界相互缠绕的界面看到了摆脱笛卡尔主义的主客二分模式的希望。认知不是锁闭在主体大脑内部的东西，对现成事物之反思性的认知活动之所以可能，在于主体与世界的交互活动发生海德格尔所谓的某种"残断"现象，也就是惠勒与德雷福斯等人所说的流畅应付（smooth coping）和熟练应对过程遇到中断的情况。主体认知活动的着眼点始终在外，海德格尔说道，"此在一向已经'在外'，一向滞留于属于已被揭示的世界的、前来照面的存在者……此在的这种依寓于对象的'在外存在'就是真正意义上的'在内'"，[①] 因而根本无须回答主体如何实现从内在领域之意识、心智向外在领域之世界的超越（海德格尔的这种观点是极为深刻的，他真正彻底地排除了主客二元的立场。我们认为，即便如延展认知这样激进地反对笛卡尔式认知科学的理论假设也未能彻底摆脱主体—客体、内在—外在的对立，无论是对等论证、耦合论证、进化论证以及梅纳里主张的认知内部资源与外部资源的整合，都暗含着某种对立的主张，延展就意味着超越，而超越就蕴含着主体与客体、内在与外在的二分基础）。"此在"本身就是作为认识着的"在世界之中"，也就是说，"此在"与其他非"此在"的存在者共存于一个世界中，"如果有什么'内在领域'的话，"此在"与其他存在者都在世界这一个'内在领域'中"。[②] 海德格尔认为，对被认识的东西的知觉不是先有出征把捉，然后带着赢得的猎物转回意识的"密室"，而是即使在知觉的收藏和保存中，进行认识的"此在"依然作为"此在"而在外。[③] 我们作为"此在"总是在世界中，在世存在是我们存在的动态结构，而认知作为一种存在方式自然也要符合这一结构，正是在世存在体现了"此在"的情境特征和维度。

综上所述，在这一部分，我们对"此在"概念作了较为详细的分析和界定，主张"此在"具有身体、实践以及情境三个维度，也就是说，"此在"是具身的、有实践意蕴的、情境性的存在者。另外，"此在"与认知主体有不同的内涵，不能相互等同和替换，认知是"此在"植根于在世的

---

①　谢地坤主编《西方哲学史（学术版）》第 7 卷上册，江苏人民出版社，2011，第 73 页。

②　张汝伦：《〈存在与时间〉释义》上册，上海人民出版社，2014，第 208 页。

③　谢地坤主编《西方哲学史（学术版）》第 7 卷上册，江苏人民出版社，2011，第 73 页。

一种样式，是我们作为"此在"存在的方式之一，因此从这种意义上说，认知主体亦是"此在"的一种显现，是"此在"这一观念集合的子集，而"在世存在"作为"此在"存在的一种先天结构已然先行规定了它（"此在"）的情境性。总之，人类首先是以实践性的预备上手方式而被情境浸没了的存在。

第二节　世界：认知的因缘与背景

在前述中我们提到，"在世界中存在"体现了"此在"的情境维度，同时它也是"此在"最基本的特征，要理解"在世存在"，首先要对"世界"这一概念作出澄清，理解"在世存在"的关键是理解"世界"这一概念本身。海德格尔基于传统哲学和存在论现象学的意义对"世界"作了区分，他列出了"世界"自身蕴含着的四种意义：①用作存在者层次上的世界概念，指能够现成存在于世界之内的存在者的总体，比如我们眼中看到的日月星辰、山川形胜等诸多事物的排列与集合，也就是世界上所有存在物的总和；②世界可以成为总是包括形形色色的存在者在内的一个范围的名称；③一个实际上的"此在"作为"此在""生活""在其中"的东西，亦指最切近于我们的周围世界；④指世界之为世界的存在论生存论上的概念，它是特殊"世界"的先天性的结构整体。① 在我们看来，海德格尔之所以把"世界"的传统意义和存在论意义区分开来，目的是把世界改造成构成人类认知以及意向性的支撑背景。

海德格尔自始就对传统认识论的一些基本问题有着独特、深刻的理解，他不同意对世界作一种外在的、形式上的理解和描述，因为这样就会从根本上将世界视为外在于主体并与之针锋相对的东西，对世界的认知也就变成了主体与客体之间反思性的映射关系，这与海德格尔的初衷是背道而驰的。主体和客体同"此在"和世界不是一而二二而一的，② 也就是说，主体与客体和"此在"与世界绝对不是一回事，绝对不能混为一谈，主体与

---

① 谢地坤主编《西方哲学史（学术版）》第 7 卷上册，江苏人民出版社，2011，第 76 页。
② 谢地坤主编《西方哲学史（学术版）》第 7 卷上册，江苏人民出版社，2011，第 70 页。

客体都是现成的存在者，它们的关系是两个存在者之间的现成性关系，而"此在"是人的生存，即对存在的理解，世界则是这种理解展示的境遇。[①]因而，若要从存在论现象学的角度切入认知，就必须舍弃和悬搁"世界"的前两种意义，世界不是现成存在者的总体累积，而是能够将我们融入有意义之活动的因缘背景，它不是认知的清晰对象。换言之，"此在"与世界、主体与客体是如此紧密地纠缠在一起的，"此在"区别于现成存在者的根本特征就在于其超越性。一般情况下，认知强调的是主客体二分基础上的内在超越，自觉地把认知活动定位于"内在领域"，大脑与意识内的主体突破内在的界限而达到它之外的客体，也就是作为一般事物的现成存在者，即一般的认知对象物。人们诉诸不同的方法（比如意向性）以解释这种超越关系，解释人的认知是如何翻出意识的围墙从而在主体内部和外部的对象之间保持勾连的。无论是以笛卡尔主义为基础的经典认知理论框架还是以"4E＋S"认知为代表的新认知模型，都试图从主体的内在性出发去描述这一超越，因而这种超越在本质上依然是一个内在领域和外在领域之间的关系，世界也依然是外在于"此在"的一个存在者而已。然而，在存在论现象学的语境下，超越是"此在"源始具有的特征，"此在"的存在本身就是在超越，也就是超越一般的非"此在"的存在者。存在者首先被超越，然后才能成为客体，这就是说，展开认知活动的前提条件是"此在"在意识到自己亦是存在者的情况下与后者（非"此在"的存在者）产生关联，但被超越的不是"此在""自己和客体之间的一道鸿沟、一道界限，而恰恰是它作为事实的此在也是的存在者，是存在者被此在超越"。[②]这样的超越是在世界中发生的，"此在"的超越实质上就是指它在世界中存在的生存现象，不过是换了一种说法而已。因此，世界不仅仅是"此在"展开认知活动的寓所以及加以认识的东西，它就是"此在"的本质特征和属性之一，在世存在是"此在"的基本状况，而世界，则是使我们的认知得以可能的东西，在海德格尔那里就是在世存在重要的结构要素。

---

① 张汝伦：《〈存在与时间〉释义》上册，上海人民出版社，2014，第 203 页。
② 张汝伦：《〈存在与时间〉释义》上册，上海人民出版社，2014，第 206 页。

一　世界与背景

根据著名哲学家休伯特·德雷福斯的阐释，海德格尔对世界具有的四种意义的区分可以划分为包纳和因缘两种类型的关联，从包纳的意义上看，无论是存在者层次抑或是存在论层次，世界都是某种对象的总体集合，作为物理对象之集合，抑或具有共同的抽象之本质特征的对象集合。胡塞尔和萨特顺延着笛卡尔，从"我"的世界开始，然后试图说明一个绝缘的主体如何能够为他人的心灵和那被共享的交互主体性的世界赋予意义。① 与他们不同，海德格尔认为世界是被人们共享的，这一特征向来是蕴含于世界观念之中的，世界总是先行于"我"的世界。② 德雷福斯将世界描述为背景概念，视为通常情况下不被我们所觉知的隐晦背景。在他看来，作为背景的世界，其结构始终是晦暗不明、无法言说清楚的，并不存在适用于任何世界的一般结构，因而也就没有关于世界的先天知识，用德雷福斯的话说就是，"我们至多能够对那些与我们一起栖留于世界之中的人们指出这一现实世界的某些突出的结构性方面"。③

我们认为，对于其本身而言，世界在人的认知过程中扮演的是一个必要的、活跃的角色，而不单单是一个潜在的外部背景。世界不是各种事物的集合，它们加在一起也仍然不是世界，依然不能揭示作为整体的世界现象，在我们看来，德雷福斯的背景概念恰恰是为了解释这一"世界现象"，也就是海德格尔所谓的世界之世界性，这一概念更加强调的是世界内的存在者，也就是由全部事物之间的相互关联而构造、交织形成的意义境遇。我们认为，"世界"与"背景"之间具有某些相似之处，也就是都和"此

---

① 〔美〕休伯特·德雷福斯：《在世：评海德格尔的〈存在与时间〉第一篇》，朱松峰译，浙江大学出版社，2018，第 109 页。

② 我们认为，世界先行于我是指世界先我而在，在这里我们看到了海德格尔是承认世界之客观性的，而根据康德的先验哲学，整个客观世界都是我们理智的主观构造，胡塞尔的先验主体则在更为纯粹的意识领域构造世界，后者本身的实在性被悬搁，成了意向的相关项。此外，世界先行于我还意味着世界赋予了此在的存在论结构，此在不是孤立的、无世界的认知主体，或者是所谓的纯粹意识、绝对自我等先验概念，世界就是"我"的结构部分。

③ 〔美〕休伯特·德雷福斯：《在世：评海德格尔的〈存在与时间〉第一篇》，朱松峰译，浙江大学出版社，2018，第 110 页。

在"的存在相关，海德格尔从存在论的角度出发，指出世界的存在不与世界内的诸存在者相关，而认为"此在恰恰是倾听世界的"。[1] 对于世界和背景而言，两者似乎都只对"此在"显现，因为只有"此在"方能对它们进行理解。

德雷福斯说道："人们从来都不是直接存在于世界之中的，我们总是通过存在于某些具体的周围世界之中而存在于此世界。"[2] 背景或情境似乎是我们理解世界的先在条件，因为人们总是发现自己首先处于某一情境或背景中，并且是通过基于背景或情境的实践性的应对活动和非实践性（抑或反思性）的认知活动来理解更为宽泛的世界概念。如果将世界视为一个整体的集合，那么情境或背景则相当于它的一个子集，是对它的局部化。"此在"不直接暴露在世界之中，用海德格尔的术语来讲就是通过存在于某一情境（being-in-a-situation）而在世界中存在，在他看来，"此在"所处的情境是可以共享的，这是由它最本己的特征（在世存在）所决定的。周遭世界对于每一个"此在"而言都是不同的，都有着各自不同的感知和认知图式，但我们依然栖居于一个共同的世界之中。由此可以推断，我们的认知不是封闭的，在某种程度上我们能够对个人私密的内在心理和感受性有所理解和突破（比如维特根斯坦所谓的"私人语言"），尽管一个人的心灵状态和感受体验在本质上是私密性的，我无法感受或体验到他人牙齿的痛觉，因为如果我感受或体验到了，那就变成了我在牙疼。然而，心灵状态所依附的情境或背景是可以被人分享的，如果我分享了某人的情境，那么它不会成为"我独有的"情境，也就是说，不会像牙痛、头痛等感受性一样具有私人性的特征，而是变为"我们"的情境。世界、情境以及背景的可理解性正是基于它们可被共享的特征，我们作为"此在"进行的认知和实践活动都是对一个已经被共享的世界的一种可共享的把握。由于在世存在是"此在"最本己的特性，因而"此在"总已走出了自身，不管是在世界中，抑或是在作为子世界的情境或背景中，"此在"总

---

[1]　张汝伦：《〈存在与时间〉释义》上册，上海人民出版社，2014，第224页。

[2]　〔美〕休伯特·德雷福斯：《在世：评海德格尔的〈存在与时间〉第一篇》，朱松峰译，浙江大学出版社，2018，第197页。

已在外，故而在海德格尔眼中，"此在"不是"一个像主观的内在领域一样的东西"，[①]"此在"的认知活动与行为也具有不被封闭的特性。

背景作为互补的世界而持存，除去这一差别，世界与背景（情境）的另一个不同之处在于是否可以完全予以明晰化，是否清楚明白。休伯特·德雷福斯与约翰·塞尔各自都对背景作了详细的描述，通过比较二者观点之间的某些差异，我们希望可以对背景和海德格尔的"世界"概念作出一些明确的区分。我们先来看德雷福斯对背景的理解与描述。

背景是什么？一言以蔽之，德雷福斯主张背景就是一组实践、技能和活动。关于背景是否明晰的问题，德雷福斯的答案是否定的。对于他而言，背景是人类遇到事实、话语和问题时所处的环境（如果用最模糊的术语来描述的话），不能由规则定义，是它的本质性规定。此外，背景不能单纯依靠可表征的事实和规则予以形式化的分析，它是一种可能性条件，因为对于任何有存在意义的事物而言，背景总是在场。在一般情况下，背景不仅没有被表征，而且也不能被某一认知系统转化为一连串表征，比如人、动物或人工智能，认知系统正是基于这些表征来确定适当的行动方式。然而，我们对自身行为的解释，必定依赖于我们的日常实践，而且简单地说，"这就是我们所做的"或"这就是人之为人的意义所在"。所以归根结底，全部可理解性和所有智能行为，都必须追溯到我们是什么的意义，根据这一论点，这必然会引起的倒退，是某种我们永远无法明确知晓的东西。[②]这种不能明确可知的东西也就是所谓的背景。而且他将海德格尔对"存在的领会"解释为不清楚明白的背景，它是使我们理解和认识事物的必要条件，也就是说，我们的认知和行动不是依靠和利用清晰的规则而进行的，亦无法以清晰的规则对生活进行明智的控制。这样的规则只能在背景中发挥效用，但背景本身是模糊的，不能被预先构造为具体的原子事实或信息而在计算机中加以描述。

德雷福斯提出背景概念是为了反对心智的认知主义模型，该模型将心

---

① 〔美〕休伯特·德雷福斯：《在世：评海德格尔的〈存在与时间〉第一篇》，朱松峰译，浙江大学出版社，2018，第 200 页。

② Mark A. Wrathall, Jeff Malpas, *Heidegger, Coping, and Cognitive Science: Essays in Honor of Hubert L. Drefus*, Vol. 2 (Cambridge: The MIT Press, 2000), p. 94.

智与世界的关系、心智理解自身和周围世界的能力都视为某种信息的处理过程。它将我们遭遇的世界描述为一系列毫无意义的原子要素，即世界由独立的要素所构成，这些要素以感官材料的形式冲击着我们的心智，它们本身对于主体而言没有意义，[①] 用康德的术语来表述就是杂多表象，心智的功能就在于对这些独立的要素进行表征，将其作信息化的处理，从而建构一个对主体有意义的、符合规则结构的世界。然而在德雷福斯看来，人们将事物理解为独立的现存实体的做法是不合适的，这是"独立的"这一功能谓词给我们造成的假象。没有任何东西对我们是可理解的，除非它首先作为已经被整合进我们的世界、融入我们的应对实践之中的东西而显现。[②] 事物只有在背景中触目、碍眼的情况下才会显现，才会被主体感知并成为主体心智聚焦的对象，如荀子所说"目不能两视而明，耳不能两听而聪"，人们只能处理直立于其心智前的对象，后者只有在背景中才能凸显出来，事物是在背景中表现出它的意义的，我们认知的可能性就根植于背景中。

相比之下，塞尔是从神经生物学的立场出发阐明他的"背景"的，但德雷福斯不愿将背景还原为一种基于心理过程的神经科学描述，因此我们看到，塞尔"背景"的概念内容似乎与德雷福斯有着根本性的出入，他认为背景是能够生成意向状态的神经元结构。塞尔更乐于将背景解释为一组能力，"背景是指能够使得所有表征得以发生的一个由非表征性心理能力组成的集合"。[③] 由此看来，塞尔主张背景是心理的，他以心理内容和外在事物的关系为基础，认为背景在某种意义上是某种信念系统，即便不是，也依然是心理的东西，包括心智能力、倾向以及立场等等。正是背景能力使我们能够在恰当的时间、恰当的地点施行恰当的行动，使我们可以流畅地应付具体场景中的事件或任务，例如，当在餐厅用餐时，我们只需做好与服务员、菜单以及要吃的食物相关联的事情就足以在餐厅这一背景中应

---

① 在此，我们联想到马赫的要素一元论。马赫认为，要素是构成物理经验和心理经验的基本成分，不同之处在于马赫的要素本身就是一种函数关系，无论是物理内容还是心理内容都只是这种关系的基本变量而已。在我们看来，认知主义模型中的要素更类似于罗素所说的分散、独立的原子事实。

② 〔美〕休伯特·德雷福斯：《在世：评海德格尔的〈存在与时间〉第一篇》，朱松峰译，浙江大学出版社，2018，第139页。

③ 〔美〕约翰·塞尔：《意向性：论心灵哲学》，刘叶涛译，上海人民出版社，2007，第146页。

付自如。另外，在塞尔看来，对语句的字面意义的理解要求有一种前意向背景，一个语句的字面意义不是一个语境豁免（context-free）的概念，[①]只有在给定背景的情况下才能确定某一语句的真值条件。正如他所举的例子：

> 主席召开了（opened）会议
> 炮兵开了（opened）火
> 比尔开了（opened）一家餐馆

三个句子中的 opened 一词都具有相同的语义内容，但这一内容正确的理解或打开方式都依赖于塞尔所谓的前意向背景，比如"炮兵开了火"这个简单句，用塞尔的话来说"就是语法上极好的语句"。[②] 我们可以很容易地理解句子的每一个成分，但对于解释和理解完整的句子，则是丝毫没有头绪的。我们知道"炮兵""火"是什么意思，也知道"开"这一谓词，但是根据语法规则联结以后的意思我们是不清楚的，这时就需要背景的介入，它为我们理解语句提供了更多信息，背景的差异造成了对句子、语词的不同理解。可以说，如果没有背景的参与，无论是塞尔区分的"深层背景"（deep background）还是"局部背景"（local background），我们对语言的把握就只能停留于孤立的语义内容上。此外，塞尔将人自身的身体技能和能力也归属于背景，但另一方面他又坚持背景可能具有根本的心理属性，坚称背景是由心理现象所构成的。人的周遭世界堆砌着自然对象和人工制品，我们就作为生物性和社会性存在物生活于其中，而塞尔拒绝将存在物之间的诸多联系纳入背景的范畴，而是将之心理化，我们似乎是通过背景与世界相互作用的。背景不是一个事物的集合，也不是我们自己和事物之间的神秘莫测的关系构成的集合，[③] 总之，塞尔描述的背景不是一种实在，而是为人们实现意向状态提供满足条件的东西，本身无法被意向地

---

① 〔美〕约翰·塞尔：《意向性：论心灵哲学》，刘叶涛译，上海人民出版社，2007，第148页。
② 〔美〕约翰·塞尔：《意向性：论心灵哲学》，刘叶涛译，上海人民出版社，2007，第150页。
③ 〔美〕约翰·塞尔：《意向性：论心灵哲学》，刘叶涛译，上海人民出版社，2007，第157页。

表征，背景就像一个黑洞，我们可以猜想其中有什么，但却看不到这些东西的存在，塞尔的比喻则更为形象：正如我们可以看到眼前的任何东西，却唯独看不到自己的眼球一样。

通过比较德雷福斯与塞尔对"背景"的不同描述，我们发现背景具有以下几个特征：①背景是模糊的，不足以被清晰地予以表征；②背景本身不是一种实在，它是"我们的实在表象的特征，不是表象的实在特征"；①③背景是人的理解和认知活动的起动条件，是必不可少的、必要的。我们在这里要表明的立场是，背景或许是由实践、技能和习惯等要素构成的集合，但它在很大程度上不是心理的，因为若像塞尔一样将背景视作心理性的存在物，对之作出心理主义的解释，那么背景就必然会被打上主观主义的烙印，任何个人都可以依据自己的心理内容和观念塑造自己的背景，因而背景有可能失掉原本的客观意义与特征。在我们看来，背景虽然是属于"我"的，但它同时也是客观的，技能、实践和习惯等背景中包含的要素似乎是主体的东西，我们在行动时往往不会予以过多关注，它们在背景中固定下来成为人们无意识地加以运用的东西。比如，初学者在学习驾驶机动车时教练会发出一系列指令："膝盖稍稍弯曲""前脚掌踩离合器""轻打方向盘"等。其中，每一项指令都基于明确的表征和规则，使得初学者能够有效地习得驾驶技能。然而，初学者在经过一段时间的练习和实践后会愈发熟练，不再单纯且僵硬地依靠对规则的表征而进行操作了，他就是在驾驶而已。塞尔认为，在这种情况下。规则不是被内化，而是被剥离了，就像儿童在蹒跚学步时使用的学步车一样，当孩子学会走路之后便不再使用这一辅助工具了。但在我们看来，规则并非变得完全不相关，而是内化于背景中了，或者从某种意义上说，这些规则本身就是背景，熟练的司机是以一种完全不同的方式在驾驶，他和新手之间的区别就在于是否能够流畅、无意识地遵循规则。我们的确是按照规则行事的，只不过历经无数次的实践后规则被"遗忘"了，成为身体的一种下意识的本能反应。

海德格尔的存在论现象学指出，最切近"此在"的不是自然环境，而是周遭世界，是人们日常的实践世界，自然环境只有在与"此在"有所关

---

① 〔美〕约翰·塞尔：《心灵的再发现》，王巍译，中国人民大学出版社，2012，第152页。

联后才能进入"周围世界"这一范畴，海德格尔往往在该意义上使用"世界"这一概念。他认为，"此在"与世内存在者的相遇方式不在于知觉认识和静观的反思，而在于日常生活中与其打交道的上手活动，而这种最切近的打交道活动不是觉知，而是与事物产生实践关联，也就是"此在"沉浸地操作用具的"操劳"活动（海德格尔将所有我们在操劳活动中遭遇到的东西称为用具）。从某种意义上讲，正是"此在"上手的操劳活动构成了他的周围世界，后者在用具整体的指引下与我们照面。操劳的结果不是一个单纯的东西，它包含着整个由实践目的勾连在一起的用具关联系统。①用具和利用用具制造的东西都有着可用性，都能通达其他用具，我们似乎正是在这种用具的整体关联中看到了世界现象，也正是在操劳活动中我们与所处的世界相遇，世界就像是无数个用具的相关系统构成的整体联结，我们对用具的理解总是先行于对世界的理解，通过用具之间的相属关系逐步揭示出一个更大的整体世界，虽然事物是以整体向我们呈现的，而不是像胡塞尔所谓的感觉经验之综合，但世界是在事物（用具与质料）自身具有的指向中被我们发现的，而背景本身则具有一种整体主义的设定。此外，背景本身是模糊的，不大可能被我们所表征，但切近于我们的世界却不是这样的，它是前理论的、实践性的。在世存在先要越过操劳活动中上手的东西才能推进到对仅现成在手的东西的分析，② 也就是说，理论认知活动是以"此在"在操劳中与上手事物打交道的活动为基础的，上手性的操劳被妨碍或者阻断将世界展现在了心智的面前。这表明，世界具有被心智表征的可能性，能够成为我们的意向对象，相较而言，背景是使得意向状态成为可能的东西，没有背景就没有意向状态。它不在意向性的外围，而是渗透于意向状态的整个网络，没有背景，这些状态就不可能发挥作用。③ 故而背景不具有被心智表征的可能性，这是世界与背景之间具有的两个显著区别。

---

① 张汝伦：《〈存在与时间〉释义》上册，上海人民出版社，2014，第240页。
② 谢地坤主编《西方哲学史（学术版）》第7卷上册，江苏人民出版社，2011，第84页。
③ 〔美〕约翰·塞尔：《意向性：论心灵哲学》，刘叶涛译，上海人民出版社，2007，第154~155页。

二　"世界"与认知视域下的环境

由于认知科学领域中的颅内主义、积极外在主义等理论对于环境有着不同的论述，不能一概而论，所以，我们要对诸理论所提及的环境概念进行详细的区分。首先，由于颅内主义将作为认知器官的大脑看作全部的认知系统，因此，大脑之外的包括身体都可纳入环境的范畴，我们称之为"环境1"。然而，这里存在严重的问题：大脑作为人类认知的生物学基础，并不等同于认知主体的概念内容，从某种程度上讲，颅内主义的错误在于它把认知意义上的环境和认知目标、认知主体和大脑混淆了。其次，为了克服颅内主义的缺陷，具身认知理论强调了人之身体的主体性，更加注重身体体验（experience），因此，具身认知意义上的认知系统是包括身体在内的人（大脑＋身体），身体之外的其他客观存在属于环境的范畴，我们称之为"环境2"。虽然具身认知突破了颅内主义的桎梏，但它仍未对认知环境与认知目标进行区分，对颅内主义自身缺陷的克服并不彻底。再次，延展认知主义在具身认知的基础上进行了一次大胆的突破和尝试，将人在进行推理、决策等高阶认知活动时所使用的工具（如语言、纸笔甚至计算机）纳入了认知系统当中，更加强调认知主体可能的离散特征。从某种意义上来说，延展认知主义是具身认知的强化和激进版本。因此，它所指涉的环境是人和所使用工具之外的境遇，我们称之为"环境3"。认知系统在前述的基础上又囊括了工具，形成了大脑—身体—工具的结构，但环境和认知的对象和目标之间的关系依然是模糊的，后者仍然没有从前者中分离出来。我们认为，根本原因在于主客二分这一认知方面的固有惯例。它是有缺陷的，表现在我们的认知活动中就是主体与客体的彼此对立，认知的对象和目标因为异于主体并在主体之外，被划入客体的范畴。最后，我们从认知系统观的立场出发，在延展认知的基础上更进一步，主张把认知的对象和目标纳入认知系统中，因此，我们理解的认知系统就成为人、工具还有认知的对象以及目标所构成的有机整体（大脑＋身体＋工具＋目标），除它之外的则成为环境的内容，我们称之为"环境4"。不论是实证研究还是日常生活，我们都能强烈地感觉到环境对我们认知活动的影响和作用，关键在于合乎逻辑地说明环境是如何参与到我们的认知过程中的。

要看到的是，海德格尔的"世界"概念和认知科学所重视的"环境"之间存在相当的差别，后者具有的一个特征是空间意义上的广延性，环境就像是一个巨大的容器，人的心智都存在于这个"容器"之内。这是人们早已熟知的观念，而且这种观念也通过物理学等自然科学的发展而得到了强化，海德格尔将之看作一种现成的理解方式，是基于日常经验的一般性描述。对于他而言，作为事物存在的方式，"世界"的物理空间意义显得不再那么重要，相反，与人们初始照面的是近在手边的上手之物，也就是器具。物理距离的远近和长短淡出了海德格尔考虑的范围，器具与我们的生存活动具有一种亲缘关系，是一种"海内存知己，天涯若比邻"的存在意义上的切近。"世界"是通过上手器具的相关性而逐渐展开的，在我们看来，海德格尔谈及的"世界"总是一个切己的概念，总已向我们先行展开了一种实践意蕴。也就是说，世界总是上手的，贴近于"此在"的生存活动，具有"上手状态"这一特征，世界不能被远化为与"此在"的生存活动无关的、单纯的认识对象。[①]"此在"之所以区别于石头、植物、动物而拥有世界，原因就在于他是通过自己的栖居构造周遭世界的，世界对于"此在"而言是一种被表象的有用之物，是他"在－世界－中－存在"的一个环节。世界不是在人静观的理论态度之下的对象物，而是通过人自身的活动组织而成的，因为认知与实践的分殊而具有了内在的心智世界和外在的周围世界两个维度。对于海德格尔而言，世界本身不是一个存在者，而是从实践交互的角度被构造起来的指引网络，由于通常处于不触目的状态，故而不能为人们清晰地巡视和关切。

如果从相关性的角度看，海德格尔的"世界"与认知科学的"环境"之间似乎具有共同之处，两者都反对人与世界/环境的彼此绝缘与疏远。具体而言，认知研究强调"环境"在主体的人认知过程中的相关性，强调环境对于延展至个体大脑和皮肤之外的认知过程的承载（affordance）与外包（outsource），比如，嵌入认知主张，认知过程在很大程度上是以一种意想不到的方式依赖于有机体外部的器具，以及认知发生的外在环境的结

---

① 俞吾金：《海德格尔的"世界"概念》，《复旦学报》（社会科学版）2001 年第 1 期。

构。① 对于新的具身—延展认知模型而言，基于感知的、在线的认知加工往往嵌入了人的身体之外的环境背景，物理、社会/文化环境中的非神经性资源被纳入延展的认知行为、倾向以及活动之中，而且在功能层面有可能被整合进一个更为广泛的认知系统。环境不只是被现成性地放置在那里，等待人们去认知或思考的物的集合，除了作为反馈机制的重要环节之外，新的认知模型主张它可以产生更为积极主动的影响和作用（当然，其中不乏一些激进的观点），以此来克服以往的心智/认知的计算模型的弊病，也就是将注意力集中于亚主体层次的神经编码和计算表征，从而构造超越认知主义的更大的概念框架。外在的环境因素能够影响发生于大脑皮层中的回路和网络的神经过程，因为大脑皮层是身体的一部分，身体则处于一个更大的物理/技术/社会环境之中，我们既可以把认知加工过程"卸载"到其中（比如我们日常使用的手机、计算机等设备），又可以将这一加工过程内化于自身的计算网络。从中我们看到，对于认知科学而言，空间性在它有关环境的理解中居于核心地位，对于海德格尔哲学中关于空间性的颠覆性理解并未给予过多关注。

概言之，对海德格尔来说，世界不是现成空间的无限延续，他反对笛卡尔将空间数学化的操作，反对把客观的坐标系加于世界以确定空间位置。"此在"从最根本的意义上把它和对象的空间关系理解为远和近的关系，而且这种远和近的关系反过来在和"此在"的实际目的的关系中被理解。② 事物对于"此在"总是以上手或不上手的面貌呈现，世界可能就是这些事物所组成的相互关联的整体，它最根本的意义就是被置于同"此在"的存在关系。某种意义上说，海德格尔是在一种实践意义的范围内谈及"世界"概念的，世界是一个日常实践世界，事物之于"此在"的远近源于它在一般实践中的熟悉感。相较而言，认知科学视域下的"环境"仍是在现成存在的意义上被谈及的，它没有脱离康德甚至笛卡尔所谈论的空间范畴。

---

① Mikkel Gerken, "Outsourced Cognition," *Philosophical Issues* 24（2014）：127–158.
② 〔英〕S. 马尔霍尔：《海德格尔与〈存在与时间〉》，亓校盛译，广西师范大学出版社，2007，第61页。

第三节　在世存在：使认知得以可能

如果说海德格尔的存在论哲学为认知科学留下了什么重要的思想遗产的话，首先应该是他的"在世存在"概念（Being-in-the-world），这一概念直观地呈现了主体与世界的相关性问题以及主体如何在世界中存在等问题，所以它不是一个简单的概念，而是包含了诸多值得我们讨论的内容。

在海德格尔的视域中，"在世存在"作为"此在"的存在结构，不是人作为有形的存在者在空间上被世界所有的包容状态。它所指的不是"人的身体"这个血肉之躯在一种空间的容器（讲堂、大学城）里、在所谓的世界里的现成可见状态。① 由此看到，海德格尔在人的存在方式方面有意识地排除了身体成分，同时他又坚决拒绝将人视为笛卡尔式的心灵实体或者胡塞尔主张的"纯粹意识"和"先验主体"。海德格尔对身体问题的避而不谈在一定意义上为梅洛－庞蒂的身体现象学留有了足够的空间，这也是为什么梅洛－庞蒂的"在世存在"与海德格尔有着貌合神离的区别。此外，杜威也表达过类似于"在世存在"的哲学思想，② 然而，海德格尔与梅洛－庞蒂各自所指的"在世存在"却有着较为明显的差别。

一　"在世存在"与"身体朝向世界存在"

海德格尔"在世存在"的目标直指笛卡尔的"我思故我在"，他认为笛卡尔首先对我思者进行设定是荒谬的，不考量"我"的存在样式而预先孤立地设定自我和思维主体是本末倒置的做法。他说道，"经过一番辨析，可以看到笛卡尔的'我思故我在'（cogito sum）的意图恰好就在于对'我思'（cogito）和'我思者'（cogitare）作出界定，然而它却遗漏了'我在'（sum）。与此相对，在我们的考察中，我们首先将'我思者'（cogitare）

---

① 〔德〕马丁·海德格尔：《时间概念史导论》，欧东明译，商务印书馆，2016，第214页。
② 虽然杜威从未正式提过"在世存在"这一概念，但我们认为他对有机体—环境的思考同"在世存在"具有颇多相似之处，而且杜威曾明确表示出对海德格尔有关人类情境思想的兴趣。

及其界定悬搁一旁，转而去争取'我在'（sum）及其界定"。① 那么"我"如何在？海德格尔回答道，"在－世界－中－存在"，这是关于"此在"统一而原初的规定，它是"此在"的根本枢机，是作为其本身而整个在此的，不是由许多可分离的要素构成的整体。从字面意义上理解，"在世存在"表示"某物处在某物之中"的关系，人似乎是作为存在者居于另一个存在者（世界）之中。然而，海德格尔指出，"在世存在"不是"空间上的一物被包容在另一物之中，即两种本身在空间上具有广延的存在者的就位置和空间而言的存在关系"。② 空间位置的关联只是"此在"存在的一种外观样式，更为基本的，"在世存在"表达的是"此在"与世界之间更为基本的因缘关系，即"此在"总是依据与它打交道的事物来理解自身与世界。

　　在海德格尔看来，"在世存在"的"在……之中"首先意味着"此在"与世界的亲熟（familiarity），我们将亲熟理解为主体和世界之间的耦合关系，像在水中游动的鱼一样具有某种相互纠缠的关联。"此在"栖留于世界，我们与世界中的其他存在者的关联是融贯的，世界对于我们而言不是一个对象。作为"此在"的我们全身心地在世界中操劳着。我和我居于其中的东西之间的关联不能基于主客体之间的关系的模式而被理解，③海德格尔反对主客分立，表征恰恰又是主体性与对象之客观性相区分的产物。因此从表面上看，"此在"的"在世存在"同他对世界的表征是对立的。

　　加拉格尔一直将海德格尔视作情境认知的哲学先驱，"在世存在"凸显出人（"此在"）的情境性特征，世界构成生成认知行为与活动的必要条件。在一定意义上，海德格尔的"世界"概念可以被理解为甚至等同于一种情境，当然，这样的理解还不充分，容易使人们将主体与世界的关系理解为某种刺激—反应关联。海德格尔首先指出，这种在之中的存在方式具有一种还有待于阐明的操持的特性，也就是为世界而牵挂、为世界而操心，说明我们对世界投射了意向性的关注，其中牵涉着我们的态度。他说

---

①　〔德〕马丁·海德格尔：《时间概念史导论》，欧东明译，商务印书馆，2016，第211页。

②　〔德〕马丁·海德格尔：《时间概念史导论》，欧东明译，商务印书馆，2016，第213页。

③　〔美〕休伯特·德雷福斯：《在世：评海德格尔的〈存在与时间〉第一篇》，朱松峰译，浙江大学出版社，2018，第55页。

道，"即使我百事不为而只是心怀隐忧地羁留在世界上，我也具备这一固有的操持性的在－世界－中－存在——我每时每刻都无不秉有这样的一种随身耽着的存在"。①

同为现象学的重要代表，梅洛－庞蒂也对"在世存在"给予了充分关注，他直接借鉴了海德格尔关于"在世存在"的术语表述，然而他对这一概念的界定却同海德格尔相去甚远。在我们看来，两人之间的重要分歧在于"身体性"与"在世存在"哪一个更具源始性和基础性，可以作为人类认知最原初的条件。梅洛－庞蒂从身体的知觉出发阐述人的"在世"，在他面前，世界不是作为因缘整体性的网络，而是经过了人的感知活动的改造，"世界是被感知的"（le monde percu）。② 梅洛－庞蒂认为，"世界不是我掌握其构成规律的客体，世界是自然环境，我的一切想象和我的一切鲜明知觉的场……没有内在的人，人在世界上存在，人只有在世界中才能认识自己"。③ 在这里他明确提到了"在世"，但作为主语的不是海德格尔标识的"此在"，而是人的"活生生的身体"。

梅洛－庞蒂可能认为，我们的身体是巧妙地融合与化解了主客二元对立的存在物，身体既是"我的"，"我"能够随心所欲地操行各种动作和行为。另外，身体又是我的"对象物"，是可以意向地静观和反思的对象，"我"能够以第三人称的视角观察和体验身体的某些感觉，比如痛觉以及肢体的麻木感。因而梅洛－庞蒂的身体是"一种保留了'二元性'的存在"，④ "一种介于其（物质和心灵）间的第三种存在，一种身体－主体的存在"。⑤ "在世存在"本质上就是身体的活动，人凭借身体走向世界，梅洛－庞蒂的"在世"意图说明我们是以知觉为媒介与世界相接触的，主体积极主动地关联对象，这一关联是感性的、纠缠式的，不适合理性地分析。我不是站在上帝视角旁观对世界的知觉体验，这和海德格尔的立场有

① 〔德〕马丁·海德格尔：《时间概念史导论》，欧东明译，商务印书馆，2016，第215~216页。
② 宁晓萌：《空间性与身体性——海德格尔与梅洛庞蒂在对"空间性"的生存论解说上的分歧》，《首都师范大学学报》（社会科学版）2006年第6期，第62页。
③ 〔法〕莫里斯·梅洛－庞蒂：《知觉现象学》，姜志辉译，商务印书馆，2001，第116页。
④ 宁晓萌：《空间性与身体性——海德格尔与梅洛庞蒂在对"空间性"的生存论解说上的分歧》，《首都师范大学学报》（社会科学版）2006年第6期，第62页。
⑤ 关群德：《梅洛－庞蒂的身体概念》，《世界哲学》2010年第1期。

所差异：身体就是世界的一部分。身体的活动使得我们在世界中的存在成为可能，这种活动表现为一种对环境的适应性。故而，不同于海德格尔把身体视为在存在者层面上占据广延的躯体，梅洛－庞蒂将其作为理解在世之结构的切入点，身体在在世的结构中占有一席之地。通过对身体的阐明，梅洛－庞蒂明确了身体在在世的结构当中的核心地位。身体的在世表现为一种处境的在而非空间位置的在，也就是要把世界当作身体体验的场域，对此，梅洛－庞蒂认为，只要人们把世界当作一个对象，我们就不能理解世界。[①] 当我说我在世界中存在时，我指的是世界以作为人的知觉经验的方式呈现在我面前，开显出它的意义，主体也只有凭借身体进入世界并往世界中去存在，才能实现充分的自我觉知。身体与世界不可分离，世界是主体从整体上把捉的世界，身体是有认知能力的身体。另外需注意的是，梅洛－庞蒂认为身体是我们拥有世界的一般方式，活生生的身体承载着我们与世界之间的互动，而在海德格尔看来，"此在"拥有世界的原因在于世界向来就在他的生存结构之中，与身体无关。因此，梅洛－庞蒂力图恢复"身体"与世界之间前反思的连接，他的"在世存在"应该被准确地理解为"朝向世界的存在"（being-towards-the-world），"身体"通过其朝向而与世界对象在知觉中关联，[②] 这可能就是他与海德格尔的"在世存在"概念的根本差别所在。

通过分析我们看到，梅洛－庞蒂只是借用了"在世存在"的术语，其实质内容已与海德格尔完全不同，"身体朝向世界存在"似乎更能恰当地通达他的思想。我们认为，无论是"在世存在"还是"身体朝向世界存在"，都呈现了人类存在的情境性特征，强调情境是人类存在的本质构成，区别在于施动者（agent）不同。梅洛－庞蒂批评海德格尔的"此在"是一个超越世界、凌空蹈虚、俯视苍生的局外旁观者，一个把世界作为一个由我掌握其构成规律的客体全然展现在我面前的先验主体……在世限定了"此在"看世界的视点和视角。[③] 认知主体总是处于一定情境中并为之包

---

① 〔法〕莫里斯·梅洛－庞蒂：《知觉现象学》，姜志辉译，商务印书馆，2001，第509页。

② 王亚娟：《梅洛－庞蒂与海德格尔之间"缺失的对话"》，《哲学动态》2014年第10期。

③ 张尧均：《哲学家与在世——梅洛－庞蒂对海德格尔的一个批判》，《同济大学学报》2005年第3期。

纳，梅洛－庞蒂对海德格尔的批评使我们意识到，本质上作为情境性存在的人类不可能对世界或情境整体进行反思，不可能有明晰的整体印象和观念，因为主体是被"身体围绕"而置于世界中的——我仅仅存在于我作为一个物体而存在的地方。① 从这种意义上说，梅洛－庞蒂对海德格尔的质疑是有道理的，将"在世存在"理解为不能依据主体—客体关系而得到说明的先决条件，不可表征和形式化描述使这一概念既缺乏内容而又神秘。如此，认知作为植根于"在世存在"的一种方式也是模糊不清的，因而我们认为有必要对人的"在世存在"与其表征之间的关系予以审视。

二 "此在"的"在世存在"是否消解了表征

首先要指出的是，无论是"在世存在"抑或是"身体朝向世界存在"，它们针对的都是笛卡尔的认知模型。人们是如何将无意义的物理刺激体验为有意义的呢？所有普遍为人们所接受的神经模型都无力予以解释，即便它们都谈到了动态耦合，因为它们依然接受作为基础的笛卡尔式认知模型。②

（1）大脑通过其感觉器官接受来自世界的信息输入（视网膜上的图像、耳蜗产生的振动、鼻腔内的气味粒子等）。

（2）大脑将特征从这些刺激信息中抽离出来，并以之构造关于世界的表征。

从中我们看到，主体作为超然的理性实体通过感觉材料（sensory data）这一媒介与外部世界中的他物相关联，直到今天，该模型依然活跃在认知科学领域。问题在于，这一超然的实体如何与实然的世界之中的存在物有意义地关联。无心状态的感觉材料向表征式心智的转换不会生成意义，③这样一来，经验知识的合法性就出现了问题，主体与对象世界的联系就被切断了，我们时时刻刻感觉到的外部世界的物性实在以及与之接触而产生的对象性知识都变得没有意义（即便有，也无法投射于我），人们只能理

---

① 〔法〕莫里斯·梅洛－庞蒂：《知觉现象学》，姜志辉译，商务印书馆，2001，第65页。

② Karl Leidlmair, *After Cognitivism-a Reassessment of Cognitive Science and Philosophy*（Berlin: Springer Netherlands, 2009）, p. 58.

③ Karl Leidlmair, "Being-in-the-world Reconsidered: Thinking beyond Absorbed Coping and Detached Rationality," *Human Studies* 43（2020）: 24.

解"现象"杂多，却触碰不到"物自体"（这样看来，我们又回到了康德当年所面临的问题）。概言之，世界图景不是自明性的。海德格尔也同意这一点，他对人类状况的存在主义分析的意图就是表明人类存在总是以世界为首先预备上手的方式而情境性地存在。[1] 事物通过"此在"的上手和在手状态为我们所熟知，例如，幼儿第一次看到桌子时会好奇面前的东西是什么，即便我们告诉他这是桌子，他也只有关于桌子的形状、颜色、体积等模糊抑或清晰的表象，没有通透地把捉到桌子的本质（也就是使得桌子之为其自身的东西，一般而言是指它的用途）。只有当桌子上到手头（比如触摸、使用）时，他才会理解桌子的意蕴（知道桌子是用来学习、吃饭以及堆放物品的），而不是仅仅停留在关于物体表象的觉知层面。上手活动呈现了人类认知的前理论态度和特征，表达了反对以纯形式的理论光线映射事物表象的立场，该活动是我们研究"此在"在世的基础，"在世存在"就是我们与世界的其他存在者"打交道"，而打交道的活动也非仅仅依靠一种纯粹的知觉表征。

在海德格尔看来，"在世存在"从根本上不可依靠认知来理解和把握，他反对人们以认知表征的方式理解"此在"的"在世存在"，因为这一做法会导致源始、先天的存在论关系蜕变为后天的认知关系。他认为，若要认识这种存在建构，认识活动就突出出来，而它作为对世界的认识这样的任务恰恰把它自己弄成了"心灵"对世界的关系之范本。[2] 表征虽呈现了人与世界的关系，但"在世存在"本身依旧晦暗不明，没有得到澄清。若按海德格尔的理解，表征意味着从存在者层面将"在世存在"理解为两个存在者——现成的世界与人类心智之间的映射关系，"在世存在"作为"此在"的生存论要素，表明"此在"是完全投入世界的，即"此在"与世界内的存在者首要、源始的关系不是外在的理论认知，而是"此在"全身心的专注行动，"此在"完全融入了与其他存在者的关系之中，两者亲密无间、没有距离。从这种意义上讲，"在世存在"弥合了人/心智与世界（以及世界中的实在）之间的认知间距，以及由此产生的表征关系，否认

---

[1]　刘晓力、孟伟：《认知科学前沿中的哲学问题》，金城出版社，2014，第273页。
[2]　谢地坤主编《西方哲学史（学术版）》第7卷上册，江苏人民出版社，2011，第69页。

认知在人与世界关系中的首要地位。海德格尔认为，人作为"此在"早已先行投入对周围世界的操劳活动中，事物的上手操用比单纯的瞠目直观更能绽露本身的现象性质。"在操劳活动中首先照面的存在者不是纯粹的物，而是用具器物［Zeug］，我们首先与之打交道的是文具、缝纫用具、加工用具、交通用具、测量用具。"① 只有在操持用具的过程受到干扰和阻断之后（比如工具用着不顺手或者坏了）表征才会显现。然而，表征是人为了实现某个目的而认识外部世界的中介，人要认识世界，就必须借助表征这个中介来完成，所有表征都是心灵与外部世界直接或间接相互作用的产物，表征本身则是心灵通达世界的手段或工具。② 同时，表征具有意向性的特征，内在的心理表象和外在世界中的某一事件具有因果关联，而在海德格尔看来，认知表征不是"此在"勾连世界的媒介和桥梁，"认知不是一种这样的东西：那在一开始仿佛还不是在世界中存在的此在，正是通过认知、正是在认知中才产生了一种与世界的联系"。③ 他始终是从存在出发来谈论和理解"此在"的生存问题，表征意味着"此在"与其表征对象一样是现成存在者，它依然是一种认知性活动，不像上手的操劳更能揭示"此在"与世界内其他存在者的关系。可以看到，海德格尔极力想摆脱笛卡尔、康德乃至胡塞尔推崇的主体性结构，消除由之产生的内在主体经验与外在经验客体之间的分殊，对事物的积极理解和领会不是知觉表征，而是上手性的熟练使用和操作过程。

我们的观点是，海德格尔已然截断了主体通过表征通达世界内的事物的路径，至少不承认表征是我们接触世界的首要方式。对他而言，认知是一种典型的主—客模式的关系行为，如果我们将认知视作"此在"基本的存在方式，便会陷入表征主义的窠臼，而他极力避免引入主体/客体的区分，避免心智的意向内容与客观世界相分离。对事物的表征不是主体掠取性地出走，之后带着它所赢得的战利品又重新回到内在性的意识容器里，即便是进行着表征活动的"此在"也依然"在外"，即在世界之中，这是

---

① 陈嘉映编著《存在与时间 读本》，广西师范大学出版社，2019，第64页。
② 魏屹东：《科学表征：从结构解析到语境建构》，科学出版社，2018，第116~131页。
③ 〔德〕马丁·海德格尔：《时间概念史导论》，欧东明译，商务印书馆，2016，第221页。

海德格尔最坚定的立场和观点。他举例说，"当我单纯表象起弗莱堡大教堂的时候，这并不意味着，大教堂仅仅以内在的方式现成可见地存在于表象行为之中，相反，这一单纯的表象行为在真正的和最为切合的意义上就是寓于存在者本身之中的"。① 换言之，表征不是由内而外地对对象的把捉，寓于存在者说明我们与之有着最为紧密的存在论联系，因为作为表征者的此在也是存在者，与作为被表征对象的存在者同样寓于世界中。"把捉正是奠基于让某物先行得见的基础之上"，② 被表征物是在"在世存在"这一框架的约束下被主体所"视"。"'仅仅地'表象存在者的存在联系……同我在原本字义上的把捉活动的情况下一样，我仍在世界中寓于外部存在者处。"③ 即使人们在单纯地表征着对象，也依然是与其他存在者一道存在于世界中，表征改变不了我们"在世存在"这一存在状况。在我们看来，"此在"在世界中的先行照面是表征过程得以产生和进行的基础，只有依凭"在世存在"去理解认知性的表征，才能准确地领会到后者是怎样作为"此在"在世的一种方式的。

我们看到，海德格尔似乎是把在世当作一种必要的情境性背景，认知表征的目的不在于获取关于对象的经验知识，而是"通过认识，在一向被揭示了的世界取得一种新的存在之地位"，④ 也就是一种新的存在之可能性。我们认为，任何表征形式都具有语境相关性这一特征，表征负载着内容，而内容的含义是根据语境加以确定的，离开语境谈论表征不能确定表征的意义。对于表征而言，语境是客观、实在的基底，表征因此是语境化的，"脱离语境的表征和认知是无根据的，也是不合理的"。⑤ 正因为"此在"与其他存在者都在世界中存在，二者才可能通过表征关联起来，⑥ 因而从这种意义上说，"在世存在"不仅没有取消表征，而且还是表征的语

---

① 〔德〕马丁·海德格尔：《时间概念史导论》，欧东明译，商务印书馆，2016，第223～224页。
② 〔德〕马丁·海德格尔：《时间概念史导论》，欧东明译，商务印书馆，2016，第224页。
③ 〔德〕马丁·海德格尔：《时间概念史导论》，欧东明译，商务印书馆，2016，第73页。
④ 谢地坤主编《西方哲学史（学术版）》第7卷上册，江苏人民出版社，2011，第73页。
⑤ 魏屹东：《科学表征：从结构解析到语境建构》，科学出版社，2018，第578页。
⑥ 上手的操劳活动可能更为源始，笔者无意否认这一点，但相比而言，表征是存在于人与世界之间更为普遍的一种关联方式。

境框架，只不过在海德格尔眼里，"在世存在"不可被概念化，它也是"此在"的生存活动。同时，语境伴随着人而存在，石头是"无世界"的，动物"贫乏于世"，人则"拥有世界"并"建构世界"，表征亦是人构造世界的一种方式，甚至是他的一种存在方式。

三 "此在"的"在世存在"是否反表征

我们认为，"此在"的"在世存在"这一生存特征与表征并非剑拔弩张的关系，"在世存在"需要且不能完全取消表征，抽离了"在世存在"的表征是不可言说的神秘之物。同样，剥离了表征的"在世存在"亦缺乏了内容，是形式的、空洞的概念。德雷福斯所谓无心的应对活动（mindless coping）和沉浸于手头的活动并未完全描绘关于"在世存在"的图像，熟练应对是直接通达对象本身之意义的一种方式，超然的理性只有在全神贯注的活动被打断时才会显现，这一观念也并没有涵盖人与其他实体相关联方式的所有方面。概言之，"在世存在"不是反表征的，主要原因有以下三点。

首先，海德格尔认为，人们作为"此在"，其日常在世的主要活动是与世界内的存在者打交道，"打交道"一词形象地道出了他本人自身持有的实践立场。他相信存在论现象学要关注的不是理论认知的对象，而是人在世界内的操劳活动显现的东西，后者比前者具有存在意义上的优先性。他说道，"现象学首先问的就是这种在操劳中照面的存在者的存在……它是被使用的东西、被制造的东西"。[1] 我们需要厘清的是，存在论现象学的真正目标是存在问题，纯粹的认知不可能切中存在。认知无非就是"此在"在－世界－中－存在的一种方式，更具体地讲，它还不是在－世界－中－存在的一种首要和根本的方式，而是奠基于在－世界－中－存在的一种存在方式，它在一种非认知行为的基础上才是可能的。[2] 这里的非认知行为就是海德格尔谓之的"源始的操劳"以及德雷福斯谓之的"沉浸应对"，即用锤子敲击钉子以及扭转门把手等活动。在我们看来，这些活动固然先

---

[1] 谢地坤主编《西方哲学史（学术版）》第7卷上册，江苏人民出版社，2011，第79页。
[2] 〔德〕马丁·海德格尔：《时间概念史导论》，欧东明译，商务印书馆，2016，第224页。

行于理论性的认知，但并没有过分地凸显出静观式的认知表征在切中对象时的无力感，表征仍然是必要甚至是必需的。主体—客体关系在事实上无可指摘，因为"此在"日常的非本己的存在方式决定了他是以认知表征的方式（也就是他所指的存在者状态）理解着世界中的事物。"人们恰好首先就是从世界的存在在一种认识行为面前的显现方式出发，去界定此在所处于其中的世界之存在的，就是说，人们正是根据在对于世界之认识面前显示出来的世界所具有的特定的客体属性而去界划世界的存在方式的。"①非表征模型固然可以解释我们应对世界的上手活动，但这样的活动并不仅仅包括打篮球、打网球，或者是用锤子敲击钉子，人们经常会遭遇现成在手状态，因而需要关于对象的表征。上手性的操作活动产生的实践知识（know-how）和默会知识（tacit knowledge）无法囊括人类知识的全部范围。表征是知识呈现的前提和必要条件，完全以无表征认知排除表征认知是不可取的，表征和非表征之间需要保持一种辩证的张力。②

其次，如果我们承认"在世存在"这一根基式的先在条件，那么它就在先地预设了一个世界，意图否定、排除这个世界的实体性和存在特征是不合理的，预先设定不是像基督教的创世说一样由某种超验之先在（比如上帝）创造的具有广延的存在者。海德格尔认为世界就是"此在"之存在所在的其间，这一"其间"所指的不是一种空间性的包容。如果世界被把捉为以上所指明的"之中－在"所属的其间，那么空间性的包容状态无论如何都不能构成世界的首要特性，③人是在与世界的实践交互过程中塑造、理解着自身，同时也塑造、理解着他所面对的对象世界。海德格尔主张这样的构造其本质是实践性的操用器物，"此在"借之开显出了世界，而我们要展示的是表征何以显现世界，它是我们面对和处理一系列关于认知问题的有效工具，虽然在海德格尔眼中可能并不重要。他认为"在世存在"表现的是人与世界相互依存的关系，是主体全身心地投入和专注于和世界的交互过程当中，主体与世界水乳交融、不分彼此。"此在"是完全投入

① 〔德〕马丁·海德格尔：《时间概念史导论》，欧东明译，商务印书馆，2016，第221页。
② 魏屹东：《科学表征：从结构解析到语境建构》，科学出版社，2018，第154页。
③ 〔德〕马丁·海德格尔：《时间概念史导论》，欧东明译，商务印书馆，2016，第229页。

世界的，它与世内存在者的源始存在关系不是外在的理论观察（认识）的关系，"此在"对世内存在者心领神会、了如指掌、没有距离，后者不是"此在"关系行为的外在对象，而就是它的一部分。① 这说明海德格尔意图打破人与世界之间惯常的认知模式。在我们看来，海德格尔可能是想把"此在"自身具有的抽象思维植根于对存在的理解和体验之中。根据惠勒的观点，海德格尔对"在世存在"的分析可以卓有成效地解释为一个经验性的假设，即认知不仅是大脑中的表征系统，而且是基于一个扩展的身体—脑—环境系统中复杂的因果交互。② 一般而言，人类心智通过身体的技能性和意向性活动与环境进行交互，并以这样的形式嵌入环境之中。这表明了主体与世界相互间熟练的、在线式的耦合，也就是能够以纯熟、自如的方式对情境作出反应，从而与他人以及所处环境实现互动而无须有意识的熟思、推理或筹划。③

　　在海德格尔和德雷福斯等反表征主义者看来，心理表征在解释熟练的技能活动时似乎显得多余且不必要。④ 例如当我在开车时，我只是无须进行程序式的、有意识的表征活动，不用过多关注执行具体操作任务的身体部分（控制离合器、刹车以及油门的脚以及拨动变速杆的手），然而，我的身体虽以恰当方式熟练地掌控着汽车，但仍然需要视觉图像表征和心理表征，也就是说，在驾驶过程中我必须密切关注可能的突发状况，比如，在衡量与周围其他车辆的间距时不能只靠身体的感觉，而需要视觉表征的介入。以驾驶为例，我们认为隐匿了表征从而凸显身体技能的"无心之境"并不贯穿于全部驾驶过程，严格来讲它只出现于靠无意识的直觉反应就可充分应对的平稳状态，表征并没有消弭，只是暂时隐入了背景之中。笔者认为，人与世界最为源始的接触依然需要表征，二者交互和碰撞的结

---

① 张汝伦：《〈存在与时间〉释义》上册，上海人民出版社，2014，第185页。

② Michael Wheeler, *Reconstructing the Cognitive World: The Next Step* (Cambridge: The MIT Press, 2005), p. 13.

③ E. Markus, "Schlosser Embodied Cognition and Temporally Extended Agency," *Synthese* 195 (2018): 2089–2112.

④ 严格意义上说，德雷福斯甚至海德格尔并不摒弃全部的表征活动，而是反对对表征作基础主义的解读。德雷福斯的基本解释立场是，作为人类智能的基础模式，我们的认知和感知活动是他所谓"沉浸应对"和海德格尔所谓"对存在之理解"的衍生。

果总归是产生关于世界的一连串认知结果。不需要概念和表征且完全依赖于身体应对的交互方式固然能够给予我们一种更平滑、更契合意向体验的行动流，但概念和表征是渗透于这种涉身性的沉浸应对中的，锤子等上手工具在被人们流畅地使用之前总是已经作为表象呈现于心智之中。我们对工具的熟知奠基于工具的上手性，但只有具备了关于工具的完备知识，理解了工具的何所用，我们才能顺利地操用它。

最后，"此在""在世存在"的许多活动并不都是德雷福斯所谓的"非命题的、非概念的、非理性的、非语言"的"无意识活动"，[①] 因为就连"在世存在"本身都可能不是非概念式的。海德格尔指出，在世界中存在的是"此在"，而"此在"向来是我所是的那种存在者。虽然海德格尔明确反对"主体"这一说法，意图用"此在"这个看起来更加温和、中性的术语加以替换，但是我们认为这一做法仍然未能阻止具有心智的"我"对在世的介入，即使我们在以熟练的实践形式与世界相融，"我"与我的心智仍然占据一定的地位。心智对世界的表征是自由的，原因可能在于普遍存在于主体中的人类理性，概念、图像、符号等表征形式和身体性的实践应对活动一样，是我们向世界敞开并揭示世界的重要方式。可表征的世界就是我们存在并生活于其中的世界，在海德格尔看来，表征的介入可能会导致主体与世界（情境）的分离，会把笛卡尔主义的幽灵重新带回到认知的领域当中，他强烈反对这种分离态度。然而，人类认知终须回归经验并依赖经验，我们的日常经验依然具有一定的解释效力，"因而当我们在研究认知或心智本身的时候，不考虑经验就显得站不住脚了，甚至是悖谬的"。[②] 它们产生自心理表征、知觉表征等一系列表征形式，故而我们认为，表征不是像胡塞尔那样随意加括号便可置而不论的，它是人和世界相勾连的重要通路和媒介。世界固然如布鲁克斯所言，是认知系统的最好模型，但若不能通过感知、表征等恰当的方式与人相关联，人类拥有世界这一观念也就无从谈起了。我们的认知总是借助表征把握、解释着世界，将

---

① 郁锋：《麦克道尔和德雷福斯论涉身性技能行动》，《哲学分析》2019年第3期，第4页。
② 〔智〕F. 瓦雷拉、〔加〕E. 汤普森、〔美〕E. 罗施：《具身心智：认知科学和人类经验》，李恒威等译，浙江大学出版社，2010，第11页。

表征看作一面静态的"世界之镜"只会忽略它的丰富细节。认知主体凭借表征生成、塑造着自己所处的周围世界，即便是将刺激视网膜的物体能量模式映射成视觉场景的视觉表征也是之于对象世界的某种主观解释，例如视觉欺骗试验，该试验表明人看到的内容与其自身希望看到的内容有关，也就是和人当下的心理状态相关联。另一个典型的例子是卡尼萨三角（Kanizsa Triangle）：一个白色的三角形似乎盖到了作为背景的黑边三角形之上，事实上并没有什么白色三角形，它只是由零散的线条和三个有缺口的圆构成的。该图形表明视觉并不是对世界简单的反映，而是对它的一种解释。① 心智在表征世界的同时也在生成着一个作为差别域的世界（a world as a domain of distinction），它与认知系统所具身的结构无法分离。②

总之，海德格尔标识的"在世存在"不是单纯的一系列对象、事件和过程的集合，它更像是产生经验的一个背景或场域，这样的背景和场域同我们的身体结构、行为和认知是无法分离的。"此在"的"在世存在"与他对事物的表征之间不是矛盾对立的关系，相反，前者是后者的背景条件，后者要在前者设定的框架内进行。我们想要去说明或描述任何对象，都要借助于表征这一工具来获取某物的表象并生成与之相关的信念，即使我们对世界的表征模型不能产生关于这个世界的好的描述，它也总可以告诉我们些什么，至少提供了某种解释。表征体现了人的自适应能力，它使我们能够以一种有效的方式（即便不是最有效的）应对周围世界中的事物和事件。从这种意义上讲，表征是人必然具有的能力，无论主体是"拥有"一个世界还是"面对"一个世界，它都不能剥离表征。海德格尔和伽达默尔等欧洲大陆哲学家的讨论表明认知是如何依赖于"在世存在"的，这种"在世存在"与我们的身体、与我们的具身性紧密相连，不可分离，而关于人的身体、具身性同"在世存在"之间的关联，海德格尔在《存在与时间》中也着墨甚少，这引起了其他哲学家相当的疑惑，我们接下来将论述这一问题。

① 〔美〕埃利泽·斯腾伯格：《神经的逻辑》，高天羽译，广西师范大学出版社，2018，第13页。
② 〔智〕F. 瓦雷拉、〔加〕E. 汤普森、〔美〕E. 罗施：《具身心智：认知科学和人类经验》，李恒威等译，浙江大学出版社，2010，第112页。

四 "在世存在"与身体

众所周知，在《存在与时间》中，关于"此在"的生存论分析匪夷所思地缺失了对身体现象的讨论，[①] 对此，海德格尔只是轻描淡写地谈道："此在在它的'肉体性'——这里准备不讨论'肉体性'本身包含的问题——中的空间化也是依循这些方向标明的。"[②] 对身体问题的视而不见在他关于"在世存在"的论述中也有体现，梅洛-庞蒂与新现象学因此认为，"在世存在"的一个重要缺陷在于忽略了身体的基础性意义，没有看到主体的在世是一种"切身"的状态。原因之一在于海德格尔对主体性的严格刻画在某种意义上使得"此在"丧失了身体维度，他对"此在"在世的生存论分析似乎是以超然的视角进行的一种直观分析，而我们也在前文指出，认知主体不可能脱离自身的背景和情境并对之进行理论上的观照。另一原因在于，海德格尔自始至终都标识着"此在"的在-世界-中-存在与现成之物的"处于世界之中"的存在论差别，强调"此在"不是以空间上具有广延的存在者的特征和状态伫立于世，从这一意义上讲，在-世界-中-存在似乎必然舍弃和排斥身体的切入（因为身体占据着空间），除非对身体概念予以改造，以作为身体性的"身体"取代作为躯体（具有广延）的"身体"。查尔斯·泰勒认为，我们经验或"生活"在世界上的方式本质上是一种有这种身体的主体的方式……要理解什么是"近在手边"，就必须理解什么是一个具有特定身体能力的主体。[③] 也就是说，主体的世界是依凭他的具身性加以塑造的，海德格尔在《存在与时间》中以上手状态表示人与周围事物的关系，世界通过用具器物的上手性而与我们相照面，他将注意力集中于工具本身是否称手，是否能流畅地进行应对活动，却忽略了"手"乃至整个身体的参与性。在我们看来，工具的应手性直接呈现为身体操作使

---

① 虽然海德格尔在1959~1969年于瑞士泽利康举办的一系列讲座中集中阐述了身体问题，但在很多人看来，没有阐述身体或具身性问题是《存在与时间》的一个失误，他的这一做法引发了包括萨特在内的很多学者的不满与批评。

② 谢地坤主编《西方哲学史（学术版）》第7卷上册，江苏人民出版社，2011，第126页。

③ 〔美〕查尔斯·吉尼翁《剑桥海德格尔研究指南》，李旭、张东锋译，北京师范大学出版社，2018，第224页。

用工具的某种顺畅感，而这种顺畅感是以主体的身体维度作为前提的，对于人工机器人而言则不存在如此这般的上手性，因为它缺失了人具有的身体感知形式，这是上手状态的隐含条件，只是可能被海德格尔忽略了。

由此，我们认为身体是在世存在一个必不可少的要素，主体并非以具有心灵结构的先验主体"骄傲地"在世，进而俯瞰着视域内可成为对象的事物，如此产生的一切经验、命题和知识难以满足内格尔界定的客观性——努力不是从内在于实际的某个地方看世界，或从一种特殊的生命、意识的有利位置看世界，而是不从任何特殊的处所与特殊的生活形式出发……由此达到一种对事物如它们真实所是那样的理解。[①] 在世存在似乎就是要实现这一目标，然而这可能只是一个美好的愿景，因为主体首先表现为身体这一存在样式，我们以作为身体（being a body）和拥有身体（having a body）这两种方式而在世界中存在，胡塞尔准确地将其划分为身体—躯体（Leib-Körper），前者是感知的主体，后者是感知的对象。我们作为鲜活的主体觉知、经验着世界，"正是我们的物质性使我们向世界敞开并受到它的影响"。[②] 海德格尔的观点是，"此在"在世必然会对世界和世界内的存在者有所交涉和领会，但这样的交涉与领会是基于"此在"的具身性（比如人具有前后左右的方向感正是因为自身的身体构造），我们不仅积极地导向世界（凭借触觉和视觉进行探索），而且会对我们通过视觉和触觉揭示的东西有所觉知。海德格尔认为，石头无世界（worldless），植物是贫乏于世（poverty in world）的，人作为"此在"则拥有世界。但就实现过程而言，"无心智的"石头和植物是开放的，并与世界相交织，而身体对人类心智的包裹性使后者将自己与周围世界相隔绝，故而人类心智并没有完全融入世界之中，相反，它必须积极寻求与世界之间的关联。事实上，世界只不过是我们的经验场，我们只不过是关于世界的某种视景，[③] 而这一论断的

① 〔美〕查尔斯·吉尼翁编《剑桥海德格尔研究指南》，李旭、张东锋译，北京师范大学出版社，2018，第228页。

② Maren Wehrle, "Being a Body and Having a Body. The Twofold Temporality of Embodied Intentionality," *Phenomenology and the Cognitive Sciences* 19（2020）：499–521.

③ 〔美〕赫伯特·施皮格伯格：《现象学运动》，王炳文、张金言译，商务印书馆，2016，第748页。

前提就是身体，是身体而非先验自我、纯粹意识使我们得以知觉并经验着世界以及其中的东西，我们也正是因为具有身体而获取了关于世界的有限图景。一言以蔽之，人之在世就是身体的在世，身体是在世存在这一整体结构的不可分割的方面，它在一定程度上确保了我们与世界之间的勾连不会断裂，与世界的接触不会停止。

从认知的角度来看，作为"此在"的我们是从身体的感觉能力出发面对着在世存在这一基本境况的，这可能是大多数人不能否认的一点，我与我的身体亦是一个不可分割的整体，这也是无法否认的事实。即便通过笛卡尔普遍怀疑的方法也仍然要面对心智与身体的关系问题，身体就像横亘在认知道路上的斯芬克斯①，喋喋不休地向我们发问，我们无法绕过它继续前行。"此在"作为一个鲜活的存在，一个离不开任何身体感觉能力的有机体，他离不开对对象物和所处环境的主观体验，更依赖于身体的知觉和运动能力，如果缺失了这些能力，"此在"便不能够进行敲钉子、打网球等流畅的上手活动，正如汤普森所言，"没有本体感受和肌肉运动的体验，很多正常的知觉和运动行为就不可能发生"。② 身体作为我们拥有世界的一般方式亦限定了我们自身的认知世界，身体的构造与功能给我们的认知能力限定了范围，划定了界限，不论是从感觉系统还是神经结构实现和理解人类认知，都呈现出认知的具身性特征。虽然，海德格尔不愿意将人（"此在"）理解为精神之心智与物质之身体的现成结合，将在世存在理解为这种现成存在者在范畴性的空间中的存在。他把在世存在理解为"此在"同世界中的存在者打交道或产生关联的种种方式，是一种意向的、实践性的活动。既然是实践活动，那么我们便仍然跳不出身体的圆圈，换言之，在世存在已经预设了身体的要素在其中了，"此在"的在世就是身心操劳的在世，是其"身体"的在世。

---

① 源于古埃及神话，也常见于西亚神话和古希腊神话，是一个坐在路边悬崖用谜语盘问过往路人的狮身人面的怪物，猜不中者便会被它吃掉，后来被俄狄浦斯所杀。

② 〔加〕埃文·汤普森：《生命中的心智：生物学、现象学和心智科学》，李恒威、李恒熙、徐燕译，浙江大学出版社，2013，第191页。

小 结

这一章节的主要任务和目的是梳理和厘清核心概念，这是我们继续研究的基石和重要环节。但需要注意而且在前文中早已提到的是：我们要明确区分海德格尔的存在论现象学和认知与心智科学的问题域，尝试将存在论现象学与认知科学相结合并不意味着研究目标的重叠。也就是说，存在问题不属于认知科学所要予以解答的问题域，同样的，海德格尔本人对于认识论问题的关注程度也远远不及人的存在问题。当然，这并不妨碍我们将海德格尔的哲学理解作为一种新的非笛卡尔式认知科学的哲学基础，原因就在于其和笛卡尔主义哲学的本质差异。海德格尔哲学的"此在"概念在某种意义上改变了我们对于智能主体的理解，他对"在世存在"的现象学描述也揭示出人类认知是与境遇相交互的这一本质特征，然而，我们并不准备照搬、复刻关键的核心概念，而是以一种批判性的方式对其进行审慎的考察。

首先，关于"此在"概念，我们主要从身体维度将之与认知科学哲学语境下的认知主体作了区分，第二代认知科学的诸多研究进路都表达了这一核心观念：认知的许多特征是具身的，是因为认知深深地依赖于主体的身体特征，身体是认知的限制者、认知过程的分配者以及认知活动的调节者。[①] 身体的重要性得到空前的提升，身体甚至成了认知的主要组分，但海德格尔对"此在"的论述似乎刻意缺失了对身体现象的关涉，而且在"此在"是否表现出"主体性"的问题上，海德格尔的描述也较为晦暗。当然在笔者看来，"此在"具有其身体维度、实践维度以及情境维度，它是具身的、有实践意蕴的、情境性的存在者，由于认知是"此在"在世的一种样式，故而认知主体也作为"此在"的一种样式而得以呈现。

其次，在澄清"世界"这一概念时，我们将其与背景/情境作了较为详细的分析。海德格尔区分了"世界"具有的四种意义，他要求从根本上

---

① 李建会等：《心灵的形式化及其挑战：认知科学的哲学》，中国社会科学出版社，2017，第 190～192 页。

将世界把握为非客体、非对象性的存在，并将以往人们认为世界固有的范畴意义的空间性予以排除，其意在于颠覆人与世界之间反思性的认知关系，不从一种外在、形式的意义上理解和描述世界，而就像德雷福斯所言，世界是人们浸没其中，时时刻刻受之渲染和影响的背景。也就是说，世界不仅是"此在"展开认知活动的寓所以及加以认识的东西，而且使得认知得以可能。

最后，"在世存在"作为海德格尔对认知科学最具影响力的创见，其重要性自然不言而喻，但这一概念仍然有为人诟病之处。海德格尔将身体排除在外，但同时他又反对"此在"以笛卡尔式的心智实体和胡塞尔式的"纯粹意识""先验主体"等这些形式"在世"，这样似乎与我们的日常经验相矛盾。梅洛－庞蒂正是因为看到了这一点才提出了自己的"朝向世界存在"概念，他重新把身体接纳进来并将其作为这一概念的重心，世界是经过人的感知知觉过滤后的世界，在世界中存在的是人的鲜活身体而非别的什么东西，身体的活动构成了人在世界中的在场。我们赞同梅洛－庞蒂恢复身体与世界的前反思性连接这一做法，两者之于"在世存在"的立场差异都表明人类存在具有本质的情境性特征，而且对主体"在世"的承诺并未取消表征存在的合理性，前者不是反表征的。此外，身体亦是人之"在世存在"的必不可少的要素，因为我们是以作为身体和拥有身体这两种方式在世界中生存和展开自身的，它确保了我们与世界之间的勾连和接触。

第三章　存在论认知的核心
论题分析

认知哲学作为研究人类思维的学科，关注的是"认知是什么""心智是什么"等元问题，目标在于着力厘清"认知"、"智能"以及"心智"等诸多核心概念。然而，随着以脑科学和神经科学为代表的认知科学的发展，对人类认知和心智本质的探讨呈现出"百花齐放、百家争鸣"的景象，这恰好反映出认知科学哲学没有形成库恩意义上的"范式"和统一的研究纲领，各种研究进路依旧在相互竞争，特别是关于认知是纯粹的心理表征，是基于符号的处理操作，还是心智与外部世界相互作用的结果的讨论。哈尼什将经典认知科学依据的基本假设总结为以下三点。[1]

（1）认知状态是具有心理内容的计算—心理表征的计算关系。

（2）认知过程是具有心理内容的计算—心理表征的计算操作。

（3）计算的结构和表征都是数字符号的。

人类的智能行为是由类似于数字计算机之运行方式的内在心理过程所引起的，也就是对符号或要素进行复制、组合、创建、清除、存储以及检索等操作。以传统观点来看，我们的思维和推理就是类似于这样的活动。对符号表征的建构、提取等能够解释诸如专家推理、逻辑演算等各种心理过程，有些激进的认知科学家所主张的涉及人类智能行为的心理过程，就是依据规则对符号表征进行具体操作，大脑的运行方式除此之外再无其他。在我们看来，这样的强认知主义立场虽然充分体现了对人类理性的尊

---

① 〔美〕R. M. 哈尼什：《心智、大脑与计算机：认知科学创立史导论》，王淼、李鹏鑫译，浙江大学出版社，2010，第171页。

重与敬意，但却忽略了对情境维度（包括历史与文化）的考量，忽略了认知是从生物世界中的有机体中生发出来的东西。之后的研究进路认识到了这一点，开始强调大脑、身体与世界之间实时的动态耦合，在认知行为的生成过程中赋予三者以平等的地位。这在很大程度上是受到了海德格尔存在论现象学的影响。我们认为海德格尔给予认知科学的重要启发在于，人们总是基于自身与世界亲熟的情境性来确定存在的意义，而这种意义并不是现成事实与规则给予的，主体在世界中的流畅行动与认知不是基于了解大量的事实与规则（这些规则与事实告诉我们应该如何应对不同情况），而是基于自身的兴趣与需求。前述对概念的界定与分析已经指明情境性是如何构成人存在结构的本质部分，以及情境性如何渗透到人类认知和实践的各个方面的。然而我们需要注意的是，海德格尔提供给认知科学的有益启发不仅仅在于他指出了人类主体的本质是一种情境式的而非嵌入式的属性，被广泛提及的"在世存在"作为第二代认知科学研究纲领吸收的核心观念不能全部涵盖海德格尔对认知科学的全部贡献，他对上手活动与应手活动的区分以及对因缘的讨论也值得我们作进一步的研究。这一章节的目的在于澄清海德格尔的存在论现象学之于认知科学的理论洞见并概括为具体的命题，揭示前者所产生的建设性作用。

第一节　以上手的动态认知取代静态的静观认知

通过阅读哲学史，我们可以看到，笛卡尔的理性主义在胡塞尔那里达到了真正的巅峰，世界的实在性在严格的现象学还原下"消失"了，世界本身成为先验自我的意向相关项，纯粹意识成为一个绝对自明的开端和基础，而"先验自我"和"纯粹意识"被视为绝对的存在。因此，在我们看来，笛卡尔的心身或心物二元论被胡塞尔的意识一元论取代了，后者宣扬了一种更加深刻和自由的主体性，在排除了前现象学、前反思的世界信念之后，胡塞尔在纯粹内在的意识领域将世界意向地重建，主体与客体之间的认知关系因而首先呈现为一种意向性关联。海德格尔承袭了胡塞尔的这种认识论描述，但拒绝接纳意识本身的先验特征，强调从人（此在）的生存维度理解实践和认知活动，强调对存在状况的本质理解。从这种意义上讲，海德格尔的存在论现象学似乎也在排斥胡塞尔所指的关于世界之自然态度的一般设定："世界"是客观的、物理性的，主体具有关于它的信念。客观是指世界由独立于主体经验的物质、属性、关系和事件构成，它的存在不以主体的意志为转移。借此摆脱主客二分的笛卡尔主义认识模式，即一种感官—表征—规划—行动的认知主义模式，① 重视认知主体与情境化和背景化了的世界的实时交互，海德格尔认为我们总是居于一个有意义的世界中，它给予我们行动的可能性，若要依照笛卡尔的认识论路线理解主体与客体，很可能会缺失对"此在"在世的存在论理解。"此在"在世的根本方式之一就是将自身置于一种"上手关系"中，即一个由工具、目的和世界共同构成的关系网络，② 使事物以上手存在的形式来与他照面。我们可以看到海德格尔发现了先于认知状态的行动本性，从而以一种动态的、原初的上手活动取代了静态的、瞪目式的静观认知。

一 静观认知以"计算"为特征

一门新的科学的诞生通常始于一个过于简化的自我概念（self-conception），这些概念的定义往往是否定式的，更多的是通过指涉它们所要取代的事物来进行定义，即通过它"不是什么"来确定自身所属的范畴和具有的概念内容，而不是通过对其新的主题本质的深刻理解来获得定义。③ 认知科学也不例外，它的出现源于对沃森和斯金纳的激进行为主义的回应，因此，认知一开始被设想为人类心智内部的信息处理过程，以某种方式超越了传统行为主义主张的条件反射。认知主义旨在以内部的表征状态为基础进行计算，从而解释和预测等具有复杂形式的高阶认知行为（如计划和推理）。然而，事实证明这样的认知解释并不充分，描述人类认知的计算草图遭遇了挑战，从严格意义上说，认知过程并不限于非动态的脑内的神经计算过程。相较于显性、动态的行动，大脑内的计算就是隐性、静态的，从某种意义上说是一种静观认知，它在很大程度上忽略了大脑、身体

---

① 刘晓力、孟伟：《认知科学前沿中的哲学问题》，金城出版社，2014，第 116 页。
② 韩连庆：《哲学与科学的短路——德雷福斯人工智能的批判》，《哲学分析》2017 年第 6 期。
③ Cameron Buckner Ellen Fridland, "What Is Cognition? Angsty Monism, Permissive Pluralism (s), and the Future of Cognitive Science," *Synthese* 194 (2017): 4191 –4195.

和环境之间错综复杂的交互形式，而人类认知的灵活性往往体现为这些互动。归根结底，问题在于认知的核心特征是什么，是计算还是海德格尔所谓以目标为导向的上手活动。

按照我们的理解，经典的认知主义（Classic Cognitivism）可以被看作一种静观式的认知形式，其核心主张是：心智基本上是一个在大脑内部操作符号（亚符号）表征的信息处理系统；认知本质上就是该系统的计算过程，人类认知主要是一种"离线"的"心理体操"（mental gymnastics）活动。[①] 这一活动与身体的联系并不紧密，认知与身体和外部世界的交互往往居于次要地位，离线的信息处理主要关涉内在的表征计算，它不受主体的身体和所处环境之特征的约束。静观认知的重心在于心智具有的诸多内部状态，主体的认知过程就是内部状态和环境中存在的一系列可能的外部状态之间的耦合、调节与映射，外部状态的变化与波动需要根据内部状态作功能主义的解释。认知主体以自身从经验活动中总结、抽象出来的一套形式系统和算法规则来揭示对象世界的意义，认知就是信息符号的操作加工，也是依据逻辑规则进行的心理状态转换。对于静观认知而言，它将心智的计算过程同主体外在的物理行动相关联，计算属于认知系统的内部状态，是对外部世界的符号化与形式化过程。主体的主要认知路径是瞠目式的，他只将大脑作为唯一的认知器官，而忽略了脑外的身体部分。总体来看，认知主义和联结主义等形式的静观认知遵循的是自上而下、由内而外的途径：从自上而下的意义来说，其模拟的智能核心始终是人的大脑，不论是作为整体的中枢系统还是大脑内部的神经元活动，大脑始终作为人类认知和智能活动的唯一基础和载体被模拟和建构，认知是依托符号表征进行的基于规则的计算活动；从由内而外的意义来看，认知主体总是从自己内在具有的信念出发去推测和构造关于外部世界的观念、判断与评价，换言之，他只需要考虑自己的心智状态，这可能是笛卡尔的"我思故我在"包含的另一层内容。概言之，静观认知是一种秉持内在主义和大脑中心立场的认知形式，人们主要不是以身体（比如海德格尔所谓的"手"）认知

---

① Leon C. de Bruin, Lena Kästner, "Dynamic Embodied Cognition," *Phenomenology and the Cognitive Science* 11（2012）：542.

世界，而是依赖以概念、范畴、规则为主的推理形式反映世界，计算是其特征。相较而言，海德格尔提出的上手活动处于一种以动态方式关联世界的向度，不是计算性的，而是实践性的，"上手操用"是其特征。

二　动态认知以"上手操用"为特征

如何超越经典、传统的认知主义和联结主义的认知范式，新的认知科学研究进路从海德格尔哲学那里获得了重要的思想启发，后者对于传统笛卡尔认识论的批判以及"此在"生存结构的分析为人们提供了有效的理论洞见。

在人与事物、环境的关系方面，海德格尔赋予了上手状态以新的原初地位（同时我们也应该注意，海德格尔对行动的过分专注可能有滑入行为主义的风险），他特别强调这一状态在解释"此在"生存方式上的优先性，强调用具的情境式使用在某种意义上先于对事物的纯粹观看，而且被使用所绽露的东西在存在论上比由超然沉思所绽露的带有确定的、无背景的属性的实体更加根本。① 也就是说，理性的沉思所生成的认知经验与语境是无关涉的，是一种去情境化的，与行动保持中立的观念，意义是内生的，是主体通过自身具有的心智内容与客体相关联的产物。海德格尔认为以这样的传统模式进行认识论的阐述并不恰切，这和"此在"在世的存在状况并不相容，他是将主体与客体纳入"在世存在"的框架中予以理解的，"此在"的在世不是占有空间的世界包围着"此在"，后者在其中生存着，也就是不能从存在者的层次看待和描述"此在"在世的存在状态。因此，我们不能理所当然地把对认知客体的主体的传统阐述当作我们对在世的研究的基础。②

在海德格尔看来，破除笛卡尔主义迷雾的钥匙就隐藏在我们日常的操劳应对活动中，通过用具的使用而把捉到的东西与世界本身更具有亲缘性，有可能弥合笛卡尔制造的外在之物与内在之心智现象之间的鸿沟，纯

---

① 〔美〕休伯特·德雷福斯：《在世：评海德格尔的〈存在与时间〉第一篇》，朱松峰译，浙江大学出版社，2018，第74页。

② 〔美〕休伯特·德雷福斯：《在世：评海德格尔的〈存在与时间〉第一篇》，朱松峰译，浙江大学出版社，2018，第75页。

粹的知觉认知很难切近对象本身，操作事物并使用它们的操劳活动才是正确的通达其本身的方式。① 也就是说，出现在心智面前或在其中呈现的不是"纯粹的事物"，胡塞尔认为我们应该关注事物显现于我们的模式或方式。海德格尔在某种程度上遵循着他老师的现象学还原方法，也就是从对事物的反思和审慎的沉浸中退回，事物仍在我们面前，不过是更换了一个新的观察角度，即严格按照如其所是的体验去观察事物，这样的体验就是流畅、无障碍地使用用具。依照他的观点，如果我们只把对象当作单纯的物来理解，就会错失或掩盖它本身可能涉及的"此在"的操劳现象，"沿着当下给定的"物去追问，得到的是一连串诸如质量、颜色、密度以及是否易燃等物理化学性质，而这些性质完全没有涉及在操劳之际照面的事物的现象性质。②

也就是说，对象物的用具性质并不顺适于专题式的认知活动，对用具的纯粹凝视和观察不是最恰当的了解方式，只有在使用它的操劳活动中，才能使用具是其所是的属性显现出来，也只有在这时主体与工具的源始关联才会出现，也就是海德格尔所言指的上手的存在方式。这才是用具的"自在"，对摆在眼前的东西的静观，无论多么敏锐，都不能揭示上手的东西，"理论考察"缺乏对上手状态的领会。③

然而，我们需要注意的是，随着科学技术的发展和进步，本来由人的身体承担的实践已经可以由身体之外的技术工具或系统加以实施，一种新的延展实践应运而生。这种实践活动在某种程度上已无须上手，身体的活动转变为体外延展系统的活动。或者是人基于计算机的"指控"，即通过手指敲击计算机，向其输出自己的实践意念，从而控制延展系统工具的运作；或者是人的实践意念通过脑机接口实现对计算机和机器的控制。两者

---

① 康德早已为我们指出了这一点，人的认知所能达到的只是"自在之物"刺激我们的感官而产生的感觉表象，我们清晰地看到的是物作用到心智本身而内在生成的东西，这种镜像式的认知模式很容易遭受这样的质疑。事物在实践中才能获得最为通透的显现，恩格斯也表达了类似的观点：既然我们能够自己制造出某一自然过程，使它按它的产生条件产生出来，并使它为我们的目的服务，从而证明我们对这一过程的理解是正确的，那么康德的不可捉摸的"自在之物"便消解了。
② 陈嘉映编著《存在与时间 读本》，广西师范大学出版社，2019，第64页。
③ 陈嘉映编著《存在与时间 读本》，广西师范大学出版社，2019，第65页。

的共性是，人所承担的职能都是信息控制而非直接的物质变换操作。① 从某种意义上说，海德格尔与德雷福斯所讲的上手活动似乎可以被延展的实践形式所消解，大脑或心智中的信念在这一特殊的实践形式中占据了主导的控制地位，人与用具的关系发生了变化，需要予以重新界定，这样便引发了关于上手状态的新的哲学思考。

在我们看来，即便使用锤子敲击钉子的活动再流畅，人也是处于被用具所束缚的不自由状态，而新的延展实践形式使人与用具之间增添了许多中间环节，对用具的具身性的上手操作转变为人仅需凭借信息的输出就可完成的实践活动。海德格尔喜欢用锤子敲击钉子的例子来阐明上手性为何是源始的，他所讲的用具的上手状态物理性地依赖于人的身体，而发达的技术使得我们如今无须身体力行地用锤子来敲击钉子，锤击活动全然可以脱离人的手进行，与人照面的不再是一种动态的实践性关联，而是一种静态的信息性关联。特别是在脑控型的延展实践中，外在行为完全由内在的信息行为所取代。② 也就是说，大脑内部的心智表征和信念系统已然先在地导引着行动，我们仿佛看到被海德格尔以上手状态驱逐出去的笛卡尔主义幽灵又借着新的形式复归，他认为对用具的瞠目凝视越少，我们对用具的理解也就越得要领。但正如前述所言，海德格尔所指的上手活动具有被心智内的实践信念取代的风险和可能性，他认为用具在被人们操作和使用的过程中变得通透了，有某种要"消失"的倾向。以盲人为例，他在平静地触摸自己的手杖时会觉知到一连串属性，比如手杖的重量、质感以及长短等，但当盲人拄着手杖行走时，他便失去了关于手杖本身的意识，他只是意识到手杖与路面的接触点，甚至连这个都不会意识到，而仅仅意识到自如的行走以及遭遇到的事物。根据塞尔的理解，海德格尔意欲表明人们日常打交道的活动拒斥自我指涉的心智状态，行动是无心智参与的、流畅的行为。延展实践对"知行合一"的可能实现说明主体内部的心智状态有着之于行动的优先性，我们甚至可以大胆地推断，海德格尔赋予上手活动以源始地位的论断是有问题的。"脱手"状态意味着人不再亲密无间地占

---

① 肖峰：《作为哲学范畴的延展实践》，《中国社会科学》2017 年第 12 期，第 33 页。
② 肖峰：《作为哲学范畴的延展实践》，《中国社会科学》2017 年第 12 期，第 38 页。

有用具，用具用以揭示自身的存在而产生的实践之知随着人工运动和过程的延伸而消逝了。人们关注的不再是锤子之类的用具是否称手，因为新的延展实践系统比人手更有效率，锤子等用具从根本上看是没有上手的，也无须上手。因而人们从一开始面对的便是现成存在的东西，一开始关注的便是自身"观念世界"的虚拟运动何以有效地呈现为现实世界的"实在过程"。

我们想要表明的是，在大多数情况下，一种熟练的、非表征的、技能化的应对活动与身体密切相关，人通过身体认知世界。海德格尔认为，认知活动只有用具在使用中发生故障或活动中断时才会显现，这一论断的前提在于用具与人之间的直接的上手性关联，也就是人以身体为中介操作用具展开实践活动，这类实践仍然属于传统的实践操作类型。德雷福斯所谓的技能性应对（skillful coping）是经过无数次训练后肢体（主要是手）与大脑的耦合，新的延展实践则不再体现人脑与人手的耦合，而是人脑与工具的耦合，大脑将延展的工具有机地融合到自己的意念操作过程中。[1] 故而，不管对用具的使用是否顺畅，都会牵涉到某种心智状态，整个实践似乎都处于大脑内部并受到心智状态的驱动。从这种意义上来说，以上手的熟练应对取代自我的心智过程是不成功的，至少在新的延展实践语境下，大脑内的状态要比外在的行为显现更为源始和在先。

三　"手"与"脑"：上手活动的创造性

在我们看来，海德格尔指出的上手活动可以被视为一种包含认知、创造性以及身体操作在内的人类活动，既包括德雷福斯所指的熟练、技能性的应对活动，又包括亚里士多德意义上的将"形式"赋予"质料"的创造性活动。创造力不是一种只在人类大脑中进行的认知行为，头脑中的创造不能与人的身体活动相分离，也就是说，创造力不止于概念空间的映射、探索和转换，从而产生出从未有过的新奇观念，以及各种现有观念的重新组合，我们还应当将身体（手）的熟练活动考虑在内。以珠宝的设计和制造为例，设计过程中大脑中呈现的分析行为与手头的材料加工之间存在着

---

① 肖峰：《作为哲学范畴的延展实践》，《中国社会科学》2017 年第 12 期，第 49 页。

持续的相互作用，从切割和镶嵌宝石到穿刺和切割金属，再到铸造金属和制造成品，都包含着珠宝设计者的设计理念和构思，上到手头的加工活动不是紧跟认知行为或是由之衍生而出的。虽然珠宝设计师在产品投入生产之前会思考和勾勒设计理念，但是设计和制造活动之间的界限却较为模糊，也就是说，创造力不是始于人脑中的某种意向，然后通过行动加以实现。设计师在敲击宝石时，宝石的相关信息并不由大脑予以表征和处理，以形成设计师自身意向立场的表征内容。相反，宝石和设计师的身体一样，属于其意向中不可缺少的部分，设计师不是简单地对宝石这样的人工制品施加外观或构造方面的影响，而是积极地与它们进行交互。在我们看来，海德格尔所谓的上手活动是一种具有双重维度的复杂现象，不能被简单地归为使用或操作器具的熟练实践，我们不能将使用用具的身体行动与可能具有创造力的认知行为分割开来。上手活动所体现的具身关系不仅是一种行动样式，同时也是一种认知样式，经验与实践使得我们能够有效预测手边活动的变化，并通过合理的方式（比如改变和更换使用的器具）加以应对。

大部分研究者都将人类活动视为一种动态系统，他们基于该事实判断：这一活动是具身的并且牵涉身体行为。在海德格尔眼中，在日常生活中人首先是作为实践主体与自身、他物以及他人打交道的，同时，实践也不是无知的。① 此外，我们也提到上手活动不能被视为单纯的身体实践行为，它是包含"手"与"脑"在内的动态系统，创造力不是为大脑独有的专属产品，我们需要排除旧有的观念，即"创造力是认知活动的一个本质特征"，身体活动也能展现出人的创造力。从某种意义上说，珠宝加工是一种具有"反思性"特征的实践形式，创造性行动与身体行动是分不开的，二者缠结着并相互影响。熟练的工匠不仅需要在加工过程中应对材料的状态，而且要应对材料可能出现的异常情况。从某种意义上说，材料的状态转变是通过工具实现的，但是工匠在加工过程的某些节点仍有可能对不同的锻造路径作出决策，而这些决策点正是工匠展现其创造力的要点。同时我们看到，基于工匠对珠宝加工过程中的问题解决，上手活动的创造

---

① 陈勇：《海德格尔的实践知识论研究》，人民出版社，2021，第171页。

性也表现为对不断变化的情境特征的循序反应，不是按照预先设定的路径来确定解决问题的方案。这种上手活动从另一方面体现了海德格尔对情境性的强调与关注，人的上手活动是对包括情境在内的不同约束条件的适应性反应，从对环境的约束反应到对身体的运动技能的反应，到关于对象状态变化的知觉和认知上的反应，也就是说，上手活动作为"手"与"脑"的动态系统，体现的是一种情境性认知的立场。

第二节　以情境性认知取代离身性认知

熟悉心灵哲学与认知哲学的人都知道，笛卡尔在形而上学层面将心智与身体分离开来，把前者的本质归于思维，后者的本质归于广延。他的哲学体系被这一条鸿沟深深地割裂了：一方面是离身的心智，另一方面是囊括身体的物理世界。笛卡尔说道："我的本质就在于我是一个在思维的东西，或者就在于我是一个实体，这个实体的全部本质或本性就是思维。而且，虽然也许（或者不如说的确，像我将要说的那样）我有一个肉体，我和它非常紧密地结合在一起；不过，因为一方面我对我自己有一个清楚、分明的观念，即我只是一个在思维的东西而没有广延，而另一方面，我对于肉体有一个分明的观念，即它只是一个有广延的东西而不能思维，所以肯定的是：这个我，也就是说我的灵魂，也就是说我之所以为我的那个东西，是完全、真正跟我的肉体有分别的，灵魂可以没有肉体而存在。"[1] 笛卡尔区分了主体与客体并首先指明了"我"作为精神实体存在的真实性，他克服了怀疑主义和相对主义对主体认知可能造成的威胁。有了对主体的肯定和主体认知自我存在能力的肯定，就有了衡量客体存在知识的标尺，知识确定性因此有了立足的根据，主体对客体在认知上的把握，由此成为可能。[2]"我思故我在"与普罗泰戈拉之"人是万物的尺度"这一命题遥相呼应，万物皆需置于主体面前予以审视，保证关于客体的知识具有客观性这一繁重任务也落在了主体之理性的肩上，而如今，以认知主义和联结

---

① 〔法〕笛卡尔：《第一哲学沉思集》，庞景仁译，商务印书馆，2017，第85页。
② 殷鼎：《理解的命运》，三联书店，1988，第18页。

主义为代表的离身性认知继承了这一趋向，从以理性统摄对象的哲学思辨转换为以计算隐喻为核心的自上而下的认知模拟。

一　离身性认知对身体和情境的忽略

为了解释人的认知与智能活动，笛卡尔一次又一次地容忍心智与世界之间的因果交互，这让他画下的红线变得形同虚设。纵然笛卡尔对心—身、主—客的二元区分自产生之日起便遭到诸多批评，但他无疑确立了影响至今的认知范式，① 该范式甚至影响到了如今的计算机科学。一直以来，认知科学都是以电子计算机作为其研究和效仿的理想模型，人类的思维、推理和决策等高阶认知形式在本质上类似于计算机程序的运行过程，即构造许多可被解释、组合且赋予意义的要素与符号，在其基础上进行复制、存储以及检索等操作，早期的认知科学家认为这是人的高阶认知过程万变不离其宗的本质形式。有些强立场甚至认为我们心智的活动方式仅此无他，生成人类智能行动的心理过程是，存取已有的符号表征建立新的表征，在提取的表征基础上按照规则执行操作。由于计算机可以完美地执行这一过程，因此有人认为计算机具备实现认知的所有必要成分，而认知则是产生智能行为的充分条件，这也为关于人工智能的争论埋下了伏笔。

在我们看来，该主张预设了认知是一种机制化的过程，完全意义上的符号处理与加工能够产生智能化的理性行动，从中我们可以看到，情境并未被纳入这一机制过程，大脑承担着近乎繁重的任务，它已成为按照既定的逻辑规则处理和运算符号的一种信息处理装置。正如计算机的软件程序与其硬件设备是可以分离的一样，心智的内容独立于人的身体和所处的情境，"身体只不过是一个恰巧适合于运行程序的载体而已"，② 对于离身性认知来说，实现认知和智能现象的工具或载体似乎并不重要，因为前者可以从计算系统或程序中涌现出来，是独立于身体和环境的封闭性活动，不

---

① 笛卡尔赋予主客二分以认识论的优先地位反映了人们关于智能主体的某种常识性理解，不论哪种语言都有表示主体的语词，如中文的"我"、英文的"I"、德文的"ich"，主体的烙印深深地印在语言当中。

② 唐佩佩、叶浩生：《作为主体的身体：从无身认知到具身认知》，《心理研究》2012年第3期，第3页。

在这一涌现机制内的身体和环境要素自然不会对人类的认知和心智构成影响。人类认知的计算隐喻将人的身体看作输入、加工和输出信息的载体，身体的物质构成（不论是碳基还是硅基形式）不是理解认知和智能的必要条件。既然认知过程与人的身体结构是相割裂的，而人的身体与世界之间存在即时、有效和丰富形式的互动，那么离身性认知在切断与身体关联的同时也等于截断了心智与更广泛的社会、文化和历史传统的通路，因而离身性认知也是非情境化的认知形式，从这种意义上说，人的认知和知觉能力独立于世界/情境中事物的属性，它通过抽象和普遍的概念思维与之产生联系，而不直接受到其作用。

严格来说，关于离身性认知的讨论可以区分为以下三个问题：①是否存在离身的意识？②是否存在离身的心智？③是否存在离身的个体？[①] 第一个问题关系到我们的经验或心理事件有无可能在身体之外的任何物质基础上生成，比如某种离身的疼痛感。如果我们能够理解离身经验的具体观念，那么有无可能为汇集这些经验提供一个有效的基础，也就是构成某一离身的心智存在。如果我们理解了离身心智的概念，那么离身的心智是否可以被视作一个独立的个体，比如科幻小说中描述的赛博格。如今，新出现的脑机接口（Brain-Computer Interfaces，BCI）技术将人的心智与机器运作相连接，它以人的神经元信号作为输入信息，将其进行处理和转换之后作为输出信息来控制设备和工具。BCI 系统通过头皮、表层皮质或者直接植入皮质组织中的电极记录脑电活动，随后，信号被放大和数字化，相关的信号特征被提取出来进行计算处理，并转换为可以控制应用程序或外部设备的命令。[②] 从本质上说，在脑机接口的背景下，人的大脑通过计算机而非身体来影响外部世界，更抽象地说，BCI 提供了人类与计算机进行互动的一种新的方式，并通过该方式与更为广泛的物理和社会环境互动，其特点是通过思维或神经心理过程间接地改变外在世界，而无须身体本身的行动。在一定程度上，BCI 超出了对身体行动的需要，从而以一种独特的

①　Steinberg Jesse, Steinberg Alan, "Disembodied Minds and the Problem of Identification and Individuation," *Philosophia* 35 (2007): 75–93.

②　Steffen Steinert, Christoph Bublitz, "Doing Things with Thoughts: Brain-Computer Interfaces and Disembodied Agency," *Philosophy and Technology* 32 (2019): 457–482.

方式影响着世界，身体的静止和无为状态有可能给世界留下明显的痕迹。常识是，人类影响世界的每一种手段和方式都需要其移动身体的外壳，即便只是轻微的动作，比如眨眼或说话时嘴唇的闭合。BCI 的出现使得人们仅凭"思想"就可以"做事"，即使缺少身体作为中介，它创造了不同于中枢神经系统的新的通路，绕过了身体的肌肉系统，抽象而言，BCI 恰恰体现出了离身性这一重要的特征。

目前看来，虽然认知科学领域内产生的新模型，即基于情境性、具身性、生成性以及延展性的第二代认知研究纲领都在针对认知的离身性作出批判，但我们需要看到的是，BCI 除了治疗那些缺失某些肢体和感官功能的人群，还有可能进一步增强健康的人的感知和行动能力，延展和提升人类大脑中思维的驱动力，使"意念控制"成为现实。从某种意义上说，BCI 对于思维的实践性赋能反而强化了认知的离身性，因为大脑的认知官能可以与外在的认知工具进行直接性的交互，认知过程变得愈来愈不依赖生物学意义上的身体。脑内的认知信念和外部机器之间动态的"耦合"与"协同"强化了认知的离身立场，同时也给批判离身性认知的理论带来了新的挑战和思考。然而，我们要认识到，BCI 对于离身性的支持虽在一定程度上挑战了具身性立场，但仍无法对认知的情境性立场构成冲击和威胁，原因在于，人们头脑中包含的信念来源于自身浸没着的由文化、社会与历史等要素构成的情境，如果没有情境要素的影响，大脑自身恐怕很难产生信念内容，即便产生也是空洞、盲目的。BCI 使人们进一步体验到"脑"的作用，真切地感受到了"我做的一切都是靠脑来完成的"，感受到了大脑所起的重要作用与功能，① 客观上达到了认知强化的效果。在身体不动或者不考虑身体因素的情况下，这一特殊的认知形式强调的是大脑、与大脑相连的机器和世界在线的动态耦合，将大脑的认知负荷卸载到世界中，从而使后者承担了某些认知任务（但是早先只承认世界的影响和作用是辅助性的）。认知产生的来源不是单一的，离身认知完全忽略了有机体与世界契合的情况下生成认知行为的可能性（这种离身性的认知形式只适用于计算机或赛博格式的机器），同时，将认知和心智局限于个体的颅骨

---

① 肖峰：《脑机接口与认识主体新进化》，《求索》2022 年第 4 期.

和体肤之内的观念缺乏对历史与文化情境的考量。概言之，情境在产生认知的过程中具有和大脑以及身体同样重要的作用。

二 "在世存在"就是一种情境化认知

海德格尔的"在世存在"（Being-in-the-world）告诉我们，人类发现自身往往处于熟悉的情境中，能够知晓自己应该以何种方式正确处理遇到的问题。因此，情境以及情境中的要素是有意义的，它使我们得以明晰可以采取的应对方式，拥有恰当的方式不在于了解大量的事实与规则（这些事实与规则告诉人们应该如何有效地处理和应对面临的各种情况），在于把握情境自身开显出来的诸多可能性。理解了可能性就是理解了意义，而意义就是看到不同情境以及情境内各要素之间的联系。然而，传统认知科学的核心概念——"表征"是剥离了语境（context-independent）的结构，认知主体和被表征的对象是完全不同的两个实体。世界是物理的实在，主体具有与之相关的信念，只有在主体内在的心智状态与外在世界的状态相契合的情况下，他才能获得关于客观实在的印象、观念以及知识。如此看来，通过内在表征认识世界成为我们通达它的唯一进路，表征就像从主体这座灯塔发出的光束，以驱散情境中无意义的黑暗，对象的意义是人通过表征的方式赋予的。但在海德格尔看来，我们始终是生存于有意义世界中的情境性存在，人在世界中与他照面的诸多情境中行动着、筹划着，筹划和行动的目的是使我们更好地生存。沿着笛卡尔主义进路考察主客关系忽略了我们作为"此在"存在于世的既有事实，我们会自然而然地认为人是在物理对象的世界之外并努力获得关于这一世界的认识，会在主体和客体之间画一道形而上学意义上的"楚河汉界"，将两者划分为完全不同的实体，[①] 这恰恰是海德格尔要竭力摆脱的"阴影"。

通过对人类日常生存的现象学分析，海德格尔发现，人们在大多数情况下是以上手和不上手两种模式来应对与之照面的事物的，以往的哲学传统总是将目光集中于客观真理。从巴门尼德区分"真理之路"与"意见之

---

① Julian Kiverstein, Michael Wheeler (eds.), *Heidegger and Cognitive Science* (New York: Palgrave Macmillan, 2012), p. 6.

路"开始，到近代经验论和唯理论关于认识的标准以及来源的论争，再到康德提出的先天综合判断等，都是在追求普遍必然的真理，至少也是在确定衡量客观真理的某些准则。哲学家们蜂拥而至，不辞辛劳地在这片领域忙碌着，一心想着挖掘出"真理"的宝藏，以致他们无暇顾及甚至忽略了周围的事物以及日常面对的诸多情境。此外，科学的认知方式也是追求客观知识的典型例子，我们在探究某一对象时总是习惯于将之从所处的背景中截取出来，并将注意力集中于对象自身各种确定的、可量化的属性，在海德格尔看来，这种现成在手的认知方式只是人类与世界照面的诸多途径之一，① 但体现不出人在世界中的生存活动。在世（being-in-the-world）的英文介词是 in，德雷福斯认为 in 有两层含义，一层是我们日常理解的空间上的意义（如"甲虫在盒子中"），另一层是生存论上的意义［如参军（in the army）、恋爱（in love）］，前者表示包含，后者表示因缘。② 因缘意味着我们所处的是一个相互交织的关系网络，情境不是以一个整体向我们呈现（情境中的事物也并非单独存在着，而是彼此相互影响），并通过我们忙碌于事物展现出来。也就是说，它不是认识论意义上的一个单纯的认知对象，而是支撑着智能体的生存活动，人的认知活动不是纯粹理性的，因为这仍然是在现成存在的意义上理解人，理解"此在"，而海德格尔认为"此在"先行沉浸于对存在的理解当中，"此在"向来对存在有所领会，德雷福斯则把"此在"对存在的领会称为"背景"。

　　无论是情境、背景抑或是语境，对人类而言都是其遭遇事实、言说话语和解决问题时所处的环境，共同的特征在于不能由规则来定义，或者予以形式化和符号化处理。情境性是人类认知和心理过程的基本特征，对人而言，任何符号、任务以及事实从不会孤立地出现，即便是现代人难以识别的符号，比如古埃及、古苏美尔人留下的神秘文字符号也不是孤立的，只是人们尚未弄清其背后隐藏的意义联系而已。意义、规则、信息、表征

---

① 认知科学要想谋求契合于海德格尔的思想，那么它就应该尽可能避免海德格尔所指出的哲学传统的错误，舍弃现成在手方式在理解世界和我们自身时的优先地位，我们与世界照面的途径是多样的。

② H. L. Dreyfus, *Being-in-the-world: A Commentary on Heidegger's Being and Time, Division I* (Cambridge: The MIT Press, 1991), p. 43.

或知识也不是固定的，只是以恰当的方式 X 附着在给定的符号上面而已，是否"恰当"则基于当下的情境。强调情境在认知过程中的作用表明海德格尔是在以自下而上的方式看待智能，与之相反，笛卡尔描述智能的方式则是自上而下的。在我们看来，自上而下的进路彰显了人们先前寄托于理性的殷切愿景，认为理性绝缘于外在世界，认知无须环境的支撑，人类理性仅凭自身就可以产生具有确定性的认知结果。事实证明，理性的功能与作用被过分地夸大和高估了，虽然人类理性擅长于推理、思维等高阶的离线认知活动，感性只是负责知觉等低阶的在线认知，但情境对头脑中的信息加工亦具有影响力。从进化论的角度看，人类的进化和成长是自身不断适应自然环境的结果，社会和文化的形成反过来又成为人类认知能力进步的加速器。我们深深地依赖自己所创造的文化，这种依赖性拓展至各种符号表征和思想。孤立于社会之外的个体不可能发展出语言或任何形式的符号思想，也不可能拥有任何一种真正符号。事实上，孤立的人脑不会像一个符号化的器官一样工作，它与猩猩的脑没有多大区别。很显然，它无法凭借自身产生出符号表征。只能通过强有力的文化适应才能做到这一点。①

我们可以看到，关于人类认知抑或智能，无论是对哪种现象的考察，情境都不能缺席，逻辑的、抽象化的描述方式不足以完全刻画认知过程的实质内容，即便它足够深刻。在我们看来，人的智能和认知并不完全体现为程序性、明晰性以及确定性，不等同于计算机需要利用规则加工信息，它可能更多是人类理性经过"抽丝剥茧"处理后的结果，是"哲学成为科学"这一古老传统的延续（尤其是自近代以来）。认知的目的在于获得确定的意义，但意义的确定性不是由对象单独呈现，而是在对象所处情境中涌现出来的，事物正是在渗透着人类活动的情境中获得其意义的。德雷福斯拒绝对情境作任何形式上的处理，他认为人对情境的理解是含混的，意欲在某种"模型结构"之中无意识地、明晰地表达关于情境的事实，这样的努力只是一种虚假的"本体论假设"，我们之所以把一个事物当作一把

---

① 〔加〕埃文·汤普森：《生命中的心智：生物学、现象学和心智科学》，李恒威、李恒熙、徐燕译，浙江大学出版社，2013，第338页。

椅子识别了出来，其含义是理解了它同其他事物以及人之间的关系。① 情境不可能在一种产生批判之距离的反思中完全把握住并予以客观化，它是模糊的，我们只会把意向投射到我们所关注的事物上，一个具有明晰性、确定性并且可控的世界只是柏拉图的理念，是充满了乐观主义的假设。正如德雷福斯所言，情境不等同于一种物理状态，"情境的类型不可能与物理状态的类型相同"，② 后者可以被精确量化，被抽象为一群能够按照规则加以组合的独立元素，是可以被形式化的函数表达式。然而，从严格的意义上说，情境并不局限于物理状态，它包括了文化、社会、历史传统以及身体、环境等诸多要素，体现了要素间的内在关联性。海德格尔虽然指出"在世存在"是人类认知活动的根本模式，但需要厘清的是，认知主体嵌入的不是纯粹的物理世界，而是充斥着实践和习俗的社会文化世界，我们在对这个世界有所认识之前便已经浸没在文化传统之中，文化可以视为终极意义上的情境，人的认知能力正是在情境中不断得到增强。③ 认知的情境性凸显出认知主体自身与情境的密切关联，虽然海德格尔明确反对"认知主体"这一提法并以带有些许神秘色彩的"此在"代替，但他已经预设了他眼中原初的认知主体——"此在"是情境性的，他的这一看法使我们得以对智能主体有了全新的理解与认识，甚至实现了某种转换。

三　存在论现象学语境下情境的多维度性

然而，将情境引入对认知和心智的解释可能会使我们遇到以下问题，即面对居于不同情境中的认知主体以及动物，比如托马斯·内格尔所举的蝙蝠，我们应该如何理解不同主体具有的心理内容，或者动物的具体情况呢？更进一步说，我们应该如何认识居于世界不同维度中的事物或对象？

---

① 〔美〕休伯特·德雷福斯：《计算机不能做什么——人工智能的极限》，宁春岩译，三联书店，1986，第218页。

② 〔美〕休伯特·德雷福斯：《计算机不能做什么——人工智能的极限》，宁春岩译，三联书店，1986，第222页。

③ 计算机应对的是状态而非情境，它只能处理数量有限的状态，然而人类所面对的是无限的情境，而情境中又蕴含着无限的状态。把人同机器区别开来的，不是一个独立的、非物质的"心智"，而是在复杂多变的情境中灵活自如的应对能力，人类似乎相当擅长排除和识别与己相关的事实，计算机却在面对这一问题时陷入了困境。

在海德格尔看来，就是人对于自身之外的动物和他人的可通达性，以何种方法设身处地地描述他人、动物的事实。他认为，所谓设身处地，并不意味着某个存在着的人，实际地移入另一个存在者内部，同样也不是说实际地代替另一个存在者，不是自己置身于其位置上，毋宁说，另一个存在者恰恰应该仍然保持为其所是及其如何存在。[①]

认知的情境性表现了认知主体同自身所处的具体情境之间的对应关系，即主体受到当时的历史条件、文化传统、自然和社会环境等要素的影响和制约。面对与自身背景不同甚至身体构造相异的对象，海德格尔提出的办法是"与之随行"，也就是直接性的体验，不是把要体验的对象从他的境遇中排斥出去，然后将自己自由地想象为他者，想象意味着对自身的遗忘。相反，成功体验他者的首要条件是保持自身存在的独立性，"在那想要或本该随行的人首先把自己放弃的地方，绝没有一道同行这回事。'置身于……境地'既不意味着真实地置入，也不是一种简单的思想实验，完成了的某种假定"。[②] 在这里，海德格尔指出要和移情区分开来，作为精神分析的术语，移情强调被试者对于采访者情感的外在的投射和转换，是一个人在对他人同情的想象性认同的基础上，对于对方的内在情感的透彻理解。他认为移情的方式具有局限性，因为它始终将两者的关系视为先行在外的，我们总是要以由外而内的方式理解和考察对方的特殊事实，总是要设法窥探对方内在的心智内容。这样很容易被人看作一种以想象力为依据的胡思乱想。

如何理解动物（比如蝙蝠）置身的处境，内格尔在《成为一只蝙蝠可能是什么样子》一文中通过思想实验探讨了人获取蝙蝠在主观上具有的现象经验的可能性。在海德格尔看来，成为一只蝙蝠的关键在于复刻它的存在方式，以其活动和感觉方式，以其攻击猎物和躲避天敌的方式与蝙蝠随行。与海德格尔的观点有些类似，内格尔认为，理解蝙蝠的现象经验的实质是具有和蝙蝠一样的感知世界的知觉模式（与人类的活动相异，蝙蝠是

---

① 〔德〕马丁·海德格尔：《形而上学的基本概念：世界—有限性—孤独性》，赵卫国译，商务印书馆，2017，第295~296页。

② 〔德〕马丁·海德格尔：《形而上学的基本概念：世界—有限性—孤独性》，赵卫国译，商务印书馆，2017，第296页。

通过自身的声呐和回音系统来判断地形、捕捉食物、分辨距离），但我们只能凭借自身的经验想象某人具有类似于蝙蝠的行为方式，比如用嘴去捕捉昆虫，利用高频声音信号系统感知周围世界，以脚倒挂于高处等，却始终不知道蝙蝠之为蝙蝠可能是什么样子。① 与内格尔不同的是，海德格尔的讨论没有涉及动物本身的构造以及感觉经验，他并不怀疑"此在"通达其他动物这一事件的可能性，他在意的是前者是否能够进到动物存在的界域之中。"成问题的根本不是，动物本身仿佛自己携带着那样一个可置身的领域，成问题的只不过是，我们自己实际上能否成功地置身于这种特定的领域，成问题的仍然是衡量那种设身处地的实际的、必要的尺度以及实际的界限。"② 我们的理解是，动物的存在始终是向我们敞开的，它为我们留了置于它之内的理解空间，不论是以存在论的方式，还是以科学研究的方式，只是"此在"尚未找到通达动物本身的可能手段。

海德格尔提出了三个引导性命题：石头（质料性的东西）无世界，动物缺乏世界，人形成着世界。虽然他的目的在于追问"什么是世界"这一形而上学的问题，但在某种程度上，海德格尔以这样的论断表明了世界（情境）的多维度性，动物的世界局限于某个特定的地带，并且这种规模和范围都是固定的。工蜂熟悉它们所寻找的花朵的颜色和香味，但它们不会把这朵花的雄蕊当作雄蕊来认识，它们不认识植物的根，它们不认识雄蕊或叶片这些东西。③ 与之相比，人的情境是丰富的，在规模、范围上也更大，但人无法完整地占有情境（世界），即使我们能够借助外在的仪器工具不断加深探索的深度和扩大探索的广度。情境（世界）的多维度、多层次性使我们只能观察到有限的对象，外在的认知工具增强和延展了人们的感知机制，帮助其感知外部的客体，例如，借助正电子发射断层扫描（Positron Emission Tomography）以及功能性磁共振成像（functional Magnetic

---

① 俞吾金、徐英瑾主编《当代哲学经典：西方哲学卷》（下），北京师范大学出版社，2014，第315~316页。
② 〔德〕马丁·海德格尔：《形而上学的基本概念：世界—有限性—孤独性》，赵卫国译，商务印书馆，2017，第298页。
③ 〔德〕马丁·海德格尔：《形而上学的基本概念：世界—有限性—孤独性》，赵卫国译，商务印书馆，2017，第284页。

Resonance Imaging）技术，人们可以观察到神经激活模式的现象活动。相较而言，内在的认知工具（比如自省）使我们能够觉知到自己的意识和内在经验，专注于自己的内在世界。需要注意的是，使用外在的技术手段和工具观察大脑状态和对心理状态的内在觉察不能等同。在我们看来，自我认知有内外之分，对外物的认知也有着层次之别，认知对象处于各自的时空框架之中，在不同的认知条件下，人类主体观察和认知到的是同一事物的现象层面，因而每一不同的现象层面都表示一个认知世界，人类认知也因此表现为不同认知世界之间的迁移和转换，在不同的条件下，我们所面对的是不同的认知世界。

任何工具、理论和假设都有其适用区间，[①] 都适用于各自所属的认知世界，而每一个认知世界都是由具备相同的结构、属性、关系和过程的实体所构成的，比如原子、电子、质子和中子等微粒子组成的微观世界，以及行星、恒星和星系等组成的宇观世界。在特定的条件下，我们只能观察到某一认知世界包含的对象内容，人的注意力是一个连续的过程，不可能同时观察不同的认知世界，对某一认知世界的考察意味着其他认知世界的暂时退却和缺失。比如，用肉眼看到的桌子和借助电子显微镜看到的桌子有些不同：正常情况下，我们感知到桌子相对于周围环境处于一种静止状态，但透过电子显微镜，我们看到的是不断运动中的粒子以及它们之间的相互作用，桌子不再作为一个整体存在向我们显现。不同的认知世界展现出了人们所面对的情境的多维度和多层次性，由此需要不同的概念理论描述从属于不同认知世界中的对象或现象。所以，我们要澄清误区，无论从横向还是纵向看，我们面对的情境从来都不是铁板一块。

在如何认识、通达处于不同情境的主体这一问题上，海德格尔认为这与人们通达蝙蝠等动物的情况相异，"此在"不存在如何置于他人中的问题，也就是说，"此在"无须假设自己置于其他人所处情境的可能性，因为"此在"的本质就是与人共在，这是奠基于"此在"本身的特征，"此

---

① 牛顿的经典力学只适用于物体运动速度远小于光速的范围，只能回答宏观世界内的低速运动问题，而当物体以接近光速的速度进行高速运动时，牛顿的理论便只能望洋兴叹了，相对论则适用于解释微观和宇观的运动问题。

在"也就是在他者之中，与他人共同生存。在海德格尔看来，人在日常生活中并行不悖的生存现象给我们造成一种错觉，即我们只能通过移情的方式通达、理解他人，彼此之间是相互独立、自在自为的个体，与他人随行的初始与终端都是"自我"，都是唯我的。我可以谈论你的关联行止和我的关联行止，也可以谈论你的活动中的存在之领会和我的活动中的存在之领会，但这不应导致我认为你的关联行止在你的世界之中而我的关联行止在"我"的世界之中，或者你有你的存在之领会而我有我的存在之领会。①海德格尔的意图就是消除这种唯我论的色彩，去除自我的图像。正如海德格尔多次强调的，一定要从生存论的意义出发看待"此在"，如果把"此在"看作诸多独立、具有各自特殊性的主体，那就意味着又将"此在"带回了现成性的范畴当中，使得我们只知晓自己的内在经验，从而难免走向质疑他心存在的怀疑论立场。因此，海德格尔主张放弃将人视作主体、心智或意识这一观念，而要首先且必须理解为生存着的东西，从某种意义上说，他排斥基于个人的意向状态的交互认知形式。"此在"是在与上手事物的打交道中（操劳）发现自己的，同样的，它也在同其他"此在"打交道的过程中（操持）发现他人。他人首先不是作为主体向我们呈现，而是在人共同与事物和他人打交道的实践活动中才为我们所识，海德格尔倾向于从实践维度把捉他人的存在，理解他人不是表现为一种认知关系。如果海德格尔的观点是正确的，那么他是将认知他人心智的问题消解了，至少是替换了。

从存在论的视角看，对居于不同情境中的人的认知和理解不能单纯地通过移情或设身处地地想象等技术性手段来解决，即"从首先被给定为茕茕孑立的自己的主体通到首先根本封闭不露的其他主体"。②和他人共在是"此在"的一个生存论要素，由于"此在"（人）的本质是"在世存在"，世界作为所有"此在"共同展示的意义的境域而被"此在"共享，"此在的世界是共同世界"，③共在成为"此在"生存先天规定的样式。在海德格

---

① 〔美〕休伯特·德雷福斯：《在世：评海德格尔的〈存在与时间〉第一篇》，朱松峰译，浙江大学出版社，2018，第 174~175 页。

② 〔德〕海德格尔：《存在与时间》，陈嘉映、王庆节译，三联书店，2012，第 144 页。

③ 〔德〕海德格尔：《存在与时间》，陈嘉映、王庆节译，三联书店，2012，第 138 页。

尔看来，人们之所以会遭遇棘手的"他心"问题，就在于仍将"此在"理解为某种现成的存在者或范畴，共在不是多个主体的聚合，不是一定数目的主体摆在那里，而是"此在"生存意蕴的展开。其他"此在"早已先天呈现在我的生存视域当中，所处情境的差异性不会影响我们对他人的理解，在世存在先在地确定了我们与他者共同在此这一现象。从这种意义上讲，我与"他人"都是"此在"，没有分别，"'他人'并不等于说在我之外的全体余数，而这个我则从这全部余数中兀然特立；他人倒是我们本身多半与之无别、我们也在其中的那些人"。① 海德格尔并不关注他人内在的"私人语言"和意识体验，这些都是存在者层面的东西，他所要思考的是我的"此在"与他人的"此在"在生存论上的联结，也就是在上手的操劳活动中与他人相关。就像上手的应对活动被打断时会瞠目凝视一样，对他人心理内容和意识体验的关注也是一种有缺陷的、派生的共在方式，对用具的本真理解是通过流畅、沉浸的实践操用获得的，对他人的认识和理解不是依靠主观的诸认知形式，而要基于"此在"原初的生存状况（共在）。

概言之，海德格尔排除了主体主义哲学隐含的"无我何他"的预设，即对他人的理解和认知必须以某一明晰的自我作为出发点，不同自我之间的相互理解是一种存在关系而非认知关系。不是移情和设身处地理解构成人的共在，而是只有以共在为基础，以移情方式认知和理解他人才成为可能。我们看到，海德格尔将认知他人的问题放到"此在"共享操劳活动这一背景中来解决，表现出对于"此在"日常打交道活动的极度重视，从某种角度表明了"此在"实践性的行动维度，而行动在我们看来正是"此在"具有的一个重要功能。对于同一事物而言，它向来以认知对象和实践对象的存在方式向我们显现，因而"此在"暗含着从认知主体到实践主体的延伸，具体表现为表征向行动的功能扩展。

第三节　从表征到行动：主体核心功能的延伸

作为"后笛卡尔主义"的概念，"此在"不仅仅具有表征世界的功能

---

① 〔德〕海德格尔：《存在与时间》，陈嘉映、王庆节译，三联书店，2012，第137页。

与作用。它反对心智作为某种完备、独立的表征系统对客观、外在的世界施加影响，相比而言，"此在"能做到更多。要充分描述和说明人在世界中的行动，只通过心智表征显然是不够的，心智的计算模型尚不足以充分描述情境化的人类活动。在前述中我们阐明了所认为的存在论认知具有的一个核心论题，即情境性认知对离身性认知的取代。既然认知是在情境中发生的，而情境又确定了和主体当下关切之物相关联的事实，那么认知行为与过程的施动主体也需要予以相应的改变，换言之，是我们对主体的判断应当作出改变。人作为"此在""在世界之中"，而"在世存在"从某种意义上说就是情境化。情境就像一张大网包裹着表征与规则，它本身不能被表征并用规则加以形式化，因为后者只有在情境中才是有意义的，情境是构成人类认知的重要成分。故而，有学者将"此在"区分为"此在$_1$"和"此在$_2$"："此在$_1$"是指我们与世界之间具有的因果性、机械性联结，比如，只有物体将光线反射到视网膜上，它才会被我们所看见，相反，我们看不到视线之外的东西；"此在$_2$"是我们在具有意义的情境、体验以及筹划中表现出的实践上的因缘关系。[1] 对于"此在$_2$"而言，它要应对的不是命题之间纯粹的逻辑联结，也不是事物之间的因果关系，而是在"此在"对存在理解的基础上和世界的某种实践与行动关联。

在海德格尔看来，人的所有活动（包括认知与行动）都以厘清和回答存在问题为前提，明晰自身和诸多存在者的存在方式，需要以对存在之本真理解为先决条件，这才是理解和认识事物的根本方式。正是在这一点上，海德格尔同笛卡尔的认知路径决裂了，[2] 关乎认知者与被认知者关系的认识论问题被关乎我们是何种存在者和我们的存在如何紧密关联于世界之可理解性的存在论问题所取代。[3] 而这种对存在的领会不能被清楚明白地予以解释和说明，它不存在于表征形式当中，更不是主体内在具有的信

---

① Joseph Ulric Neisser, "On the Use and Abuse of Dasein in Cognitive Science," *Monist* 82 (1999): 351.

② 海德格尔认为"我思故我在"颠倒了二者的本质关系，笛卡尔在没有澄清"我思"的存在问题之前便设定了思之行为之于思之存在的优先性，因此犯了本末倒置的错误。

③ 〔美〕休伯特·德雷福斯：《在世：评海德格尔的〈存在与时间〉第一篇》，朱松峰译，浙江大学出版社，2018，第 3 页。

念系统，而是需要人们从"此在"日常的实践行动中去寻获。恰如狄尔泰所言，"一切沉思、严肃的探索和思维皆源于生活这个深不可测的东西，一切知识都植根于这个从未充分认识的东西"，[①] 他与海德格尔一样，都认为思维认知是实践行动的派生物，后者才是最根本的，而不是相反，认知过程不是驱动人类行动的一种机制。也就是说，认知与行动相异。

一　认知与行动：孰先孰后

虽然各种认知理论和假设在关于认知过程的本质问题上争论不断，但一个共同的预设是：认知与行动不同。这里提到的认知，我们将之界定为包括记忆、推理和判断等形式在内的心智活动，是主体与对象的动态联结，行动是具有复合结构的概念，包括物理性的具身运动和心理性的目标和意向状态，并排除掉那些无意识的身体动作，比如条件反射等单纯的物理运动，以及由意志、情感等非理性因素驱动而产生的行为。不论是认知主义，还是具身和情境认知，它们都在坚持传统的观点，把认知与行动区分开来，认知作为一种信息处理过程，不是行动包括的子集，相反，它是产生行动的内因。根据认知计算主义的观点，人类认知是将来自世界的某种形式输入编码为内在的符号，并在这些内部符号之间进行操作和计算，如果计算过于复杂，则会产生符号的行动操作，比如拿计算器或纸笔手动进行计算。在埃扎瓦看来，即便是延展认知也依然蕴含着认知是行动之因的立场，在著名的英伽－奥托思想实验中，克拉克和查尔默斯并没有摆脱关于认知与行动的旧有观念，奥托笔记本内记录的信息和英伽大脑中的记忆都是两人前往艺术博物馆这一行动的因果相关要素。[②] 他的看法是，不论认知在形式上是延展还是生成的，也不管它的本质是否为一种计算，只要认知过程与行动表现为一种前后相继的关系，那么认知与行动就属于完全不同的范畴，这与认知科学的正统观点并不冲突，思维和认知过程在脑内，而任务的执行和完成（行动）在脑外。当然，也有不同的观点。认知实用主义持有的立场是：认知不应被理解为有机体被动地获得世界模型并

---

① 转引自张世英《哲学导论》，北京大学出版社，2016，第 5 页。
② Ken Aizawa, "Cognition and Behavior," *Synthese* 194 (2017)：4274.

加以表征的能力或过程，而应是在环境中通过行动生成世界的过程，有机体在世界中有效的具身行动实际上构成其知觉，并进而成为认知的根基。① 可以说，认知先于行动体现的是基于认知的行动观，行动先于认知则体现的是基于行动的认知观。除此之外，有的观点将认知与行动等同起来，转向了极端的行动主义，把认知视为行动，主张人的认知过程通过密切协调的感知和行动加以实现，激进的具身认知甚至将认知解释为大脑—身体—环境系统的行动展开。

对于将认知等同于行动的观点，有些实验能够给予有力的回击，如神经肌肉阻滞和闭锁综合征（locked-in syndrome）。前者表明身体的瘫痪程度并不影响主体的认知活动，模式化的行动表现与自由的认知相互分离；后者表明人在失去对身体控制的情况下（如大脑内部受到了损伤）仍可以进行认知加工。因此这些实验证明了认知就是行动这一假设是有问题的，至少对其进行了强烈的挑战。可以说，认知不应该被理解为一种行动，至少二者不能完全等同。如果这一假设是正确、必要的，那么认知与行动的关联是什么？谁更具优先性？若我们把行动定义为认知过程的物理实现，那么从逻辑上来说，行动是认知之后的，受到属于认知范畴的目标和预期的驱动，"是需要由认知过程或知识来解释的经验现象"，② 因而，行动的意向性与认知体现出的意向性可能是一致的，也就是说，行动是认知意向的现实化和实践化。

认知主义的观点是，关于同我们互动的现成之物，即便我们不可能具有关于它们的清晰表征，但是心智的认知机制伴随始终。在熟练操用器具的过程中，我们必定先构造了关于器具的某一表征模型，因为只有预先了解了工具的属性与功能才能更加流畅地使用它。因此，表征在人与世界的交互中占据着主导地位，交互离不开以表征为核心的认知机制的参与，认知实质上体现为表征—世界—行动的结构，需要借助心智内在的认知机制作为中介加以实现，行动则是这一机制的输出结果。从这种意义上说，"瞠目"式的表征似乎是行动展开的前提，一般而言，人们不太可能不假

---

① 郦全民：《认知研究中的行动概念》，《自然辩证法通讯》2019 年第 1 期。
② 郦全民：《认知研究中的行动概念》，《自然辩证法通讯》2019 年第 1 期，第 37 页。

思索地使用工具，先"知"后"行"似乎才是更加普遍的模式。所谓"知"是对器具等其他存在者之样式和属性的认知和纯粹察看，"行"是基于情境对器具的上手操作。主体熟练、具身的行动在一定程度上决定了他所持有的信念，我关于"桌子"的认知表征同我围绕桌子产生的活动相关，比如在桌子上写字、阅读等，而这种技能活动是非形式、非表征的，并总是处于特定的情境中。正如德雷福斯所言，一件用具依据人们用它来干什么而得到界定，① 沉浸的（absorbed）意向性总是先于表征的意向性。以椅子为例，我们都知道椅子具有"坐"的功能与属性，本质上正是"坐"这一行动使我们将它作为一把椅子而分辨出来，而非通过形状、材料等物理描述确定椅子的表象。对于人而言，椅子的类型并不重要，只要某一物体能够同人坐下的行动相契合，我们就可以认为它是椅子，或者至少具有了椅子的功能和效用。

我们认为，强调行动之于主体认知活动的重要作用，其目的不是取消表征（即便是旗帜鲜明地反对表征主义的动力理论，也在一定程度上为表征留有地盘），更不是重新回到斯金纳和华生主张的行为主义立场。奈瑟尔指出，作为"后笛卡尔主体"概念，"此在"不是将思维与行动或行动的生成机制相等同的操作主义，而是对主体性自身的意义根基的认识。为了保证输入心智信息具有意义，这一输入必须和成为一极的世界和主体相关联。② 但是认知表征作为唯一的关联方式显然是不够的，需要行动"并驾齐驱"，人类认知产生的一个重要结果就是主体在以表征为核心的认知机制的引导之下采取的理性行动，也就是社会的生活、生产实践。

在奈瑟尔看来，海德格尔对"此在"的生存论分析并不否定人具有内在的心理表征，并不否认行动背后存在的某种机制，也就是说，对认知而言重要的东西必定是存在于头脑中的，认知在本质上依然是颅内的（in-

---

① 〔美〕休伯特·德雷福斯：《在世：评海德格尔的〈存在与时间〉第一篇》，朱松峰译，浙江大学出版社，2018，第76页。

② Joseph Ulric Neisser, "On the Use and Abuse of Dasein in Cognitive Science," *Monist* 82（1999）：358 – 359.

tracranial)。① 从这种意义上说，心智成为一个在本体论意义上独立的领域，心智的符号内容与身体过程之间似乎必须存在某种转换，从笛卡尔所谓的松果体到现代科学的传感器，都充当了转换器的角色——将物理存在与心理存在相耦合。如果任何形式的身体过程和外部世界的刺激都必须转换为某种形式的符号或心理表征，那么智能主体则是在对内部表征作出反应，而不是对环境或世界作出反应，人与世界本身的联系也会因此被单薄化。换言之，正是智能主体的行动丰富了他和世界之间的关联，认知与行动都是人与世界交互的必要方式，不存在一方取代另一方，认知不是存在于大脑中的独立闭环，它本身是附着于行动之上的。深思熟虑、反思性思考和想象等更高阶的认知，也是与熟练技能的操作以及与环境打交道的涉身性行动紧密结合的。②

二 认知是行动与表征的叠加耦合

表征与行动，究竟哪一个是存在论认知的核心概念？在这一问题上，德雷福斯与惠勒产生了分歧：前者认为惠勒保留了表征使人产生一种怀疑，即他所谓的行动导向的表征（action-oriented representation）是否仍然是以海德格尔哲学为导引，抑或只是贴着海德格尔哲学的标签来为表征进行某种辩护。在德雷福斯眼中，惠勒的行动导向表征假设实质上是向旧有认知科学的复归，不放弃表征的做法说明他对海德格尔作了认知主义的误读。行动导向的表征这一概念本身就是一个矛盾体：在线的行动根本不是表征性的，表征是以离线的方式呈现出来，非上手活动的全部形式都衍生于上手性的行动。我们认为，德雷福斯的根本想法是构造一个能够给予行动以基础性地位的动态模型，真正的海德格尔式认知科学不在表征与行动两个选项中间做非此即彼的选择，它始终遵循着海德格尔的观点。在我们

---

① 我们认为，不论是惠勒的"感知—表征—计划—行为"循环结构，还是布鲁克斯的"感知—建模—计划—行为"框架（SMPA），对认知的阐释都绕不开大脑这一关键环节。有趣的是，虽然主体的身体与其所处的环境是认知和智能行为产生的必要条件，但他依旧要以推理、识别、判断等方式来解释智能行动的丰富内容。也就是说，促使智能活动产生的因果机制不在环境，而在于人的头脑当中。

② 刘晓力：《哲学与认知科学交叉融合的途径》，《中国社会科学》2020 年第 9 期。

看来，海德格尔是想将认知表征从作为人与世界关联的基础性方式当中剥离出来，但他本人不会拒绝主体或自我通过表征来关联世界的旧有观念，心智并非塑造我们的最基本之物。我们不是嵌入世界的孤立心智本身，而是在具身的行动中裹挟着世界，这样看来内在与外在之间的区分就显得多余了，克拉克与查尔莫斯主张的认知的延展性也便无从谈起，"延展心智的外在论是不自然、微不足道、无关紧要的观点"。①

相反，惠勒认为，德雷福斯对人工智能和人工理性的批判依旧停留在形而上学层面，并没有为如何摆脱传统的笛卡尔式认知进路提供具体的解决方案，而海德格尔在认知科学中的理论立场需要得到经验层面的辩护。因此，惠勒致力于证明以海德格尔哲学为思想基础的认知理论在经验层面的可能性，同时试图将海德格尔现象学的洞察力纳入表征框架。② 康德将人视为"一种有限的理性存在"，人之为人就在于"理性"，而惠勒的判断似乎是"人是认知性的"，因此人的本质要在认知当中寻找。他将表征和行动看作认知科学描述自然智能的两种相互竞争的观点：前者表明智能主体是感知推理和通用推理的核心，它意识到自身是非情境化的主体，并同一个由独立于自身的客体所构成的世界相对立，智能行为在内部表征的过程中产生。③ 然而，这种观点却忽略了认知本身丰富的时间性和动态性，环境与身体的作用被模糊化、边缘化了：人们认为身体只是心智与认知发生的容器，并且仅关注环境给予的信息和感觉刺激的维度，行动（行为）仅被设想为一种动作输出。相较而言，从这种意义上谈及的行动是被动的，不具有主动的意味，我们在这里谈论的行动是实时的、适应性的，不是简单的指令输入与行为输出。

从某种意义上说，德雷福斯依旧是在追随海德格尔，将认知看作人类存在的衍生形式。海德格尔在向人们阐明此在在世界中的存在方式时总会

---

① Julian Kiverstein, Michael Wheeler (eds.), *Heidegger and Cognitive Science* (New York: Palgrave Macmillan, 2012), P. 75.

② 关于框架问题，他开出的药方是海德格尔式的系统能够以某种系统的、非离散的方式去修正、确定与具体情境相关的表征/信息。

③ Michael Wheeler, *Reconstructing the Cognitive World: The Next Step* (Cambridge: The MIT Press, 2005), pp. 283 – 284.

强调，世界不仅是具有实体性、物质性和延展性特征的对象所构成的一个复杂的统一体，而且是一个意义网络，我们生活于其中且被我们所感知的世界，已被功能的实践标识浸没了。① 人们需要区分两个世界：传统的作为对象之总体的"世界"，以及作为有序的用具和实践的世界。② "此在"身处于实践的世界当中，并依据实践来规定自身，实践也因此成为自我的存在方式。正因为有了实践的应对方式，不论是现成状态还是上手状态，③都为人们对实体展开理论上的探索提供了可能性。人们先使用工具，当工具运转失灵时才将注意力转向它，观察其自身具有的诸多属性。在我们看来，这种未上手状态为表征留了地盘，流畅应对活动固然包含了没有主体与对象的意识状态，它只关注手头进行的任务，只有对任务本身的体验（我们在专心打字时，可能完全不会注意到键盘与手指之间的触觉以及周围的情况）。然而，它只是暂时性地消除了主体与对象之间的认知间距（cognitive distance），人的理论推理能力隐匿了。当流畅的上手活动结束后，主客二分便显现出来，表征成为人与世界之间的勾连的主要途径。对人而言，行动与表征构成了主体与被揭示世界的两种联系，对于海德格尔和德雷福斯来说，表征是作为实践行动的修正（modification）而存在的。

此外，从海德格尔对"此在"的基本规定中我们也看到了他对行动的重视，他对于人之生存的最基本规定为：人或者"此在"不是一种现成者，生存也不能被理解为现成存在或者现成性。④ "此在"的本质是生存，不是实存，生存展现的不是对实在性的追求，而是一种"去存在"和"在起来"的姿态或态势，人（"此在"）在生存的过程中不断揭示自身，完成自身。海德格尔反对静态地观察"此在"，把"此在"当作标本一样进行剖析，规定"此在"的不是物的属性，而是"此在"的可能方式。这就造成对人的提问方式的变化，假如我们向海德格尔发问"人是什么"，他

---

① Shaun Gallagher, Dan Zahavi, *The Phenomenological Mind：An Introduction to Philosophy of Mind and Cognitive Science*（New York：Routledge, 2008），p. 153.
② 〔美〕休伯特·德雷福斯：《在世：评海德格尔的〈存在与时间〉第一篇》，朱松峰译，浙江大学出版社，2018，第 295 页。
③ 德雷福斯将上手性理解为一种特殊实体，即器具（equipment），依据我们对海德格尔的理解，他的上手毋宁是一种蕴含目的的活动，具有目标指向性。
④ 陈勇：《海德格尔的实践知识论研究》，人民出版社，2021，第 163 页。

可能会回答"人是'此在'"，如果问"'此在'是什么"，他会说你的提问方式有误，应该问"'此在'是谁"。"'此在'是什么"的提问方式预设了"此在"是像物一样的实体或现成存在，抹掉了其自身具有的可能性，"此在"的存在方式也就被固化了。人不能首先被视为一种物，然后再通过某种特殊的属性（理性、思维、自由等）与其他的种类的物区别开来。① 人不是先在地具有了这些具体的本质，然后通过内省、反思等方式揭示出来并加以把握，而要从他生存的可能朝向，即"向……存在"的角度去考量。"此在"的"本质"在于他的生存，② 生存于世界之中，便必定要与自身以及其他存在者打交道。海德格尔没有将"此在"生存的"任务"交付于认知、思维和意识，他认为"此在""在世存在"的本质是操心，其中包含着操劳，后者消散于人的日常存在方式之中，包括"和某种东西打交道，制做某种东西，安排照顾某种东西，利用某种东西，放弃或浪费某种东西"③ 等活动，"此在"透过上手的操劳达到对其他存在者了如指掌的理解和认识。

从不严格的意义上讲，操劳作为"此在"依寓世界的方式意味着实践行动，是"此在"意向地同世界中其他事物交互的方式，"生存就是实践，它包含"此在"与自身、与他物以及他人打交道这三个方面"。④ 海德格尔并不否认，也未尝试取消主客之间的认知关系，他也没有否认人的全部意向活动所具有的表征性，尤其是与熟悉事物日常打交道的活动，而是在强调实践行动与认知之间孰更原初的问题。他认为，"此在"与世界的源始关系不是出于认知这一存在样式而得到规定的，以往把认知活动归于主体（人）的做法恰巧表明："对世界的认知是此在的一种存在方式，以至于在实存状态上，认识这一存在方式就植根于此在的根本枢机之中，即植根于'在－世界－中－存在'之中。"⑤ "此在"日常是以行动者（agent）的姿态在世的，作为实践主体和其他存在者以及自身打交道，海德格尔是要让

① 陈勇：《海德格尔的实践知识论研究》，人民出版社，2021，第165页。
② 〔德〕海德格尔：《存在与时间》，陈嘉映、王庆节译，三联书店，2012，第66页。
③ 〔德〕海德格尔：《存在与时间》，陈嘉映、王庆节译，三联书店，2012，第66页。
④ 陈勇：《海德格尔的实践知识论研究》，人民出版社，2021，第168页。
⑤ 〔德〕海德格尔：《时间概念史导论》，欧东明译，商务印书馆，2014，第246页。

人们明白，只有聚焦于原初的现象（在我们看来就是日常的上手操劳）才能把捉一切由"此在"的存在所生发的问题。

在海德格尔看来，认知表征就是以让表征对象得到保藏的方式趋向被表征的事物，这一认知进程应基于"此在""去存在"的特征加以理解，主体不是某种获得诸多表象的心理存在物。相反，它素来是以"欠缺"或"完整"的实践行动和世界内的其他存在者产生关系的，"此在"应当被看作一个实践和行动主体，它和与之照面的事物之间的表征关系不是终极性的，是建立在"此在"在世存在的基础上。"此在"借助操劳依于其他事物，而操劳是"此在"和其他存在者之间基本的存在关系，"此在"在世的存在状况促使它先行投入与存在者打交道的过程中去，先行操劳起来。这样便回到了"此在"同其他存在者/事物照面的原初方式，虽然我们不能对操劳作实用主义的解释，也就是看作具体的行为类型和行动模式，但仍可视其为实践性的。

总之，对于"此在"而言，最有可能切近事物的不是理论观照和表征，事物不是通过表征被"此在""看见"，或者说"此在"看到的是事物的功能和属性，也就是海德格尔所指的存在者状况。事物向"此在"呈现的意义是在日常的实践行动中显现出来的，换言之，"此在"与事物最为本己的触碰是一种行动的相遇、上手的相遇，而非觉知的相遇、反思的相遇。在很多情况下，人的当下行动都是下意识、直觉性的，并不总是伴随着审慎的熟思。但我们也不能据此完全将表征排除在外，"此在"的日常行动总是包纳着知觉、意志和情感倾向，即便是熟练、语境敏感的意向行动也涉及最低程度的表征觉知，也就是关于某一存在者的意识。行动与表征之间不是相互取代的关系，对于人而言，具有表征能力是重要的，但表征的有效性需要行动的及时反馈，人类之于世界的适应性特征决定了由认知表征向认知行动的功能延伸，这在某种程度上也迎合了海德格尔关于"此在"与世界之间是一种实践性的生存关系的论断。

小 结

在这一章，我们提炼并总结出了将海德格尔的存在论现象学与认知科学具体结合的三个主要命题：（1）以动态的原初上手活动取代静态的静观认知，（2）以具身的情境性认知取代无身的离身性认知，（3）由表征性认知向将行动与表征叠加耦合扩展与延伸。首先，我们分析了海德格尔关于"此在"上手操劳的讨论，从某种意义上说，他确实为人们指出了一条新的掌握世界的原初方式，我们也认为这种上手活动有可能重塑我们对自身知觉与行动的理解，人与事物（工具）之间的实践互动成为认知的奠基之石。然而，这一命题在遇到延展实践这一新的实践形式时却遭遇了一定挑战，严格地说，以原初的上手状态作为人类认知生成的起点，海德格尔的这一论断仍有待商榷。其次，海德格尔最明确的立场是指出认知主体具有一种基础的情境性，他坚定地反对笛卡尔倡导的"无身认知"模式，相较于笛卡尔，海德格尔给予认知主体以新的要素，即一种情境性的构成。"此在""在世界中存在"的生存结构使得我们最具理论性、最审慎的沉思都是基于情境的活动，在某种意义上，"在世存在"其实就是一种情境化的认知形式，抛离了身体而成为一种思维实体或存在的无身心智并不符合人类真实的存在境况。另外，海德格尔关于"共在"是"此在"之生存论结构的思想给予了我们启示，此即在日常的情境中如何认识同为"此在"的他人。在他看来，"在世存在"已经包括了"共在"，情境性的存在已经包括了与他人的情境性存在，[①] 海德格尔以他特有的方式回避甚至消解了"他心问题"。同时我们认为，海德格尔哲学语境下的"情境"不是具有单薄内容的概念，而是具有多维度和多层次性，在不同的观察条件下，主体面前呈现的是不同的认知世界，并在其间不断地迁移和转换。最后，海德格尔所描述的这种流畅、上手的应对活动虽然不能被基于表征或推理的模型/机制解释，也就是不能被理解为一种纯粹的推理过程，但我们认为存在论认知也并不完全排斥关于认知的表征理解，相反，人类智能需要一种面向行动以及受行动导引的表征。所以，我们没有提出行动导向认知"取代"了表征性认知，而是将行动看作智能主体功能的扩展和延伸，人类认知是行动与表征能力的叠加耦合。

---

① 刘晓力、孟伟：《认知科学前沿中的哲学问题》，金城出版社，2014，第273页。

第四章　存在论认知可能遭遇的困境

认知科学奠基于这样一种观念之上：人类的智能活动产生自内在的心理过程，当我们在进行判断、推理以及决策等思维活动时，就是在以类似于数字计算机的运作方式施行着这种活动。人类认知的传统解释模型是围绕被概念化了的"表征"和"计算"建构起来的，存在论认知同其他的认知研究进路一样，也将反对"计算—表征"的立场作为自己的主要阵地，①不同之处在于，它寻求以海德格尔的存在论现象学作为认知科学的哲学基础（至少是最主要的基础之一），期望最终建立一门"海德格尔式认知科学"，惠勒乐观地将它视为一种具有先进性和启发性的研究范式。然而，如同自然化现象学一样，这一新的路径也遭遇了自己的困境。一方面，能否将"此在"这一属于存在论范畴的概念予以自然化？既然要称之为一门"科学"，那么就需要符合科学要求和标准的概念。然而，存在论现象学与认知科学各自隶属于不同的语境，海德格尔本人也反对以自然主义方法去触碰关于存在的问题域，若要构建一种以存在论作为哲学基础的"海德格尔式认知科学"，首要的是将"此在"改造为一个科学概念，我们认为这具有相当的困难。另一方面，存在论认知还涉及对人工智能的考察，德雷福斯提出"海德格尔式人工智能"的主要目的就是完满、合理地解决"框架难题"，德雷福斯和惠勒从海德格尔关于"此在""被抛"的生存论分析出发，惠勒也提出了"被抛的机器"（thrown machine），来规避表征和相关性的信息储存与计算，从而提供一种解决"框架问题"的有效路径。

---

① 德雷福斯等人（尤其是惠勒），意图构建一门"海德格尔式认知科学"，但我们认为这一提法目前还不成熟，它尚不具备完备的概念体系，因此我们认为以"存在论认知"一词代替较为稳妥，表示一种新的认知研究路径。

我们的观点是，德雷福斯对于人工智能的批判尖锐而深刻，甚至现在依然具有一定的效力，但"无表征智能"不能完整地覆盖人类智能的整体面貌，"被抛"的因果机制也不能彻底解决"框架问题"。

第一节　"此在"自然化的可能性

"此在"是《存在与时间》中的核心主题之一，它以对存在的理解为本己的任务。海德格尔的这一论断被人们认为晦涩难懂，甚至连海德格尔本人有时都对这一概念的定义不甚清晰，有时专指人这个存在者，有时指人对存在的理解，有时亦指人整体的生存现象，但无论如何，"此在"是作为探究存在问题的重要切入点而被提及的关键概念。对于寻求构建海德格尔式认知科学的人们而言，"此在"能否被自然化成为这一新的认知进路关注的焦点和必须回答的问题。可以说，"此在"的自然化在很大程度上决定着海德格尔哲学是否能够成功地介入认知科学。惠勒坚定地主张海德格尔哲学与认知科学的联姻，认为"此在"有必要被自然化，但必要性与可能性并不是一回事，拉特克利夫（Ratcliffe）则否认实现这一目标的可能性，"海德格尔式认知科学的前景令人感到困惑……试图利用认知科学的术语去理解此在的在世存在是荒谬的"。[①] 也就是说，思辨的"此在"概念不能和本质上是经验性的认知科学相联结，后者奉行的是自然主义。在拉特克利夫看来，海德格尔哲学从根本上是反自然主义的，"此在"不是一个科学概念，而是一个存在论概念。因而，"此在"的自然化从根本上背离了"此在"本身先验的存在论预设（即"此在"是一种人类特有的存在方式，也就是他的生存），"此在"不再是它源始的意义，而是成为掺杂着自然主义成分的某种存在者。"此在"究竟能不能被自然化，成了一个相当重要的问题，惠勒和拉特克利夫等人也因之产生了分歧。虽然我们在前述对"此在"概念作了具体描述，但在这里仍有必要作进一步分析，我们需要考察存在论语境中的"此在"与人类的认知和智能的相关

---

① Julian Kiverstein, Michael Wheeler (eds.), *Heidegger and Cognitive Science* (New York: Palgrave Macmillan, 2012), p. 138.

性，这关系到"此在"被自然化的可能性。

一 存在论语境下的"此在"

"此在"涉及的是"人的本质是什么"这一问题。亚里士多德认为人类区别于动物的特质在于对未知现象的认知欲求，基督教哲学把不朽的灵魂看作人最本质的东西。从笛卡尔伊始，呼唤理性的声音日益高涨，他将"能思"的能力作为人区别于其他实体的标志，康德认为人的独特性在于追求知识与自由的能力，胡塞尔则提出了"先验自我"。豪格兰德指出，"此在"这一术语是对漫长的哲学表达传统的延续，也就是探究人的独特之处，但是"此在"与之前的任何描述都是不同的。[①]

作为《存在与时间》的研究主题，"此在"是解决存在问题的必要条件，对"此在"之存在论特征的详述是基础存在论的初步和必要准备。海德格尔认为，以往有关人类本质的定义都不具有牢固的根基，因为它们都未能通过对存在的追问而通达存在者，回避了对人的存在样式的研究。他用"此在"表示人这一特殊存在者的"如此存在"（that-being），更准确地说，是表示人的存在性和存在状态，人的存在方式体现了他们对于自身以及其他存在者存在的一种领会。对海德格尔来说，把人看作某一意识主体，甚至是胡塞尔所谓的"先验自我"反而会掩盖人类实际的生存结构，是完全没有必要的。"人在生存论上的本质是人能够表象存在者自身，并能够意识到它们的原因。所有的意识都以……作为人之本质的生存为前提。"[②]

Dasein 一词在德国古典哲学中指每一种存在，[③] 海德格尔以之来表示人类的存在方式。从词形上看，如果我们将"此在"看作一个个自在自为的独立主体，认为 Dasein = Subject，这样就完全忽略了前缀 Da 的意义。Da

---

① Joseph Rouse, *Dasein Disclosed*: *John Haugeland's Heidegger* (Massachusetts: Harvard University Press, 2013), p. 77.

② 〔美〕休伯特·德雷福斯：《在世：评海德格尔的〈存在与时间〉第一篇》，朱松峰译，浙江大学出版社，2018，第 19 页。

③ 贺麟先生将黑格尔的 Dasein 翻译为"定在"，指的是具有一种规定性，也就是质的存在，一般而言也就是存在着的某种事物。

指人类必定在世界中有他的一席之地，即在"此"。严格来说，"此在"应该表述为 Da-sein，"'此'就是此在的展示性，就是此在存在理解的可能性，存在正是在'此'中显露"。① 其结构就是在世存在，这样一种存在（sein）是整个人类的生存结构，不是这个或那个特殊个人的现成存在。② 因而"此在"不是任何意义上的对象，对"此在"的分析不是关于如何通达存在方式的认知方面的研究，它不是孤立于主体的心智与身体的外在结合。

约瑟夫·科克尔曼斯（Joseph J. Kockelmans）认为，不能将"此在"想象为自然的或者人为的事物，事物以概念对其进行规定和约束，事物的具体本质总已必然地展开了，概念工具适用于仅仅是其所是的东西，而"此在"的存在样式是要以生存论加以表达，他总是在进行着自我阐释、自我调整以及自我规定。他把"此在"解读成一种向来具有并实现其可能性的东西，可能性不是"此在"自身的某一性质，换言之，"此在"是它自己生存之可能性，并不断予以开显。必须通过生存论的概念来谈论作为"此在"的人的存在样式，不能借助于用以谈论存在者、谈论事物的存在样式的那些基本概念的那种范畴来进行。③ 也就是说，作为存在论概念的"此在"不适于"主体"这一概念框架，"此在"的基本特点在于超越，虽然认知也是某种意义上的超越，但这是基于主—客、大脑—环境分立的超越现象，在科克尔曼斯看来，"此在"的超越不能用主客关系来定义。

由于存在不是一般意义的存在者，而是决定了存在者本身并且逻辑上始终在先的东西，因此必须从某一存在者入手。马尔霍尔将"此在"看作使存在从多样的存在者中浮现出来的恰当切入点，认为需要保证"此在"在探究存在问题方面具有的优先性。在他看来，Dasein 虽从字面上被译为"此在"，但从本质上看讨论的依然是人。海德格尔之所以引入这个术语，原因有三：首先，Dasein 在德语中指称的是人，且是指人所独具的存在形式；其次，Dasein 能够避免像主体性、灵魂、意识以及心灵等术语一样产

① 张汝伦：《〈存在与时间〉释义》上册，上海人民出版社，2014，第 136 页。
② 〔英〕尼古拉斯·布宁、余纪元编著《西方哲学英汉对照辞典》，人民出版社，2001，第 227 页。
③ 〔美〕约瑟夫·科克尔曼斯：《海德格尔的〈存在与时间〉：对作为基本存在论的此在的分析》，陈小文等译，商务印书馆，1996，第 108 页。

生误读；最后，Dasein 没有先入为主的意见，就像一块白板，不含任何可能招致误解的内涵，其中只有海德格尔自己赋予的含义。① 马尔霍尔认为，理解"此在"需要以适用它的术语来展开，不能以适用于其他类型的存在者的术语进行描述。"此在"不是所谓的"什么—存在"，不是已经展开的具体的本质和特性，换言之，"此在"的存在方式不可以由具体的范畴或者规范性的概念加以设定。"此在"不是人，更准确地说，"此在"不是生物学的自然人或者社会关系的总和，而是在世界之中的全部生存活动。因此，"此在"的任何生存状态都必定与自己的周围世界相关联，以认知或实践的形式同其他存在者联系着，只不过相较于认知，实践在存在论上居于一种优先地位，认知是奠基于在世存在的一种次要的、派生的存在方式。

人们由于惯常从主体和意识角度理解"此在"，因而往往认为（包括胡塞尔在内）海德格尔对"此在"的生存论分析实质上是在利用现象学方法进行人类学分析，这是对"此在"概念的明显误解。我们不能把"此在"一词轻易地拿来并将其作为人类主体（human agent）的全新指称加以利用，两个术语严格来说并没有概念上的通约性。"此在"身上表现出的各种性质不是现成存在者的现成属性，它的本质是生存，也就是去存在，去绽露和展开诸多存在的可能性，性质是"此在"存在的可能方式，因而"此在"并不表达它是什么（如桌子、椅子、树），而是表达它怎样去存在。② 从这种意义上说，认为"此在"是一种人类主体的观点是聚焦于自然人普遍具有的主体性特征，狭隘化了对"此在"的本真理解，"此在"确实是指人这一存在者，但又不仅限于这层含义。所以，海德格尔本人不会赞同利用研究其他事物的研究方法，比如观察、统计以及实验等科学方法来研究"此在"，对"此在"的分析因而也就成了一个方法论问题，恰当的方法是正确理解"此在"的出发点。

此外，将"此在"看作认知主体也不甚适宜，"此在"的优先地位并不像笛卡尔的"我思"一样体现为认知主体。原因在于，如果将"此在"

---

① 张汝伦：《〈存在与时间〉释义》上册，上海人民出版社，2014，第 17 页。
② 参见〔德〕海德格尔《存在与时间》，陈嘉映、王庆节译，商务印书馆，2017，第 49—50 页。

视为一个"认知主体"的概念，那么在存在论意义上便已经设定了"认知客体"和"认知对象"等概念的存在，主客两极的分立先于认知关系而在存在论中显现出来了。这样一来，克服笛卡尔的二元认识论便成为一句空话，因为始终都存在着对立关系。因此，海德格尔就是要从人之存在这一原初的事实本身终结掉心—物、主—客生成的根源，将"此在"看作"在我们现实生命活动之中的活生生的、个别的、有血有肉的、前理论的、先于主体客体、人与世界二分的存在物，它不受任何理论、概念的羁绊，相反，它的活生生的、有血有肉的生存活动使得任何'主体''客体'的概念，使得人与世界的划分成为可能"。① 人的认知和心智活动需要从更原初、更本真的具体、现实的操劳和操心的生存活动中寻求描述和解释。从这种意义上说，"此在"是一个具体的主体，海德格尔抽离了胡塞尔借助本质还原抽象而来的"纯粹意识"，强调人对世界的实践拥有，强调对实用事务的实践导向。与在世界中被理论地思考的"现成在手"事物相比，在世界中以实践方式遭遇的"上手"事物更具有存在论上的优先地位，我们不是从一个认知主体及其心智内容出发谈论"此在"的"在世存在"，而是从一个必然同所处环境打交道的实践主体出发展开讨论的，"此在"与世界之间最基本的关系不是一种认知关系，而是一种本真或非本真的生存关系。因此，我们不能把"此在"理解为单纯的认知主体，尤其是理解为封闭在自身心智内容和表象中的、无世界的、"笛卡尔式"的主体。

　　总之，关于"此在"的描述，有一点是清楚明白的，即"此在"居于发问存在问题的优先地位。"此在"不是从属于人类学、心理学和生物学范畴的概念，它必须借助生存论的分析加以阐明，科学理论的分析是不充分的。海德格尔反对以意识和主体为出发点解释"此在"，认为这样会遮蔽后者的存在方式。作为主体的"我思"对客体、对世界的认知活动只是"此在"生存活动的一种方式，而不是全部，甚至不是那最紧要和最原初的方式。② 然而，认知科学是在把人当作一种经验主体的基础上展开对认知与智能等的研究的，无论是认知主义还是联结主义，还是具身—交互的

---

① 王庆节、张任之编《海德格尔：翻译、解释与理解》，三联书店，2017，第18页。
② 王庆节、张任之编《海德格尔：翻译、解释与理解》，三联书店，2017，第13页。

能动主体，都在为解决心智与世界之间的连续性而绞尽脑汁。新的认知科学范式虽然极力摆脱了主体对计算—表征的依赖，并将人理解为身体—心智的统一体，但是海德格尔式认知科学的认知主体——"此在"不只是基于一种嵌入环境的具身行动，更重要的是人整体的生存活动和现象。如果剥离了"此在"之生存本质的主导规定，那它便不再是海德格尔式的了。

二 海德格尔式认知科学语境下的"自然化此在"

即使面临着失去存在论意义的风险，有人依旧认为海德格尔现象学与认知科学的研究是相关的，经过自然化改造的"此在"概念适用于新的认知科学范式，自然化的解释框架有可能保证海德格尔现象学与认知科学在重要概念上的连续性。但是两者关于"此在"的分析方法有着很大的不同，这成为二者相互融合的重要障碍。这里的问题是：为什么不能直接将"此在"应用于认知科学？这一问题我们已经在前述作了简要回答："此在"不单是进行意向性的认知活动，更涉及对存在的理解和把握，它植根于存在论现象学的语境，因而不能不加限制、自由地混用，[①] 需要予以自然化。那么，什么是自然化？"此在"如何自然化？自然化后的"此在"还是"此在"吗？下面我们将尝试回答这些问题。

（一）自然化与自然化的现象学

自然化最初是由奎因为了消除怀疑论而提出的，主张为了发现构成知识及其获得的基础，必须诉诸行为主义心理学以及对科学的历史研究，人们拥有的科学信念源于其感官刺激，人的认知官能是自然中的实体，认识论和自然科学相互包含。[②] 自然化现象学的初衷则是利用现象学和认知科学的资源，以现象学的分析方法解决意识、感受质等难问题，通过正确理解和描述意识活动的本质结构，寻求与实证研究关于大脑状态的功能解释（认知科学给出了关于心智和认知的因果解释）的勾连和对应，表明现象

---

① 根据魏屹东教授提出的语境同一论，本体原则指明讨论特定的概念和问题必须在特定的语境中进行，而意义制约原则指出每一概念都有其意义边界。不同语境之间的交叉决定着能否共享同一概念。
② 〔英〕尼古拉斯·布宁、余纪元编著《西方哲学英汉对照辞典》，人民出版社，2001，第660 页。

学可以作为理解心智的一个可行的解释路径，最终提供一个将现象学和认知科学统摄起来的解释框架，同时保留现象学自身独特的分析方法与特征。我们可以看到，自然化现象学是基于自然而非超自然的存在展开，承认自然科学解释的权威，正如塞拉斯（Wilfrid Sellars）所言，"在描述和解释世界的维度上，科学是所有事物的尺度，是事物是什么和不是什么的尺度"。① 需要承认的是，自然科学对哲学构成了相当程度的挑战，持有自然主义立场的人认为，对意识、心智等现象的研究本质上是一个科学而非哲学问题，不能通过一般的哲学论证加以解决，"鉴于哲学家在过去两千年来如此糟糕的表现，他们最好表现出谦逊的态度，而不是通常具有的高傲优越感……哲学家必须学会在对其不利的科学证据面前放弃他们钟爱的理论，否则只会令自己陷入群嘲的尴尬境地"。② 对于现象学家而言，现象学虽然不是一门经验科学，但并不能排除它对意识和认知科学等实证研究可能产生的积极影响，相反，科学研究需要现象学本身具有的先验洞察力。关于将现象学自然化的问题，人们似乎已经达成了某种共识，只是在自然化的具体细节上发生了分歧，产生了激进与温和两种不同的自然化路径。所谓激进的现象学自然化，是将现象学的第一人称描述体验等同于大脑的神经生物学过程，弥合第三人称的经验科学描述与第一人称的个体体验之间的解释鸿沟，最终使现象学成为自然科学的一部分。温和的现象学自然化则是要在保持现象学与认知科学各自独立性的前提下实现二者之间有意义的互动：一方面，现象学有助于质疑和阐明经验科学的基本理论假设；另一方面，经验科学可以向现象学提供具体的发现，现象学不能简单地无视，相反，它必须容纳这些新的发现，因为这些证据能够促使现象学完善或修正自己的分析。③ 总的看来，自然化现象学的基本立场是在本体论上将自己限制于能被人们信赖的科学属性的范围内，使得自己的概念与自然

---

① W. Sellars, *Science*, *Perception and Reality* (London: Routledge and Kegan Paul, 1963), p. 173.

② Shaun Gallagher, Daniel Schmicking, *Handbook of Phenomenology and Cognitive Science* (New York: Springer, 2010), p. 4.

③ Shaun Gallagher, Daniel Schmicking, *Handbook of Phenomenology and Cognitive Science* (New York: Springer, 2010), pp. 14 – 15.

科学所承认的概念具有属性上的连续性，但这可能造成其与现象学的先验传统相割裂的危险。

（二）惠勒关于"自然化此在"的主张

人的认知现象和能力问题，向来为哲学的认识论与经验性的认知科学所关注，二者的研究在此形成了交叉。在惠勒看来，"此在"是在世界之中且能够完全应付世界的具身的智能体，他关注的是人类认知，并将"此在"的情境性的存在方式纳入这一范畴之内。关于认知的表现形式，惠勒指出他所谓的"流畅应对"是人类认知活动的主要形式，这种"在线"的智能形式比"离线"的理论反思更加准确，更能完整地描述人类认知的全貌，同时更易于同身体和世界产生关联，即认知在很大程度上是身体和环境交互的结果。我们看到，惠勒的研究和讨论都遵循着自然主义，他也承认，"任何称得上是'认知科学'的研究纲领都不可避免地伴随着自然主义的身影"。① 其目的在于避免海德格尔哲学本身可能具有的一种神秘感，希望对认知现象的海德格尔式研究同自然科学保持一致，② 当我们以科学认知的方式促成对世界的理解时，给出的科学主张与断言便具有了或真或假的事实价值。惠勒认为，依托着对于存在的理解，经验科学的理论态度能更好地发现事物的本来面目，而探究事物的构成从来就是人的天然诉求。因此，他不认为烙有海德格尔印记的心智理论必然会与认知科学呈现对立的态势，海德格尔哲学并不必然地反对自然主义。相反，海德格尔哲学与自然主义是否以及能否相融是决定海德格尔式认知科学前景的关键。在惠勒看来，海德格尔哲学是有可能为认知科学开辟出一条新的道路的，条件是关于心智与认知的哲学在形式上必须是自然主义的。换句话说，就是要求保证哲学与实证科学的连续性，对于某一现象 X（心智、认知抑或是在世存在）的科学解释限制着哲学的理论化。

惠勒认为，"此在"能够被自然化的理论基石在于承认自然主义是认知科学的规范性前提，海德格尔式认知科学是一种系统地将海德格尔哲学

① M. Wheeler, "Science Friction: Phenomenology, Naturalism and Cognitive Science," *Royal Institute of Philosophy Supplement* 72（2013）：137.

② 正如我们在前文中提到的，德雷福斯对他的观点提出了强烈批评，认为惠勒的认知理解就是围绕着操作心理表征而展开的，就此而言，他的"海德格尔式认知科学"是虚假的幻象。

框架同认知、智能、思维以及行动的认知科学路径的基本特征相结合的认知科学。"此在"作为海德格尔式认知科学的核心概念，同时是后者的解释目标，海德格尔本人始终避免把"此在"当作一个现成存在的对象来考察和研究，只有这样我们才能够理解"此在"包含的意蕴。惠勒发现了其中的矛盾，他认为，海德格尔式认知科学的亮点在于以一种非对象化的意义建构模式来描述"此在"，然而问题在于，包括认知科学在内的现代科学的根本特征反而是意义建构的对象化模式，如此便产生了明显的矛盾。在这里惠勒自己也面临着艰难的取舍，是聚焦于人的认知现象还是"此在"的存在方式，正如加拉格尔和扎哈维所指出的，现象学家与心理学家都试图对同样的经验作出解释和说明，但他们采用了不同的方法，提出了不同的问题，并寻找着不同类型的答案。① 他力图兼顾二者之间的动态平衡，既要实现对人类认知的海德格尔式考察，又想回避拉特克利夫和德雷福斯等人对他的诘难。后者批评他背离了海德格尔对人类原初的生存体验的关切，忽视了关于"此在"亲熟于世界，即"此在""在－世界－中－存在"这一至关重要的生存现象。根据海德格尔的思维方式，"在世存在"是人类认知的先验条件，认知科学作为揭示存在者的独特模式也以之作为自身的先验条件，而"此在"在世的先验性阻碍着关于"此在"的自然化描述（因为世界不能被还原为数学及物理学意义上的空间性，"在世存在"也不是一物在另一物中层层镶嵌的状况，我们在前述已经予以详细论证）。在惠勒看来这一挑战并不致命，他认为"此在"同世界相亲熟的现象学理解的具体细节可以被认知科学重塑为生成这一熟悉感的因果反馈循环，"此在"的"在世"也能被描述为一种具身—嵌入式的认知机制，因为"此在"在世具有某种历史性，同时历史性也是"此在"生存论的构成部分，认知科学作为人的意义建构活动则是内嵌于人类历史中的。②

　　概言之，惠勒的结论就是"此在"能够而且应该被自然化，再过抽象、先验的哲学概念都不能让我们无视自己是经验性的存在者这一事实，

① Shaun Gallagher, Dan Zahavi, *The Phenomenological Mind*: *An Introduction to Philosophy of Mind and Cognitive Science* (New York: Routledge, 2008), p. 7.

② Julian Kiverstein, Michael Wheeler (eds.), *Heidegger and Cognitive Science* (New York: Palgrave Macmillan, 2012), pp. 191 – 192.

我们对于存在之领会的澄明亦需要对于实在的理解，而后者正是科学的任务。这可能是惠勒坚定支持"自然化此在"的根本原因。

（三）"没有关于此在的认知科学！"：拉特克利夫的反驳

针对惠勒提出的"海德格尔式自然主义"，[①] 拉特克利夫认为这一设想在原则上存在着不可克服的局限性，经验科学的基本概念都是围绕着存在者建构起来的，对存在者的聚焦阻碍着我们关于"此在"和世界的充分理解，海德格尔早期的哲学立场同自然主义并不相容。海德格尔在授课的时候以桌子为例仔细说明了经验科学视角与现象学视角的本质差别：我们不是在描画此时此地的一个特定的（对于椅子的）感知，而是感知活动本身。我看到的不是椅子的"表象"，把捉的不是椅子的图像，我觉知的不是对椅子的知觉，毋宁说，我只是简捷地看到了它——看到它本身。我不是在作关于椅子的探察和理论性研究，即确定作为质料之物的椅子的硬度和密度，而是在说，这把椅子用起来不舒适。我们对椅子的"看"不能在狭隘的视知觉的意义上去理解，"看"是对"显现物的简捷的认知"。[②] 关于惠勒将"此在自然化"的设想，拉特克利夫提出了两点反驳意见。第一，根据海德格尔的观点，科学的研究对象是完全客观的、独立于主体的存在物及其属性，并不涉及对存在问题的考察与理解。从某种意义上说，认知科学的目标是受限的，它不是最能切近"此在"的方式，会湮没"此在"与其他存在者的突出不同之处，从而将"此在"置于众多存在者之中，泯然于众存在者，以坚持自然主义立场的认知科学解读海德格尔的哲学观点是一种非常肤浅的方式。他概括、抽离了海德格尔在《存在与时间》第一部分关于经验科学未能揭示"此在"之本质的先验论证。[③]

（1）经验科学探究的事物是什么，在回答这一问题之前，人们必须区分存在与非存在。也就是说，必须理解事物的是其所是（what it is to be）。

---

① 惠勒的自然主义认为，我们需要对已有的一些解释予以最为可靠的程度的检验，也就是弄清楚它们是否同自然科学相一致，如果答案是否定的，则说明该解释没有通过检验，那么这一解释就必须被拒斥。

② 马丁·海德格尔：《时间概念史导论》，欧东明译，商务印书馆，2016，第50~54页。

③ Julian Kiverstein, Michael Wheeler (eds.), *Heidegger and Cognitive Science* (New York: Palgrave Macmillan, 2012), pp. 144-145.

（2）我们是对存在有所理解的存在者，因而对人类认知的完整解释需要囊括我们关于存在的理解。

（3）经验科学关注事物的在手状态（present-at-hand），只关涉填充在世界中的事物（这样的说法暗示了世界是一种容器，但海德格尔明确反对对世界作类似的隐喻），故而它不可能包含关于"此在"的充足描述。①

（4）经验性的科学理论不能充分概括"此在"拥有世界（have a world）的特征，这一特征同"此在"不可分割。世界自身不是作为现成在手之物同"此在"遭遇，我们凭借着对存在的领会得以理解世界，"属于世界"（belonging to a world）的意义不能简单地还原为和一些对象的照面。

（5）因此，经验性的科学理解仅限于弄清楚事物是什么（也就是事物自身的构成以及相互联系），没有考虑到当我们进行科学研究时如何发现自己的在世性。

在拉特克利夫看来，没有理由相信经验科学所采用的认知实践的偶然集合足以完全地揭示世界中的一切对象。现成在手的认知模式对上手活动作了抽象化的处理，它剥离了上手活动本身具有的某些特征与意义，正是上手活动使得人们产生了与世界之间的归属关联，但认知科学没有能够充分说明这一点（至少在海德格尔看来是这样的）。认知科学在某种程度上避开了海德格尔哲学关注的研究域，它不能被用来解释人类"拥有世界"这一基本的存在形式，而这也正是"此在"的核心特征之一。

第二，"此在"与其他动物、植物以及其他物质性的东西（如石头）不同，区别在于"此在"能够"拥有世界"，而"拥有世界"表明"此在"不是基于"刺激—反应"，抑或是"感知—表征—决策—行动"的一般模式，② 而是具有了更为强烈的主动意味。蚂蚁等非"此在"的其他存在者只是"拥有环境"，处于一个被严格限定的特定范围，"此在"与这些存在者之间的区别不在于他的行动反应更灵活、更具适应性，而是"此

---

① 海德格尔认为，相对于其他一切的存在者，"此在"具有在存在者和存在论层面上的优先性。凡是以不具备"此在"之存在特性（也就是以对存在有所领会的方式生存着）的存在者为课题的各种学科都需要基于"此在"自身的存在结构而得以说明。

② 在惠勒看来，"此在""拥有世界"表现为他在世界中的熟练活动，他将这一活动描述为身体反应与环境之相关特征的动态耦合，人的智能行为从中得以涌现。

在"本身不会像动物一样限于固定的环境当中，世界会随着"此在"生存之可能性而延伸或收缩。也就是说，"此在"置身于一个由有意义的可能性形成的场域，并且拥抱着可能性。海德格尔说道："人不仅被认作世界的一部分，在世界中出现着，共同建构着世界，而且人与世界相对而立。"① 相对而立是人的主动选择，正如马克思所指出的，人作为实践和认识的主体，始终在不断地认识世界和改造世界，在海德格尔的视域中"此在"就是对世界的一种"拥有"。拉特克利夫认为，人与其他有机体之间存在三个根本差别：①（其他有机体）对有限刺激的僵化反应；②（人）具有灵活的反应形式，可以预测一系列可能性；③（人）能够将可能性理解为可能性。② 在他看来，惠勒的"行动导向的表征"（action-oriented representation）只是②的复杂版本，没有能够说明为什么可能性是人与世界相关联的根本途径，而这才是人们理解世界和自身与世界关系的独特之处。

概言之，拉特克利夫认为，海德格尔的方法从任何意义上讲都不是自然主义的，将"此在"自然化归根结底是对"此在"作了现成性的误读，按照他的理解，上手活动与现成性的科学描述之间并不是融贯的，有机体—环境灵活地耦合也不是"海德格尔式"的。随着认知科学的不断发展和进步，未来或许能够完满地描述和解释人的全部经验与行动，但这不是存在论现象学的目标。如果海德格尔的观点是正确的，那么"拥有世界"是认知科学永远无法抵达的彼岸，不管我们对人类认知能力的解释如何连贯。海德格尔可能并不会让我们放弃全部的认知科学，但它同生物学、人类学等实证学科一样，定位于事实的状况，而忽视了"此在"向自身境遇的可能筹划。正如拉特克利夫所言，一门关于"此在"的认知科学就如同通过画一幅精美的图像来做心脏移植手术，或者通过思量 289 和 47624 的美学特质来进行加法运算一样，属实是拙劣的设想了。③

---

① 〔德〕马丁·海德格尔：《形而上学的基本概念：世界—有限性—孤独性》，赵卫国译，商务印书馆，2017，第 262 页。

② Julian Kiverstein, Michael Wheeler (eds.), *Heidegger and Cognitive Science* (New York：Palgrave Macmillan, 2012), p. 149.

③ Julian Kiverstein, Michael Wheeler (eds.), *Heidegger and Cognitive Science* (New York：Palgrave Macmillan, 2012), p. 138.

（四）"此在"自然化的三种维度及其可能性

什么是自然主义，在不同的语境当中这一术语具有不同的含义，我们在这里将自然主义主要区分为三种形式，即本体论的自然主义、认识论的自然主义以及方法论的自然主义，因此，自然化的具体方式取决于对象所属之具体范畴，现象学的自然化也分为本体论、认识论和方法论上的自然化。① 每一种自然化的形式是不同的，我们需要分析从三个维度将"此在"自然化的可能性，从而更为全面地考察和把握"此在"自然化的问题。

第一，从本体论的维度看，本体论的自然化现象学直接承自本体论的自然主义，后者主张事物构成的一元论，每一事物的构成要素和属性都是自然的。本体论方面的自然化似乎是自然化现象学的核心诉求，如果可能，便可以从根本上弥合因果描述—现象学描述、物理属性—现象属性的"解释鸿沟"。从这种意义上说，"此在"在本体论意义上自然化的必要条件是将其看作某一自然人，人的意识不是什么神秘的"个人体验"，而是具有自然属性的自然物（大脑包含的神经过程），以此来表明"此在"同其他存在者一样是以实存的方式被我们把握。然而，这一理解遮蔽了"此在"同其他存在者经上手活动而建立的指引关系，而上手活动也就是一种实践活动。在海德格尔眼中，"此在"更多的是一种实践性而非认知性的存在者，它的首要存在方式不是认知，而是在世界中的上手操劳，操劳活动蕴含着人之存在的源始意义，这种意义具有不可还原的特征。相较而言，自然化现象学的方法是将现象学分析的结果转化为清楚明白的科学语言（比如数学），任何一种现象学描述只有在融入自然科学之解释框架的意义上才能自然化，前提是这种描述可以被形式严谨的数学语言代替，罗伊等人认为，数学化是自然化的关键手段，② 而数学化在某种程度上可以看作一种还原类型。例如，马尔巴赫便尝试建立一种形式语言描述现象学的第一人称报告，将现象性的个人描述符号化，构成能够被主体间共

---

① 参见 J. Maxwell, D. Ramstead, "Naturalizing What? Varieties of Naturalism and Transcendental Phenomenology," *Phenomenology and Cognition Science* 14 (2015)：929 – 971。

② J. Petitot, F. Varela, B. Pachoud, J. M. Roy (eds.), *Naturalizing Phenomenology：Issues in Contemporary Phenomenology and Cognitive Science* (Stanford, CA：Stanford University Press, 1999), p. 42.

享的意义。从另一角度看，类似的现象学符号抛却了经验的内容，它专注于经验的形式结构，数学作为中立的、形式化的工具能够被大多数人理解和接受，而且数学理论能够有效描述"连续"与"离散"的动态系统，并且已经为人类心智提供了一种解释框架，比如戈尔德等对认知的动力学分析。因此，足够复杂、精密的数学可以促进现象学材料与自然科学领域的数据向一种普遍语言转化，① 自然化"此在"的理想形式如图4-1所示。

图4-1　自然化"此在"的理想形式

资料来源：笔者自制。

　　然而，从"此在"的构成性上说，在世存在是避绕不开的问题，"此在"从本质上说就是在世界之中存在。这不是指两个客体在空间中并列，抑或客体在空间内的物理联系，"既不是指客体的存留存在，也不是指主体与客体的关系"，② 它是"此在"的基本结构。在海德格尔看来，存在于世的不是孤立的、绝对的"先验自我（意识）"，而是诸多个体的生存活动。惠勒对"此在"在世的生存结构作了经验性的描述，在他看来，在世存在意味着人类主体是以具身的方式嵌入科学描述的世界之中。然而，这样的描述方式忽视了"此在"在世界之中的存在方式，也就是忧虑（Sorge），更忽略了"此在"最本质的特征——向死而在。在世存在给"此在"带来了"畏"这一基本的情绪体验，不是对其他存在者的情绪，而是在被抛入世界后感受到的不确定性，它意味着"此在"之生存的结构

---

① 要注意的是，胡塞尔早期是作为一名数学家进行活动的，后来才转向哲学，他为什么没有利用数学方法解释现象学反思的成果，其中原因值得思考。

② 〔德〕汉斯·约阿西姆·施杜里希：《世界哲学史》，吕叔君译，广西师范大学出版社，2017，第583页。

可能性。

概言之，如果站在海德格尔的立场，"此在"的存在根本不是现成存在，形式化的对象是现成的存在物。当我们讨论自然化，尤其是以数学方法形式化"此在"时，我们便失去了对"此在"进行适当的生存论分析的可能性。海德格尔已经明确表明了"此在"概念根本不同于一切旧有的、关于人的传统观念，人的认知与思维能力不是他论述的主题，对他而言，重要的是对存在的理解。从本体论的维度看，"此在"是将存在问题扛在肩上前行的特殊存在者，它需要在存在论上加以确定，海德格尔不是在作现象学的人类学研究，因而"此在"也不是属于人类学范畴的概念。在我们看来，自然化也是一种对象化、机制化，它将身体与心智统一的人解释为具身—嵌入的智能主体。然而，一个具象的"人"不是"此在"，人体的肉身和心身统一体的自我都不是"此在"，[①] 自然化的运作需要建立在关于人的因果以及功能层次的理解之上，这无疑是和"此在"的本质定义相矛盾。因此，从本体论角度谈论"此在"的自然化并不可行。

第二，从认识论的维度看，自然主义主张，认识论的证明和解释是与自然科学相伴随的持续过程，科学的方法是我们获得知识的唯一方法，[②] 是我们认识事物和对象唯一可靠的途径和手段。自然主义的认识论强调经验知识的唯一合法性与有效性，强调知识应当同自然的事物、属性、法则以及规律相关。反映在现象学上，表现为三种自然化路径的现象学：罗伊、马尔巴赫等人提出的形式化的现象学（formalized Phenomenology）；瓦雷拉和汤普森等人提出的神经现象学（Neurophenomenology）以及加拉格尔等人提出的前置现象学（front-loaded Phenomenology）。后两种形式是在基本保留现象学的材料、方法和洞见的前提下将现象学与认知科学结合，现象学主动地融合进技术和实验方法，现象学与认知科学通过相互引导将彼此关联在一起。它们都力图沟通现象学材料和神经生理学材料，前者通过第一人称的内省报告获得，后者则借助于功能核磁共振成像（fMRI）等

---

① 张一兵：《回到海德格尔——本有与构境　第一卷　走向存在之途》，商务印书馆，2014，第434页。

② 〔英〕尼古拉斯·布宁、余纪元编著《西方哲学英汉对照辞典》，人民出版社，2001，第660页。

实验，其共同目标是通过将详细的现象学研究形式和神经科学研究的实验方案相结合，生成新的数据资料，以获得关于人的自身体验和大脑神经过程复杂关系的理解和解释。

我们认为，从认识论维度讨论"此在"的自然化涉及我们如何认识"此在"的问题，我们看到，自然化现象学的一般方式是利用了第一人称的现象学方法，将人作为自身体验的报告者与观察者，"此在"成为第一人称视角的体验主体。胡塞尔否认现象学语境下的意识形态或结构同神经科学语境下的自然的因果形式或结构之间具有某种类型同一，"意识的综合完全不同于自然要素的外部组合……而是关于意识生活的本质，而意识生活包含在一个意向的交织、动机，以及通过意义的相互蕴含，在其形式和原则上都与物理世界的方式毫不雷同"。[①] 他将一切事物的有效性，甚至世界的存在与否都置于先验主体内，先验自我成为经验何以可能的必要条件，通过连续的现象学还原，胡塞尔最终走向了先验唯心主义。相反，海德格尔认为，"此在"不是先验的主体性或一束意识流，并非现成的主体或客体，不能作为一个业已发生的存在者被我们所理解。他竭力避免从"主体的我"这一角度切入。按照张祥龙先生的解释，海德格尔利用"此在"既保持了"主体"指示出的人的关键性的存在论地位，又清除掉了人性观中的主体主义，"此在"就是诠释学和现象学化了的人本身。[②] 我们可以看到，不论是胡塞尔的先验唯心立场（作为意识）还是海德格尔的存在论立场（作为一种生存现象），"此在"都不能被自然化，因为它不是自然要素的综合。

第三，从方法论的维度看，"此在"的自然化问题同时也是一个方法论问题，也就是说我们是否能够以一般的科学方法对"此在"概念本身进行分析和阐明。一种强立场的方法论自然主义将自然主义视为一种元哲学，主张哲学研究（包括认识论、伦理学、形而上学）应当采用，或者至少与自然科学的方法（比如实证试验、概念的操作化等等）及其证明标准

---

① 〔加〕埃文·汤普森：《生命中的心智：生物学、现象学和心智科学》，李恒威、李恒熙、徐燕译，浙江大学出版社，2013，第 300 页。

② 张祥龙：《海德格尔思想与中国天道：终极视域的开启与交融》，中国人民大学出版社，2011，第 81 页。

［如简约性（parsimony）、简明性（simplicity）、预测力（predictive power）以及结果的可重复性（reproducibility）］保持一致。① 强立场的方法论自然主义要求保持哲学与自然科学在方法上的连续性，暗含着取消哲学在方法论领域内的自主性的危险。由于这一立场过于强硬，不会为大多数人所接受，因而我们在这里主要关注方法论自然主义的较弱立场：如果 X 是某一自然实体或属性，那么研究它的最恰当方法就是与自然科学的研究方法相融贯或连续。② 承认和接受方法论自然主义需要拒斥本体论自然主义，只有在这一前提下，前者才能作为一种理论立场被我们解读。如果我们接纳了自然主义的本体论承诺，就意味着消除了使方法论自然主义得以成立的约束条件，即命题的适用范围不是哲学中的全部话语和对象，而是那些被认为是自然实体或属性的对象。

笔者认为，海德格尔存在论哲学语境中的"此在"与这种较为和缓的方法论自然主义并不兼容。关于人的活生生的身体（lived body）和心智，我们赞成弱的方法论自然主义的介入，因为它们可以被看作具有自然属性的事物，甚至还有专门研究身体与心智的自然科学（胡塞尔也设想了讨论身体的躯体学）。对于"此在"而言，它既不适合于"无身"的描述，不能看作脱离身体的先验主体，同时也非心智寓于肉身的心身统一体。不同于自然科学的研究方法，海德格尔是利用现象学方法来应对"此在"这一研究对象的，"此在"并非对"人"这个名称的一个随随便便的替换，而是对一种存在方式的特别限定。③ 在他看来，身体首先必须作为人在世界中存在的根本方式而被我们把握，它不是放置心智的容器，"此在"因之也可被视为一种身体式的存在。海德格尔反对以传统的方式对"此在"展开说明，所以他一直在强调自己不是在作人类学研究，与其他人不同，他认为诠释学才是研究"此在"的正确、恰当的方法。这一方法不是为了描

① J. Maxwell, D. Ramstead, "Naturalizing What? Varieties of Naturalism and Transcendental Phenomenology," *Phenomenology and Cognition Science*（14）2015：931.

② J. Maxwell, D. Ramstead, "Naturalizing What? Varieties of Naturalism and Transcendental Phenomenology," *Phenomenology and Cognition Science*（14）2015：932.

③ 王玨：《大地式的存在——海德格尔哲学中的身体问题初探》，《世界哲学》2009 年第 5 期，第 134 页。

述某个处于历史或文化情境中的具体个人，而是"为我们摆明我们的自我解释着的存在方式之普遍的、跨文化的、超历史的结构"，① 对于海德格尔来说，"此在"的自然化就是对"此在"本身之领会的误解，我们对"此在"的探究不等于以规则和程式将诸多属性、因素和特征关联起来，如何通达"此在"涉及对存在的理解，而这种理解不是纯粹的认知和心理过程。也就是说，这种理解不能通过自然科学的实验方法还原为某一较为完备的、并被某一主体所有的科学信念系统。此外，每一方法都有它所要实现的目标，自然化方法论的意图是将"此在"本身科学化，从而与认知科学的概念体系相容。这样造成的后果是使"此在"有其名而无其实，"此在"面对的存在问题在自然科学的视域中被忽视了，更不用说探讨和解决，他成了具有经验内容并奠基于科学的认知机制的认知主体，这背离了海德格尔的原意。

综上所述，我们从本体论、认识论和方法论三个维度讨论了自然化"此在"成立的可能性，结果表明将"此在"自然化为适用认知科学语境的概念面临着不小的困难。不论立场的强或弱，借用自然科学的理论来研究"此在"，甚至形成一套描述"此在"的科学机制，这样的做法始终会更迭"此在"原有的生存论意义以及他作为追问存在问题的特殊存在者的存在论地位，"此在"的自然化可能只是如同水中月镜中花一样的幻象。

三 "自然化此在"只是一个"幻象"

在惠勒看来，一个人在持有科学的实在论立场的同时赞同海德格尔的哲学观点其实并不矛盾。② 海德格尔并不反对科学本身，他反对的是一种以朴素的眼光看待世界和存在者的理论态度，任何学科都必须在对存在有所理解的前提，即在一个"生物、社会和文化信念和实践的既定背景"③

---

① 〔美〕休伯特·德雷福斯：《在世：评海德格尔的〈存在与时间〉第一篇》，朱松峰译，浙江大学出版社，2018，第43页。

② 虽然惠勒主张哲学与科学的智力联姻，但若两者的解释相冲突，比如哲学主张的一些实体、状态和过程与自然科学不一致，人们需要放弃的是哲学而非科学的解释。尤其是涉及关于存在对象的假设，科学具有解释的优先性。

③ 〔智〕F. 瓦雷拉、〔加〕E. 汤普森、〔美〕E. 罗施：《具身心智：认知科学和人类经验》，李恒威等译，浙江大学出版社，2010，第9页。

下展开。惠勒的目的在于寻求建立一门新的"海德格尔式认知科学"，将海德格尔的某些哲学主张纳入自然主义的解释框架当中，实现这一目标的关键点在于如何以认知科学的概念术语描述和确定"此在"，如何在认知科学中为"此在"寻求一个恰当的位置。从某种意义上说，对人类认知的考察与研究既需要朝外转向自然主义的因果解释，也需要朝内转向对个人经验的内省描述。丘奇兰德（Patricia S. Churchland）坚定地认为我们的个体经验和认识是错误的，按照他的观点，我们在日常生活中应该诉诸大脑和神经状态而非经验（但是人们不太可能随身携带着仪器对自己进行检验，这听起来有点匪夷所思而且没有必要）。同样地，我们不能把对认知的理解束缚于某种科学或哲学的解释，而应当力图融合两者之间的裂痕，寻求它们在解释上的统一。人（"此在"）恰好处在一个交叉点上，若要成功地构建一门真正的"海德格尔式认知科学"，"此在"的自然化是重要的一环。所谓自然化则是运用认知科学的概念来说明"此在"，说明他在认知科学领域中具有的本体论地位。胡塞尔先前指出，"由于自然主义想将哲学建立在严格科学的基础上，并且想将哲学作为严格的科学构建起来，而它看起来又显得完全不可信，因此，它的方法目的本身也就显得不可信"。[①] 需要明确的是，胡塞尔并不反对自然科学解释，他反对的是统摄一切的自然主义解释范式，有关意识、意向性本质的描述只能是现象学的任务，自然主义的经验分析是现象学排除的对象。从这种意义上看，"此在"的自然化似乎违背了现象学最基本的原则和信条。

在前述中我们厘清了认知科学视域下"此在"的基本内涵。按照海德格尔的说法，"此在"首先不能被描述为一个意识主体，"我们应当指出，迄今为止以'此在'为目标的提问与探索虽然在事实方面大有收效，但错失了真正的哲学问题，而只要它们坚持这样错失哲学问题，就不可要求它们竟能够去成就它们根本上为之努力的事业"。[②] 海德格尔就是要将关于"此在"的生存论分析同心理学、生物学以及人类学区分开来，在他看来，学科之间的分立决定了它们只能独立地把"此在"的某一方面作为自己的

---

① 〔德〕胡塞尔：《哲学作为严格的科学》，倪梁康译，商务印书馆，2010，第11页。
② 〔德〕海德格尔：《存在与时间》，陈嘉映、王庆节译，三联书店，2012，第65页。

课题加以研究和解决，因而未能指向"整个人的存在"。相较而言，自然主义将解释限制在了物理事件和物理对象的范围内，对自然主义来说，任何不能依照物理过程加以解释的东西都是神秘的，需要被解释和可以被解释的一切东西尽在自然之中。若依照自然主义的信念来理解，"此在"和其他事物一样，是服从严格的自然法则（因果律）的时间—空间存在者，是一个在世界中实在地发生着的实体。即便是心理现象也是依附于物理自然的一个变体，是"平行的伴随物"，任何东西都明白无误地受严格的自然法则的支配。①

　　然而，海德格尔会认为"此在"的生存论分析是更为基本的，在自然主义者眼中，认知神经科学等领域的研究也同样基础。在一些现象学家看来，这两种类别的研究之间不可通约和还原。海德格尔虽然不赞同胡塞尔先验主体的转向，但他接受了后者"悬搁一切预先设定"（包括自然主义的立场和态度）的现象学方法。因此，基于这一点分析，海德格尔是不会赞成从自然主义视角诠释"此在"，并将"此在"自然化的，我们认为，这是现象学与认知科学之间对立关系的又一体现。② 此外，海德格尔认为，实证科学与存在论现象学的研究领域之间存在着重要的差别，一个讨论事物的实存，另一个则关注作为奠基的存在。然而，海德格尔给予"此在"以特殊的存在论地位，是能对主体和自我意识的存在问题进行追问的"特殊"存在者，存在问题只能从"此在"切入，它自身蕴含着比主体性和意识维度更加丰富的内容。认知科学将"此在"定义为一种"人类主体"（human agency），甚至重新解释为主体性，我们认为，这在很大程度上掩盖了人的存在与一般存在的本质关系，并且海德格尔的《存在与时间》不是要对人类认知作出解释和说明，更不是一部知识论和心智哲学的著作，

① 〔美〕肖恩·加拉格尔：《现象学导论》，张浩军译，中国人民大学出版社，2021，第22页。
② 现象学要求考察第一人称的活生生的意识体验，而认知科学是从第三人称视角来解释人类的心智现象，许多人在两者相互兼容的问题上产生了较大的分歧。有的学者，比如扎哈维，认为现象学能够对认知科学研究人类心智活动提供有益和必要的补充，现象学的解释模型可以与认知科学的解释模型进行卓有成效的交流；马尔巴赫主张现象学所讲的个人意识体验与内省报告应该而且可以为认知科学提供解释的基础；丹尼特则认为，认知科学是在亚主体层次说明认知行为的结构和过程，而主体层次的自我意识和前者存在着差别，第一人称的意识体验不能还原为功能层面的信息处理系统。

他要澄清的是，关于人类认知与心智的传统解释和说明没有考虑到"此在"基本的生存境况，也就是在世存在的生存结构。

在我们看来，自然化"此在"是以分析方法解读海德格尔哲学的结果，它有可能会贬低人类自身的经验。"分析性"不仅指海德格尔哲学被受过分析训练的英美哲学家照搬照用，而且指为了推进新的认知科学范式而被利用的海德格尔哲学，因此只关注《存在与时间》第一篇中的特定部分，同样的，这些部分也被非常有选择地加以利用。这种接受是"分析性"的，它构成了海德格尔哲学的一个相当程式化的版本，而这恰恰背离了存在论的语境。① 惠勒将海德格尔哲学的许多概念引入了认知科学研究，虽然我们也认为，不能依靠纯粹的哲学思辨来考察认知问题，一条真正的认知进路应当为旧有认知模式产生的困难提供解决方案。但类似于"拿来式"的概念引用很容易引起误解，比如他把人对用具的上手操用理解为，以行动为导向的表征在亚主体层次解决在线的问题求解。"此在"的自然化是海德格尔哲学与认知科学进行对话的关键，而对话本身就意味着一定限度的矛盾消解或者一方对另一方的退让，这里则是表现出了存在论现象学对某种自然主义版本的妥协和屈服。

综上所述，"此在"的自然化是不可能的，至少目前看来仍有待商榷。我们多次强调，海德格尔对以胡塞尔和笛卡尔为代表的哲学传统的批判是为了回答存在这一根本性的问题，实际上，他并非在主动意义上触碰关于人类认知、心智以及智能的问题域，而是不自觉地反对以一种纯粹反思的方式来解释认知和心智现象。严肃地说，海德格尔无意使"此在"取代笛卡尔的"我思"，成为认知活动的新的主体，而是视其为在世界中存在的日常的实践能动者。相比之下，认知科学是以与之截然不同的模式来回答截然不同的问题，"此在"根本上表现为操劳和共在的生存现象，它适用于思辨式的、现象学的先验解释和先验分析，而不适于形式化、模型化的科学解释。因此，作为存在论概念的"此在"与事实层面的自然化描述并不相互包容，自然化"此在"并没有现实层面的可能性，这对于构建海德

① Julian Kiverstein, Michael Wheeler (eds.), *Heidegger and Cognitive Science* (New York: Palgrave Macmillan, 2012), p. 160.

格尔式认知科学而言无疑是一个严重的困难。同样，海德格尔式认知科学的另一维度，也就是存在论现象学与人工智能相结合的产物——"海德格尔式人工智能"，面对框架问题也陷入了困境。

第二节 存在论现象学与"框架问题"

近年来，随着人工智能（Artificial Intelligence）技术水平的不断发展和成熟，无人驾驶、语言识别、智能家居以及专家系统等成果给人们的生产和生活带来了意想不到的便捷。然而，人工智能的终极理想在于理解人类智能的本质，使计算机能做到人类心灵所能作的任何事情甚至更多。总体看来，人工智能的技术路线主要还是计算式的，依然是在进行某种信息处理，"计算机就是在做信息处理"，这已成为人们约定俗成的共同信念。所谓信息处理就是按照"预先编好的程序对有限种符号的有限长序列做有穷的变换，以得到一组新的符号作为结果"，[①] 人工智能的两个派别——强人工智能（strong AI）与弱人工智能（weak AI）都是在以计算的方式模拟人类认知能力，从本质上而言，人工智能（不论强弱）是物理符号系统假设的产物。在纽厄尔和西蒙看来，所谓物理符号系统假设，是指对一般智能行动来说，物理符号系统具有必要的和充分的手段："必要的"是指，任何表现出一般智能的系统都可以经分析证明是一个物理符号系统；"充分的"是指，任何足够大的物理符号系统都可以通过进一步地组织而表现出一般智能，[②] 一般智能行动是与人类行动相吻合的，智能的范围即行动的范围，符号是智能行动的根基。因此，人工智能自诞生伊始便在进行着某种逻辑游戏，它先是剔除了意义，也就是将全部信息作为一种形式符号加以处理，然后再将意义引入并且通过符号再现。但在德雷福斯看来，这一方法是行不通的，符号串之间的推演不足以完满表达人类世界中呈现出来的意义，他从海德格尔哲学的视角出发对这一理论假设进行

---

① 〔美〕休伯特·德雷福斯：《计算机不能做什么——人工智能的极限》，宁春岩译，三联书店，1986，第3页。

② 〔英〕玛格丽特·博登：《人工智能哲学》，刘西瑞、王汉琦译，译文出版社，2001，第119~120页。

了激烈的批判。[①] 窥一斑而见全豹，从他的批判中我们可以看到人工智能可以从海德格尔哲学中获取哪些重要观念，同时也要留意德雷福斯的批判对现阶段的人工智能是否仍然有效，[②] 海德格尔哲学是否真的为人工智能提供了新的理论支持，是否为"框架问题"的解决提供了新的方法与视角。由于经典认知科学和人工智能是基于规则对符号进行表征与操作，因而框架问题成为它们必然要面对和处理的难题。长期的实践和研究已经证明了该问题不可能在认知计算主义范式内得到合理的解决，于是德雷福斯和惠勒等学者将目光转向了存在论现象学，意欲利用现象学资源回应框架问题的诘难。

一 德雷福斯对传统人工智能的批评

早在 20 世纪 70 年代，德雷福斯便敏锐地看到了人工智能发展的诸多弊端，他在 1965 年为兰德公司撰写的报告《炼金术与人工智能》给予发展正盛的人工智能以当头棒喝。在他看来，传统人工智能将人的智能视作通用的符号加工装置这一思路主要基于四个假设：①生物学假设——大脑加工信息运用的离散的计算方式相当于开关的闭合；②心理学假设——大脑是按照形式规则加工信息的设备或装置；③认识论假设——一切知识都可被形式化，凡是能理解的都可表现为某种逻辑关系；④本体论假设——存在是一组在逻辑上完全互相独立的事实，外部世界的全部信息，包括意义都能够分解为与情境无关的确定元素。[③] 在德雷福斯看来，传统人工智能预设了世界是由清晰的原子事实构成的集合体，在按照明晰的规则对情境中的行为作出精确描述之前，人们不会对这类行为有所理解，计算机只能处理明晰、确定的数据材料，但这些材料并不直接在世界当中显现，必须经过人的抽象化的操作方能产生出来，而人被比喻为能够依照规则运算数据的装

①　与胡塞尔和梅洛－庞蒂这些现象学家相比，海德格尔的思想在认知科学领域远没有受到重视。

②　与技术日新月异的发展相比，哲学理论的更新显得尤为缓慢，这就要求我们审慎地对待任何一种批判性的观点和主张，以旧有的、过时的目光去审视全新的事物无异于刻舟求剑，必然是无效的。

③　〔美〕休伯特·德雷福斯：《计算机不能做什么——人工智能的极限》，宁春岩译，三联书店，1986，第166页。

置。德雷福斯认为人工智能最初的发展设想遗忘了人具有身体这一事实，结果导致研究者们过分相信人类可以形式化为数字计算机的启发式程序，他将身体视为产生智能行为的必要之物，认为其是应对情境的可靠保证，决定着人们进行实践活动的能力，"把人同机器（不管它建造得多么巧妙）区别开来的，不是一个独立的、周全的、非物质的灵魂，而是一个复杂的、处于情境中的、物质的躯体"。① 在德雷福斯看来，人工智能自身的"阿喀琉斯之踵"就在于它始终未能驾驭包括感觉、知觉等在内的"低阶"功能。也就是说，仍未能拥有人和动物独有的感受性的人工智能，如今却在逻辑推断及信息处理等方面表现出远超于人的水准，这不得不说是一个十分奇怪的现象。

我们的观点是，人的智能行为和现象需要被整体地看待。康德早先便将人的认知能力划分为感性、知性和理性，他说道："人类知识有两个主干，它们也许出自一个共同的但不为我们所知的根源，这两个主干就是感性和知性，对象通过前者被给予我们，但通过后者被思维。"② 感性与知性紧密地交织结合在一起，感官的构造决定了我们可以经验到的内容，知性决定了经验的形式，而人工智能对人类智能的模拟就是经验性的，不过是抽离了感觉的成分和要素，只剩下可以形式化的经验结构，并依照规则进行推理和计算。然而康德告诉我们，人类认知不是由单一的知性能力构成，试图完全依靠先验的推理是唯理论的做法（他不遗余力地调和经验论与唯理论之间的争论可能因为他看到了人类认知具有的多重维度）。休谟也认为人类的思想观念起源于感官产生的感觉经验，任何对感官的模拟只是一定程度上的，永远无法企及或达到原初感受的生动与鲜活，哪怕是最生动的思考，作为一种间接产物，也无法与最迟钝的直接感官相比。

这样便涉及另一个问题，即人工智能与身体之间有何种关联？德雷福斯将身体视作人工智能进一步向前发展的首要瓶颈，认为如果不能破解身

---

① 〔美〕休伯特·德雷福斯：《计算机不能做什么——人工智能的极限》，宁春岩译，三联书店，1986，第244页。

② 〔德〕康德：《纯粹理性批判》，邓晓芒译，杨祖陶校，人民出版社，2004，第21～22页。

体与智能的关系，那么人工智能模拟人类智能行为的举动就像是在一个黑箱中寻找另一个黑箱。作为心灵模型的物理符号系统和模拟人类大脑神经元结构的人工神经网络，两者都依赖符号表征，缺乏基于具身性主体特有的诸如知觉、情感以及意向性等功能。事实证明，脱离身体来模拟智能，其结果就是仅得到了人类智能的形式化计算方面，这样理解人类认知是狭隘的，而人与世界打交道依靠的恰恰是身体，以眼睛观察世界，以肢体触摸事物。作为近代主体哲学的开创者，笛卡尔在确立了清楚明白的"我思"的同时，确立了身体与理智相区别的性质。虽然他在形而上学方面只看重纯粹的理智，但其显然意识到身体并非可以轻易弃之不论，他写道："我不仅住在我的肉体里，就像一个舵手住在他的船上一样，而且除此而外，我和它非常紧密地连结在一起，融合、掺混得像一个整体一样地同它结合在一起。"① 笛卡尔通过日常经验推断身与心的融合，这说明他并没有完全抛弃身体，他仍对身体充满敬畏，依旧认为身体对心灵有着深刻的影响。然而，人工智能的经典范式在早期深化了这一对立，它代表着一种"无身认知"的思想，大脑执行全部的认知加工和信息处理过程，基于实践的考量才设计了工程学意义上的机械臂，但仅限于某些实践操作，身体完全不参与智能行动，用德雷福斯的话而言就是"躯体是智能与理性的多余之物，而不是智能与理性的必要之物"，② 心灵统摄和掌握一切。然而人类要以恰当的方式应对无限多的情境，不只是依靠大脑严谨缜密的思考，还有灵活的身体。在德雷福斯看来，具身性的技术路线才是未来人工智能的发展方向，他本人也提出了一种"海德格尔式人工智能"的新型构想。

二　"海德格尔式人工智能"与框架问题

总体来看，"海德格尔式人工智能"主要是基于海德格尔哲学对人工智能的理论基石作出修正，进而希望开辟一条新的技术路线，并重新看待、评估设计智能机器的符号表征路径。在海德格尔眼中，人类在日常生

---

① 〔法〕笛卡尔：《第一哲学沉思集：反驳和答辩》，庞景仁译，商务印书馆，2012，第88页。
② 〔美〕休伯特·德雷福斯：《计算机不能做什么——人工智能的极限》，宁春岩译，三联书店，1986，第243页。

活中的应对活动并不基于理性的、推理式的思维过程，心理表征不是人类智能的普遍机制。自 20 世纪 60 年代以来，心智的计算机隐喻将表征置于智能行动的核心，表征成为构建智能体框架的关键环节。这一隐喻具有两方面假设：①计算机拥有必要方式来执行人类具有的任何智能活动，②必须将智能理解为心智的形式操作。[①] 但在海德格尔看来，重要的不在于智能体是否能够进行充分的信息表征，而在于能否在恰当的情境中运用恰当的知识恰当地解决问题。占有客观知识之多寡与人们应对所遇之事件并无多大的关联（正如一句流行语所言，"我们知道很多道理，却依然过不好这一生"），相反，后者依赖于人们与用具和系统的有效耦合，表征只有在耦合中断的情况下才会呈现。[②] 我们可以设想，如果海德格尔还健在的话，他会反对人工智能沿袭认知主义的路线，拒绝按照从信息收集到形成假设，经过推理运算后求解问题的模型。计算机作为认知主义的典范而诞生，人的智能行为可以视为一系列确定、独立的简单要素的复杂集合。所谓认知就是操作和处理大量的表征，在人工智能中则体现为依照算法进行处理的数据资料，但我们生存其中的世界并不直接呈现出这样的形式。也就是说，我们从世界直接接收到的不是离散、明晰和确定的数据信息与符号，需要内在的自动处理符号的官能加以转换。从这种意义上说，人工智能成功模拟人类智能行为的关键在于像人一样直接取用非离散形式的信息。人每时每刻都处于某一情境并经历着情境间的变动不居（这导致了人工智能所面临的语境内和语境间两个方面的框架问题），思维往往处于具体而复杂的环境当中，认知是实时的、情境中的活动。

海德格尔式人工智能试图破除认知主义设定的信息处理模式，即"力图依据逻辑上独立的符号——它们代表着世界之中的元素、属性或原始的

---

① Vincent C. Müller, *Fundamental Issues of Artificial Intelligence*（Switzerland：Springer, 2016），p. 498.

② 要谨慎地看待这一点，在我们看来，表征仍然是人类智能最为重要的功能之一，海德格尔以及德雷福斯所指的日常活动是技能性的，不具有明确的觉知，比如两者常以锤击、驾驶等活动例示，但在诸如弈棋、决策、问题解决以及系统分析等高阶认知活动中，我们总是在运用心理表征、模型表征等诸表征形式和方法。完全摒弃表征且基于行动的机器人称不上"智能"，因为它处理不了更为复杂的任务，表征对于智能而言虽不充分，但却是必要的。

东西——的一个复杂的复合体来说明人的活动"。① 以明斯基为代表的认知主义者笃信，尽可能充分地表征存在的事实是能够解决常识难题的，但他们低估了人类常识本身的庞大体量。德雷福斯认为，深层的问题不在于存储数以百万计关于事实的表征信息，而在于如何在特定情境下辨别出相关事实。② 我们经常是以整体性的视角去把握情境中的对象，对象物不是以一组独立于语境的要素同我们接触，而是已经承载了依赖于语境的意义。例如，教室内摆放着一张桌子，我们是在所处的背景下一眼识别出这是讲桌/课桌，而不是餐桌或者其他别的什么东西。若只关注原初的感觉材料，比如对颜色的视觉经验，便可能隐去我们关于对象之功能或属性的认识，只有在有意义的信念系统构成的背景下，对象才能更加完整地向我们显现。

德雷福斯将海德格尔式人工智能区分为三个阶段。

（1）通过构造基于行动的机器人来消除表征，主要代表是著名的人工智能和机器人学家鲁迪·布鲁克斯。他提出了一个重要口号："世界的最佳模型就是世界本身。"德雷福斯认为他的进路绕过而非解决了框架问题，他的机器人只对环境的孤立、固定特征而非语境作出反应。布鲁克斯采用了自下而上的设计路径，从知觉和行动出发来模拟原始的低等智能活动，他将智能体在动态环境中的感知与活动能力（mobility）看作高阶认知的基础，对于世界的清晰符号表征和模型反倒阻碍着人们理解认知的本质。在我们看来，布鲁克斯的设计过分追求同环境的灵活互动，只是模拟了没有信息加工过程的人类智能，人工系统对生物系统的模拟不能仅仅停留在原始智能的层次，后者严格来说并不代表生物系统（尤其是人）具有的智能水平，他的尝试和努力仍然停留在实践和经验层面。

（2）为上手状态编程（programming the ready-to-hand）。相较于布鲁克斯，阿格雷（Phil Agre）则是有意识地汲取了海德格尔的哲学思想，他设计的机器人面对的不是现成在手之对象的属性，而是引发主体恰当反应的行动可能性。在德雷福斯看来，阿格雷对海德格尔的理解展现了新的内

---

① 〔美〕休伯特·德雷福斯：《计算机不能做什么——人工智能的极限》，宁春岩译，三联书店，1986，第6页。

② Julian Kiverstein, Michael Wheeler（eds.），*Heidegger and Cognitive Science*（New York：Palgrave Macmillan，2012），p. 63.

容，后者将器具视为引发行动的可能性，而不是具有功能特征的实体。虽然他试图为海德格尔明言的日常活动编程，但在如何面对情境的转换方面依然束手无策，他设计的人工智能面对的可能联系都是预先设定的，没有任何获得技能与学习情况出现。① 和布鲁克斯一样，阿格雷也是在消解而非解决框架问题。

（3）虚拟的海德格尔式人工智能：嵌入、具身以及延展的心灵。与前两者不同，惠勒是在为行动导向的表征进行辩护，认为自己提出的"具身—嵌入式认知科学隐然是一种海德格尔式的冒险旅程"。② 他赞同德雷福斯的观点，即笛卡尔与海德格尔在形而上学层面的哲学僵局可以通过认知科学以经验方法加以解决，且海德格尔的思想为心智和智能的非笛卡尔式概念化提供了令人信服的模型。在德雷福斯眼中，惠勒的行动导向式表征相比于布鲁克斯之前的人工智能而言是倒退了，他对海德格尔作了认知主义的误读。他的理由是，既然是依托在世存在构建新的具身—嵌入式认知科学，那就不能掺杂任何形式的表征，因为在世存在作为人的生存背景，比思维和问题求解更加基本，在世本身亦非表征。也就是说，我们与器具打交道是全神贯注的，是不会停顿的进程，其中弥合了因为表征所造成的内外差别与对立。德雷福斯认为，惠勒的新表征路径依旧面临框架问题的诘难，尽管惠勒宣称自己的海德格尔式认知科学预示了解决框架问题的可能性，但根据德雷福斯对海德格尔的解读，所有表征性的说明都是有问题的，尝试以在线的表征状态触碰框架问题即徒劳。

我们看到，海德格尔式人工智能的几种版本在德雷福斯眼里都不够"海德格尔化"，它们仍无力解决日常世界的复杂相关性，而这是人们惯常的能力。人们之所以能够对世界中的变化作出反应，根本上是因为其有着具身性的应对能力和梅洛－庞蒂所谓的"意向弧"，而不是通过信念、表象以及图式等表征形式关联外部世界。概言之，真正意义上的海德格尔式人工智能是不包含任何表征成分的，否则便称不上是基于海德格尔哲学的

---

① Julian Kiverstein, Michael Wheeler (eds.), *Heidegger and Cognitive Science* (New York: Palgrave Macmillan, 2012), p. 72.

② Michael Wheeler, *Reconstructing the Cognitive World: The Next Step* (Cambridge: The MIT Press, 2005), p. 223.

假设。在德雷福斯看来，这种尝试成功的关键在于模型能再现人体验意义的独有方式。在大多数情况下，我们可以准确地把捉与自身紧密关联的要素，而不是眉毛胡子一把抓，这样意义便凸显出来了。怎样才能像人一样在世界中智能地行动，靠的不是心灵表征，而是在线的身体行动，这才是海德格尔式人工智能成功的关键，也是德雷福斯着重强调的核心主张。和惠勒一样，德雷福斯借鉴了海德格尔关于"此在""被抛"的论断，然而，如何模拟人"被抛入世"的生存现象，也就是将"被抛"形式化和机制化，这成为他们共同需要阐明的问题。

三　存在论现象学对"框架问题"的介入

在德雷福斯那里，常识问题与框架问题密切相关，如果人工智能能够回答前者，那么后者自然就会迎刃而解。在这种意义上，成功构建一个完全指导智能主体行动的框架，其关键就在于将极易扩充的日常知识纳入其中，并能依据所处情境作出相应的调整。常识是人们在长期生活和实践的过程中积淀下来的经验以及经过理论化之后的成果，表现了人类对环境的适应程度。从进化论的角度看，它是人类生存的必要手段，是日常生活的知识源泉，在一定程度上保证了人类行动普遍后果具有可靠的预见性。然而，常识并不是具有明确系统且融贯的真理体系，与科学知识相比，常识的内容在很大程度上不具有精确性，后者是一种基于直觉的、非明晰的知识，因而很难予以形式化。德雷福斯认为，常识在根本上不关乎我们对世界的判断，而是关乎我们对世界的应对方式。[①] 他从海德格尔的"被抛入世"概念入手，强调"此在"本身具有的对所处境况的操心与关切。在他看来，"此在"的被抛恰恰呈现出认知主体固有的情境属性，能够更为灵活地处理机器难以应付的巨量信息，因为它摒弃了作为沉重负荷的精确表征，海德格尔有关上手状态和现成在手状态的思想体现了这一核心观念。

为什么机器会受到框架问题的束缚而人类不会，原因可能在于二者应对世界的方式不同。前者是基于命题知识（knowing-that）的表征性应对，

---

① 李建会等：《心智的形式化及其挑战——认知科学的哲学》，中国社会科学出版社，2017，第121页。

后者是基于技能知识（knowing-how）的实践性应对，两种应对方式的不同之处在于对精确、清晰表征的核心诉求。人类知识具有明显的情境特征，它依赖于具体、特定的语境，并不是只有严格遵循句法规则的语句才表达和承载意义，只要达到预期的目标，并不一定要按照逻辑规则来进行认知活动。德雷福斯认为，框架问题产生的根源在于好的老式人工智能（GO-FAI）假设任何与情境相契合的行动都必定是替代外在情境和对象的内在表征的结果与产物，内在表征是 GOFAI 模型解释世界的核心组分，而依照他的理解，以表征方式描述"在世存在"不会使我们感到满意。

由此，德雷福斯走向了一条在我们看来颇为极端的道路，他拒斥了所有形式的表征主义，要求回到无意识的前反思状态，认为这才是人类智能最源始和本质的状态，将表征成分剔除出了智能范畴，进而提倡一种无表征智能。他坚信认知科学和人工智能若不能摆脱笛卡尔主义的认识论假设，直接的后果便是导致框架问题，要克服这一"阿喀琉斯之踵"，必须纠正笛卡尔关于认知主体本质的错误观念。表征—行动认知模型遭遇的失败与困境在另一方面也支持了海德格尔关于人"在世存在"的论断和理解，这也是为什么德雷福斯转向存在论现象学寻求消解棘手的框架问题。

在我们看来，德雷福斯声称的无表征智能不可能轻易地实现，虽然他提供了解决框架问题的路径，即诉诸"此在"的"被抛"状态，但在如何在功能层面描述"被抛"的具体机制上却缺乏必要的说明。海德格尔认为，"此在"是被抛到这个世界中的，就像石头被抛入河中一样，"此在"在这一过程中向世界开显自身。如何为被抛状态提供一种具有因果力的解释，成为惠勒的主要任务和目标。他认为海德格尔指出了关于"此在"与事物照面的三种方式，包括上手状态（ready-to-hand）、现成在手状态（present-to-hand）以及未上手状态（un-ready-to-hand）。这三种照面方式奠定了海德格尔理解心智、认知与智能的基础，进而得出海德格尔关于认知能动者本质上是嵌入世界的论断，而世界在惠勒看来则是使事物呈现意义的整体语境网络。① 他认为德雷福斯提出的海德格尔式进路回避了框架问

---

① Michael Wheeler, *Reconstructing the Cognitive World: The Next Step* (Cambridge: The MIT Press, 2005), p. 18.

题，因为它没有从认知科学视角予以正面回应。前者依然具有某种神秘的形而上学色彩，如何将他的观念转变为一种现实的机制系统，从而能够提供一种科学的认知解释，这才是对框架问题的正确和有效的回应。用惠勒的话说就是"规避表征的被抛的机器"。①

在惠勒看来，要从哲学层面完全解决框架问题既需要现象学分析，又需要有解释能动者（agent）被抛的因果机制。他从布鲁克斯等人对情境机器人学的研究中获得了灵感。② 现象学意义上的被抛可以看作对主体的情境化操作，自适应的耦合状态在某种意义上可以看作对周遭事物的一种流畅应对（也就是海德格尔所指的上手状态）。在流畅应对的过程中，主体（认知能动者）与用具在认知上的间隙暂时得到了弥合，（主体）在过程中觉知到的不是自身与对象物的清晰分离，而是持续性的绵延任务，而在另外两种照面方式中，主体与客体的分立是存在的，由于主客二分是主体表征的必要条件，因此它们都存在认知能动者的表征。在未上手状态中，表征具有特定行动，以自我为中心，并内在地依赖于行动的语境，是以行动导向的亚能动表征机制，③ 惠勒希望以这一机制和自适应的耦合机制构造出具有被抛特征的机器，从而能够克服他所谓的"语境内"和"语境间"的框架问题，他认为只要能够使机器保有语境敏感性以及对语境的灵活自适应性，自然就能避免机器由于语境不敏感而导致的框架问题。④ 因而，从这种意义上来说，"被抛"是关于认知能动者语境敏感程度的现象学描述。

四　"被抛"能否解决框架问题

遵循海德格尔哲学路线的人工智能究竟如何解决"框架问题"？德雷

① Michael Wheeler, "Cognition in Context: Phenomenology, Situated Robotics and the Frame-Problem," *International Journal of Philosophical Studies* 16 (2008): 332–335.
② 情境机器人的核心在于实时地整合感知与行动，从而可以生成迅速且流畅的具身性的适应性行为，它完全规避了内部表征模型，将重心转向了引导其行动的外部环境。经此定义后的智能，其灵活性和丰富程度不是由通用的推理过程决定，而是取决于结合了神经机制、非神经的身体因素以及环境要素的具有专属目标的自适应耦合状态。
③ Michael Wheeler, "Cognition in Context: Phenomenology, Situated Robotics and the Frame-Problem," *International Journal of Philosophical Studies* 16 (2008): 336.
④ Michael Wheeler, "Cognition in Context: Phenomenology, Situated Robotics and the Frame-Problem," *International Journal of Philosophical Studies* 16 (2008): 339.

福斯主张借鉴"此在""被抛入世"的观点，并努力提供关于人"被抛"的因果机制。惠勒对此表示赞同，他认为可以从海德格尔关于"此在""被抛"的思想中获得灵感，"如果我们要针对框架问题得出一个能让认知科学家满意的答案，那就需要补充现象学分析，并且提出一个能够因果地解释主体如何被抛的机制"。① 当然，海德格尔本人并没有将"此在"的"被抛"机制化，也没有在因果意义上讨论这一概念，他始终是基于"此在"生存论的立场来展开讨论的。

"被抛"这个概念首次出现在《存在与时间》第五章的第三十八小节，海德格尔用它来标识"此在"本身固有的性质，是其无法摆脱和逃避的境况。"此在"只要生存，便总被裹挟进常人的、非本真的存在状态当中，海德格尔称之为"沉沦"，而"沉沦"绽露出"此在"的"被抛"特征，表现出一种不可抗力。在德雷福斯和惠勒看来，"此在"的"被抛"在某种意义上可以被理解为主体对情境的具身嵌入和依赖，主体发现自己始终处于一个有意义的世界中，世界中的事物（存在者）与自己有着切己的关联，神经机制与非神经的身体要素和环境要素的耦合有可能在经验层面解释人的"被抛"状态。他们力图对这一存在论概念作自然主义解释，将之描述为清楚明白的、非神秘的因果过程。在他们眼中，"被抛"意味着智能主体对自身感知和行动的实时整合，产生流畅、具身的适应性行为。人"被抛"到日常的生活世界之中，需要时刻应对所处的诸多情境。如果能够将"被抛"这一设计策略应用于机器人，那么它在很大程度上能够减少甚至摆脱对内部世界表征模型的依赖，从而有效地降低计算成本。

在惠勒眼里，机器人的"被抛"机制其实就是机器人的被情境化/语境化，语境不是人独有的东西，它能够在亚主体层次因果地实现。但正如加拉格尔所指出的，惠勒的"语境"概念在现象学的主体层次和机制的亚主体层次之间跳跃得过于频繁了，两个层次之间的"语境"概念不能进行自由切换。确实，人工智能若要展现出智能主体灵活的语境敏感性，需要在亚主体层次确定明晰的因果机制，以便使我们理解"被抛"这一现象学

① Michael Wheeler, "Cognition in Context: Phenomenology, Situated Robotics and the Frame-Problem," *International Journal of Philosophical Studies* 16 (2008): 332.

描述何以适用于机器人这样的类人智能体。语境敏感性体现为智能体有效栖居环境的一种能力和事实，惠勒想要说明"被抛"作为语境敏感性的可能条件，主体的适应性活动（包括认知行为）都是在它"被抛"的条件下展开的，并且在"被抛"中显现出来。德雷福斯与惠勒敏锐地关注到了"此在"被抛入世界之后具有的情境性特征，但海德格尔明确指出，"被抛境况不仅不是一种'既成事实'，而且也不是一种已成定论的实际情形"，① 意在提醒我们，要努力避免将"被抛状态"看作某种经验事实，绝不能把"此在"的被抛状态理解为"此在存在的客观历史条件、时代背景或客观社会背景和文化背景之类的东西"。②

如果海德格尔是对的，那么计算机就不能借助算法将人的"被抛"形式化或转换为某种可以被处理和加工的信息，因为"被抛"意味着人是被整体地卷入与世界的交互之中的，而依循规则的计算机或人工智能恰巧缺乏对世界体验的直觉性把握。另外，在海德格尔看来，"被抛"境况是区别于理性决策的行动情境，人在被抛状态下的活动不是基于有限理性的、静态的推理表征，而是当下直接的、非反思的行动，"人的最佳行动不是理性思虑的结果，而是完全无我地受被抛境况引导的结果"。③ 我们日常生活中相当多的活动是非审慎的（nondeliberate），即一个人在没有意识到自身所作之事的情况下进行的活动。这样看来，寻求构建人工智能的"被抛"机制是放弃寻求对世界的精确表征，而框架问题的产生正是源于对世界进行彻底、精确、统一的形式化描述的逻辑追求，因此我们发现，"被抛"其实是以放弃表征的方式巧妙地规避了框架问题，而非对后者的正面回应与解决。

从某种意义上说，布鲁克斯提出的"无表征智能"契合了"此在""被抛"的观念，智能体的智能行为是从动态、难以预测的现实世界中生成的。然而问题在于，按照"被抛"机制建造的机器能够称得上是"智能"的吗？我们认为，智能体的一个重要特征在于它具有主动思维的能力

---

① 谢地坤主编《西方哲学史（学术版）》第 7 卷上册，江苏人民出版社，2011，第 207 页。

② 张汝伦：《〈存在与时间〉释义》上册，上海人民出版社，2014，第 486 页。

③ 徐献军：《海德格尔与计算机——兼论当代哲学与技术的理想关系》，《浙江大学学报》（人文社会科学版）2013 年第 1 期，第 158 页。

（主动思维蕴含有创造性），表征正是这一主动能力的形式呈现。依靠与世界的复杂交互虽然能在一定程度上减轻甚至摆脱对内在表征的依赖，但这有可能会丧失智能的主动性和自主性，而且行动并不必然产生智能行为，只会行动不会思维的机器人谈不上是"智能体"，它实现的是一种"被动理智"，也就是针对环境的变化被动地作出反应，即身体的感官接受和躯体行为。相反，"主动理智"是人类智能的显性能力，它帮助我们解决各种问题，理解大脑的各种认知成果，诸如数学证明、科学理论和经验报告等，这些也是人类智能的创造性的产物和结果。依据我们对"被抛"的理解，"此在"被抛入它所寓居的世界中并始终操劳着，它"总处在抛掷状态中而且被卷入常人的非本真状态的漩涡中"，① 而常人的非本真状态表现为对规范的遵从倾向，它早已先天地继承了规范性的概念框架，甚至于将这种倾向带入 AI 的研究当中。试想一下，人工智能不正是遵循着程序指令而进行工作的吗？故而人工智能仅能因循既有的部分规范，却无法创造新的规范，只能达到"此在"的常人理解，却触不到创造性的本真理解。② 因此，按照"被抛"机制设计的人工智能既没有解决框架问题，也不能完整地呈现人类智能的创造性本质，按照"被抛"路径设计的人工智能仍是一种低阶的"智能体"。

我们的观点是，面对框架问题的诘难，任何逃避回答它的企图都暗藏着失败的可能性，必须直面框架问题并设法加以解决。这里有两个问题。第一，从技术层面解决框架问题的确是重要的，而哲学关心的是解决由框架问题所引发的认识论困境。我们认为，德雷福斯和惠勒以存在论现象学的"被抛"为基础提出了海德格尔式的解答策略，尤其是惠勒，进一步将被抛现象予以机制化。这可能面临着非因果的现象学解释与因果的自然主义解释之间能否相容的问题，以及存在论概念是否能够被置换为科学解释或者得到科学解释的辩护的问题。通过之前的论证，我们看到要实现这样的一种相容和置换仍然面临着困难（详见前述关于"此在"能否被自然化

① 谢地坤主编《西方哲学史（学术版）》第 7 卷上册，江苏人民出版社，2011，第 207 页。
② 夏永红：《人工智能的创造性与自主性——论德雷福斯对新派人工智能的批判》，《哲学动态》2020 年第 9 期。

的讨论），以"被抛"解决人工智能的框架问题是不彻底的，按照"被抛"设计的人工智能也未能完整地呈现人类智能的整体结构。第二，我们认为，表征能力作为人类进化的产物，恒久地伴随着人类的实践活动，离线智能需要表征，人与世界的交互过程中产生的在线智能也需要表征，只不过这类表征受行动的导引。人工智能既然是以模拟和实现人类智能为最终目标的人工系统，而表征始终是作为人类智能的一环，那么它也需要思考表征问题而不是尝试建构一种"无表征智能"。① 引入存在论现象学的目的不是反表征，而是要以一种建设性的姿态介入认知科学以及人工智能，同时调和其与表征的矛盾，进而丰富人类智能的内容与形式。即便是专家级别的熟练技能活动也需要触及表征，在最弱的意义上，人的大脑或心智仍然具备对整体情境的表征结构。

小　结

综上所述，我们看到了将海德格尔哲学引入认知研究可能会面临的困境，在能将此在自然化、以"被抛"为特征的海德格尔式人工智能解决框架问题上，这种存在论的认知路径存在着被质疑之处。在某种程度上，这反映出存在论认知这一进路尚未像具身认知那样成为一种较为成熟、完整的理论体系。同时，有学者指出，由于认知科学本身较为庞杂，涉及的问题繁多，因此探索其本身的哲学基础亦是一项复杂的任务，仅仅聚焦于海德格尔哲学是不够的，还有的认知科学家将杜威、梅洛－庞蒂、后期的维特根斯坦和罗蒂作为哲学来源。② 海德格尔的存在论现象学只是推动认知科学发展的动力之一，若要单独为一种认知研究进路提供哲学基础可能不够充分，故而，我们在此引入诠释学作为认知研究的另一支撑和方法。海

---

① 诚然，如德雷福斯所言，存在某些无表征的人类智能形式，但这不足以表明无表征是人类智能的本质属性和特征，而且表征本身具有多种形式，诸如知识表征、视觉表征和心理表征等，完全的无表征描述本身反而是不完备的。即便是像舒马赫这样的冠军级别的赛车手，我们很难想象他在驾驶过程中不会触及任何形式的表征，只依靠纯粹的身体行动和对当下情境的自发反应就可以完成并赢得比赛。

② 孟伟、刘晓力：《认知科学哲学基础的转换——从笛卡尔到海德格尔》，《科学技术与辩证法》2008 年第 6 期。

德格尔与之后的伽达默尔发展了一种关于人类理解和解释本体论的阐释，指出人的理解和解释活动何以可能。同时，理解和解释也体现出人所具有的一种认知能力，反过来说，人的认知活动，诸如思维、判断、推理以及问题求解等几乎也可以被看作一种理解或解释现象。正如加拉格尔所指出的，诠释学与认知科学这两者之间存在着一些明确的通路，使得它们能够相互助益。①

①　王波：《后人类纪的现象学与认知科学：对心智的重新思考——访肖恩·加拉格尔教授》，《哲学动态》2020 年第 12 期。

第五章　存在论认知的拓展：诠释学与认知研究的融合

在前述的内容中，笔者从海德格尔的存在论视角审视了当前主要的认知科学研究进路，具体探讨了存在论关涉认知的主要核心概念和论题，并剖析了存在论现象学与认知科学具体结合过程中可能产生的两个理论困难。笔者由此产生了一个疑问，即目前对存在论与认知科学相结合的考虑是否全面？存在论作为切入认知研究的一条新的路径与视角，为我们审视和考察人类认知活动进行了有益的尝试。然而，正如我们在前面谈到的，存在论作为认知科学的单独"智库"是不够的，二者相结合所产生的存在论认知也需要新"资源"的填充和注入，而诠释学与存在论的特殊关联，使得我们看到了存在论认知向诠释学拓展的可能性。我们相信，认知科学（包括人工智能）可以从诠释学这里得到有益的启示，二者之间存在着合理的通路。

第一节　存在论认知为何要向诠释学拓展

诠释学（Hermeneutics），本义是宣告、翻译、解释和阐明的技术，它的词根源自古希腊神话中诸神的信使赫耳墨斯（Hermes），他专门为人类带来天启，不是简单地宣告天神的旨意，而是将神的语言翻译为人的语言，从而向人类传达和诠释诸神的话语，因而诠释学具有呈现意义的维度，是不同语言之间的意义转换。一般而言，人们将之界定为有关理解和解释的理论和实践，它是一种关于意义的理解和解释的理论和哲学。诠释学主要来源于两种形式：一是来自法律的法学解释，二是来自圣经经典文献的神学和文献学解释。经过德国哲学家施莱尔马赫以及狄尔泰的努力，诠释学摆脱了一切教义的偶然因素，成为一门关于理解和解释的一般性学说，它也从一开始对文本和历史的理解逐渐转向了对人的理解活动的理解，它为自身规定的任务在于调和与化解各种解释之间的冲突，从而成为人文学科的方法论基础和普遍的哲学方法。①

在我们看来，将诠释学看作存在论认知的发展趋向并从中汲取可能的观念启示，这并不是天马行空式的思维跳跃和想象，而是有着重要的逻辑理路。对于海德格尔来说，存在论的目的是对作为存在着的"此在"之存在意义的追问，不论是他早期以"此在"为核心的基础存在论，还是后期对存在意义本身的追问，他的手段和方法就是诠释学。若要表明诠释学可以被运用于认知研究的某些领域，我们就要给出适当的理由来说明这一过渡和扩展是合理的。

一 海德格尔的存在论现象学就是一种诠释学

从海德格尔开始，他不再使诠释学去关注理解和解释本身，而是将理解视为"此在"本身一个重要的生存论要素，"此在"通过理解来意识到自己存在于一个世界之中。从某种意义上说，海德格尔关于"此在"的现象学就是一种诠释学，"此在"是作为理解的"此在"，对"此在"之生存结构的刻画与分析本身就具有诠释的性质，"现象学描述的方法论意义就是解释……通过诠释，存在的本真意义与此在本己存在的基本结构就向居于此在本身的存在之领会宣告出来。此在的现象学就是诠释学"。②"此在"自始就将对存在意义的把握当作自属的课题，而意义的领会和阐释又属于诠释学的研究范畴，那么自然会逻辑地得出关于"此在"的现象学就是诠释学这一结论。既然"此在"的现象学就是诠释学，而"此在"的现象学作为"此在"的生存论分析的工作本身就构成了探究存在意义问题的基础存在论，那么，我们也可以说"此在"的诠释学也就是基础存在论。③

---

① 程志民、江怡主编《当代西方哲学新词典》，吉林人民出版社，2003，第112～113页。
② 谢地坤主编《西方哲学史（学术版）》第7卷上册，江苏人民出版社，2011，第44页。
③ 张震：《海德格尔与诠释学的存在论转向——〈存在与时间〉中的诠释学问题》，《兰州学刊》2007年第6期，第31～33页。

海德格尔提出诠释学的目的也在于探究"此在"自身的存在，"此在"向来是在理解和解释，源始地产生了对存在的主题性或非主题性的理解，这种理解和解释活动的本质就是"此在"关于存在的反思。这一反思不是胡塞尔所指的意识行为，而是"此在"的一种存在方式，牵涉着"此在"对自己以及其他存在者的存在状况的理解。也就是说，海德格尔不满足于将理解仅限于一种认知方式，而是将之作为我们在世界中存在并与世界打交道的一种基本能力，即"我知道如何去处理我在做的事情，在每一个情境中我都能做恰当的事情"。① 这也是后来伽达默尔更加明确化了的重要观点——诠释学就是实践哲学，② 从一种解释转向另一种解释表明了人们如何应对不同的生存境况。人与世界打交道的过程本身就是对世界敞开的过程，它呈现出人在时间和空间维度同世界中的其他事物之间的交互。在海德格尔那里，理解是与"此在"相关的全部模式，包括感知、知道如何的实践性知识、知道是什么的认知性知识以及和其他人的日常打交道活动，而不仅仅是作为一种认知现象呈现在我们面前。

概言之，海德格尔的存在论现象学就是诠释学，两者之间存在着本质上的关联，因为人（"此在"）始终对存在具有本真或非本真的理解，如何将关于存在意义的恰当理解显现出来，这成为诠释学与基础存在论共同的任务。由此，诠释学便从传统的阐释文本的方法论提高到了哲学本身的地位与高度，诠释学成为人对存在的理解。既然海德格尔的存在论现象学与诠释学是一体的，而后继的伽达默尔亦在整体上承袭了海德格尔的诠释学思想，那么我们便有理由认为，存在论与认知研究的结合同样可以扩展到诠释学，也就是说，诠释学的思想资源可以在认知研究中加以汲取和利用。

二　认知也是一种诠释

海德格尔提出诠释学也是为了克服近代以来盛行的主体认识论，在他看来，这种孤立的、无世界性的认知主体观念破坏了人与世界之间源始的

---

① 〔美〕休伯特·德雷福斯：《在世：评海德格尔的〈存在与时间〉第一篇》，朱松峰译，浙江大学出版社，2018，第223页。

② 〔德〕马丁·海德格尔：《存在论：实际性的解释学》，何卫平译，人民出版社，2009，第19页。

存在关联，并在这一被遮蔽的关联之上建立了新的联系，而存在论现象学（具体来说是"此在"的生存论分析）的任务之一就在于从世界来理解人与事物之间的各种关系。理解就是世界本身和"此在"与世界的关系的具体化，存在不能没有"此在"的理解，存在呈现在"此在"的理解中。①人不仅是一种行动的存在，而且是诠释的存在，人的认知与行动先在地被领会和理解了。从某种意义上说，认知本身也是一种行动，原因在于它的表征性，即认知对象的模型或对应物的形成过程，认识和呈现个体事物、形成理论以及设计模型都是一种诠释的过程。或许我们可以将诠释视为对认知对象的解释性呈现，人一直是以诠释的方式，并且从不同的视角来面对世界，人的思维、认知、行动都依赖于诠释、渗透着诠释，如果没有符合逻辑的诠释，我们就不能思考、认识、行动、评价和评判。②

除了诠释对于认知的渗透性之外，人类认知对于诠释的依赖性也极深，经过仔细思考就会发现，我们绝大部分关于事物、事件的认知、思考、判断和评价中潜藏着诠释的身影，诠释普遍渗透于人的认知现象和智能活动之中。我们在日常生活中面对的大部分是具有可理解性的事实（维特根斯坦就认为，"世界是事实而非物的总和"），事实经过诠释才被我们所认知和理解，可以说，事实的存在是某种诠释的产物，它呈现在我们的认知当中。任何事物只有作为对象被纳入诠释过程中才能被认识，我们甚至可以推断，诠释的范围才是我们认知的范围，人的认知世界通过诠释而被理解和建构。人的认知活动产生的结果也是一种诠释的结果，我们既以认知的方式，同时又以诠释的方式朝向世界，作为一种能诠释并且时刻在诠释着的存在，我们在思维、认知和行动过程中依赖于这一要素。

另外，诠释与认知具有结构上的"家族相似"。一般而言，人的认知行为与过程都联结着作为始端和终端的认知主体和认知客体（虽然不少哲学家反对这样的截然二分，但普遍的共识仍是这一主张）。同样的，当我们在进行诠释时，作为思维活动和符号行动的诠释本身也是以诠释客体为

---

① 张汝伦：《〈存在与时间〉释义》上册，上海人民出版社，2014，第 115 页。
② 〔德〕汉斯·伦克：《诠释建构——诠释理性批判》，励洁丹译，商务印书馆，2021，第 14～16 页。

前提的,[①] 从某种意义上说，人的认知和诠释行为都承认被认知之物和被诠释之物的定然存在。区别在于，人类认知（比如科学认知）内在地要求保持认知对象/客体的相对完整性和原初性，即本身的是其所是，不对被给予之物施以任何的更改，从而追求思维与存在的绝对符合与同一。与之不同，被诠释之物则被诠释所渗透，被诠释的客体在一定程度上是经由诠释过程构建的产物，不是什么绝对不变的东西，诠释客体的过程同时也是一个建构的过程，其中包含的自我理解触及对象物。同时，诠释的实施者与执行者就是诠释的主体，诠释主体与认知主体一样，是具有积极和主动能力的存在，需要将对象/客体纳入自身的图式内，认知和诠释活动都以具有认知能力和诠释能力的主体为前提，诠释与认知一样，是一种由某个个体采取的行动。

三　诠释学能够对认知科学产生助益

第一，从整体上看，诠释学与认知科学似乎有着相同的目标，都在从根本上寻求关于人类理解和认知的一般性和普遍性解释。两者代表着人文科学和自然科学的分野，在理解的性质以及如何理解他人等问题上，诠释学与认知科学之间有可能相互助力，并且弥合诠释学和认知科学在方法、对象和性质方面的差别。但是这样的做法必定会遭遇不小的挑战与困难，最明显之处在于诠释学是以"非确定性"的原则来探索人类的理解现象，而认知科学追求的是严谨、精确性和可预测性，突出的代表是认知主义的可计算模型。在我们看来，精确性的解释也是一种理解模式，提供了关于人类理解的另一种可能性。对于哲学诠释学而言，它的任务是探索语言、符号与象征的理解和解释之可能性与基础,[②] 这和认知科学的一些研究目标相符。实际而言，对人类认知和心智现象的解蔽就是一种理解，因而在理解的一般意义上，诠释学与认知科学之间有明显的通路。不论是技术诠释学、哲学诠释学还是解释哲学，它们关于理解的方法和规则，以及对理解和解释的反思都有可能对探究人类认知有所助益。

---

① 〔德〕汉斯·伦克:《诠释建构——诠释理性批判》，励洁丹译，商务印书馆，2021，第303 页。

② 潘德荣:《诠释学导论》，广西师范大学出版社，2015，第8 页。

第二，关于理解的本质，伽达默尔提出了"视界融合"概念，强调每一个体都有自身无法摆脱的历史条件，就像我们完全脱离不了身体的束缚和限制，由个人所处的文化、语言和历史实践传统所决定。理解是在视界不断融合与交互的过程中产生的，或者说，理解的过程就是视界融合的过程。理解一经产生，被理解物的视界便进入了理解者的视界之中，从而生成新的视界。理解最终是获得以视界融合为标志的新视界，这体现了理解变动不居的动态特征，在视界与视界间的碰撞中，理解的前见中的一些东西被扬弃，同时又加进了新的东西。也就是说，视界的开放性和不封闭性使得人类理解不断运动着，体现出一种可变化性。

第三，诠释学的首要特征是突出、深化了理解的整体性原则。在诠释学的视域中，任何被理解的对象（包括观念体系）都是一个有机的整体，各个部分之间都相互联系着，对部分的理解要求建立在对整体的理解之上。也就是说，理解任何一个单一的思想和原则，都必须关注思想所栖居的整体历史背景，在理解部分的同时要将思想整体予以深化和具体化，另外，对思想整体的理解离不开对各个单一思想的理解，如此便在整体与部分层面实现了理解的循环运动。同样的，人类认知活动的展开也需要一个包含着具体情境的解释框架，从而推动我们对于客体和对象的认知把握，客体本身的意义不是固定不变的，而是随着主体的诠释和理解具有了某种相对性。也就是说，人类认知在某种程度上也处于一种循环之中。

第四，认知科学作为精神科学与自然科学的交叉和结合的产物，在我们看来，它的本质既非解释的，亦非理解的，而是类似于光的波粒二象性特征：既可以部分地利用解释的方法进行描述，也可以部分地利用理解的方法进行描述。也就是说，既能以确定的符号结构或概念体系来解释或描述对象（在某种程度上，科学的解释要求排斥个体主观意义上的自我理解，而认知科学中的相关哲学问题却需要相关实证经验的支撑），又能以某种开放性、创造性的方式理解对象。因此，与科学解释发现真理不同，理解过程本质上是生成性的。前者表现为一种符合式的认知观，具有确定的、普遍的评判标准，只有符合对象的解释和描述才是合理的、正确的，甚至可称为真理。相较而言，由于理解自身难以规避的主观因素，因而它所生成的东西具有很大的流动性，不可避免地会被烙上相对性以及不确定性的印记。

概言之，我们想表明的是，诠释学与存在论不是相互割裂的两个领域，相反，二者是相互融合、彼此互通的关系，基于诠释学对人类认知的描述不是存在论认知不合理的凭空跳跃，而是我们基于前述四个原因作出的有效推断。正如我们下文所指出的，诠释学能够为在不确定的、不依据方法规则之情境中的认知现象提供一种合理的解释，区别于具有固定形式并且结构性较强的认知现象，比如计算。如何应对非形式、不确定的、模糊的认知活动，这是诠释学能够给予认知研究的有效启示。

第二节　计算究竟是一种解释还是理解

作为认知科学中流行的解释模式，计算主义追求一种对认知、心智、生命乃至宇宙的确定性描述以及抽象化理解，目的就是要把具有模糊特征的表象世界以符号化、逻辑化的方式加以固定。一直以来，计算带给我们的是不可思议的强大预测力，甚至使得人们笃定了计算主义可以成为一种世界观的想法，例如天文学家能够根据开普勒定律和牛顿的万有引力定律准确计算出小行星的运行周期和轨迹。[①]理论的威力在于预见，计算主义取得的巨大成功给予了人们圆满解决认知难题的希望与勇气，它不仅将计算作为研究人类认知的主要手段，还将其当作目的，甚至在哲学层面将人类认知和心智的本质视为基于规则的符号计算。在我们看来，认知计算主义的解释链条在面对关于人类理解的问题时出现了某种"断裂"，也就是有没有可能用严格客观的计算术语来说明人的理解的不确定性和相对性。[②]加拉格尔认为，在这一问题上诠释学能够给予认知科学一些支持，计算与理解之间的裂痕能够弥合。

一　计算作为一种人类理解方式的可能性

人的理解不是计算，但计算可以作为人类理解的一种形式吗？在尝试

---

① 例如在1846年，勒维耶通过数学计算成功预测了海王星的存在，并通过观测证实。

② 〔美〕肖恩·加拉格尔：《解释学与认知科学》，邓友超译，《华东师范大学学报》（教育科学版）2004年第1期。

回答这一问题之前，我们需要对"计算"这一重要概念进行界定。计算是什么？这个问题对很多人来说可能是一个微不足道的问题，但是在心灵哲学、认知科学甚至物理学中，这一点远未达成共识。缺乏共识产生了一些有争议的主张，比如说认知甚至宇宙都是计算的。不过有些人认为，计算是一种主观现象：一个物理系统是否是计算性的，以及如果是的话，它进行的是何种计算，完全是观察者选择怎样看待它的问题。按照塞尔的理解，世界上只有一个系统可以进行计算，其他系统只有相对于这个系统才可以说是不是在进行计算。[①] 某一过程能否称为计算，其评判尺度在于人，是相对于人而言的，也就是说，人可以将任一足够复杂的过程视为计算。对于任何足够复杂的物理对象 O（即具有足够多的可区分的部分）以及对于任意的程序规范 P，存在从 O 的物理状态的某一子集 S 向 P 的形式结构的同构映射。[②] 在我们看来，他的这一主张强调的是计算的呈现形式，计算从形式上看是从一种符号状态向另一种符号状态的映射，并且这种映射需要因果地实现。然而，这样的实现过程是否伴随或携带着语义与信息，则是人们围绕计算产生的又一个争论与分歧点，计算也因此被视为有意义的信息处理过程。但无论是信息式的还是语义式的计算观念，都基于一种人类中心主义立场，因为信息、语义等都是关于人并由人赋予对象的东西。最为极端的看法是，没有人，便没有信息与语义，因而没有人就没有计算。另外一种观点认为计算是纯粹的句法操作，塞尔著名的"中文屋"思想实验就是以此为基础的，他论证了计算是依循句法规则的，心智则能理解意义，并且能够给意义赋予这些符号，计算的运作过程以一种纯粹的句法学的方式得到界定。[③] 在这里，我们将计算概念定义为在明确界定的有限范围内，受到规则支配的信息处理过程，也可指计算模型或计算机的计算过程。

加拉格尔认为，计算方式适用于处理没有和情境产生关联的、简单的

---

① 〔美〕约翰·塞尔：《意识的奥秘》，刘叶涛译，南京大学出版社，2009，第 122 页。

② Nir Fresco, "Objective Computation Versus Subjective Computation," *Erkenntnis* 80（2015）：1039.

③ 李建会、符征、张江：《计算主义——一种新的世界观》，中国社会科学出版社，2012，第 253 页。

形式活动，抑或是诸如下象棋这样的形式活动，大部分简单或复杂的形式过程都是去情境化的，都是一种理论知识，而非一种实践知识。后者需要运用想象或直觉的顿悟，去获取人类生活的不确定环境中生发出来的问题的答案，大多数情况下，我们无须以精确的方式去应对和处理生活世界中发生的事件，更无须以纯粹理性的计算程序来决定我们下一步要做什么。从这种意义上说，现实的生活世界不是依靠计算，而是依靠人自身的理解。

在我们看来，诠释学最为突出的贡献之一就在于对解释和理解的区分。亚里士多德指出"口语是心智的符号，而文字是口语的符号"，这表明他的诠释学思想混淆了理解和解释，① 直接将二者视为同一的概念。施莱尔马赫在语言和心理层面对理解和解释进行了区分，他认为解释总是需要语言作为载体，理解既能够以语言表达，亦能在心理层面表达和体验，因此两者的实现方式有所不同。相较而言，狄尔泰区分得更为严格，他将理解与解释截然对立起来，使之分属于精神科学与自然科学各自的方法论领域，因而精神科学与自然科学之间呈现出对立局面。如果依照狄尔泰的观点，认知科学本身具有的交叉学科性质意味着其内部会产生理解与解释的分疏，那么，认知科学领域中大行其道的计算究竟是人的理解方式还是客观的解释方式，我们认为有必要予以讨论。②

一方面，计算是否可以作为人类理解的一种方式而存在？也就是说，人类理解是否能够通过计算的符号操作方式呈现？英国数学物理学家彭罗斯认为人类智能的确体现了一种计算力，但是除了计算力之外，人类智能更多地体现为某种理解力。③ 也许在他看来，计算力具有一种能够依循的客观而精确的尺度，形式化计算难以说明和描述认知与意识活动的主观性

---

① 潘德荣：《西方诠释学史》，北京大学出版社，2016，第 288 页。

② 我们认为，在某种意义上，这一问题关系到诠释学与认知科学能否勾连和通约。从表面上看，两者似乎没有什么共同之处。诠释学在广义上是文本意义的理解与解释之方法论及其本体论基础的学说，（引自潘德荣《西方诠释学史》，北京大学出版社，2016，第 4 页）具有某种历史性特征，而认知科学是对人类的认知现象和心智本身的考察，计算通常被用作解释认知的术语。因此，如果不能合理地说明计算与理解之间的关联，我们便不能期待诠释学对认知科学有任何可能的助力。

③ 孟伟：《交互心智的建构——现象学与认知科学研究》，中国社会科学出版社，2009，第 30 页。

特质，其根源可能依然是老生常谈的主—客鸿沟。依据逻辑规则进行确定性描述的计算如何能够准确地刻画主体内部晦暗的、充斥着不确定性的理解活动？表面看来，人的理解活动与计算相去甚远，但是一个普遍性的原则告诉我们：任何通过语言来表达的理论，无论是自然科学还是精神科学，它们作为知识都存在着通过语言而对语言诠释与理解的问题。① 只要对象被语言所染指（不管是自然语言还是人工语言），它便成为一种语言性存在，海德格尔指出语言是存在之家，维特根斯坦也将语言的界限看作世界的界限。只要关联语言，就必然会牵涉到被理解和认知的问题，反过来说，一切理解和认知都发生在语言之中，理解者与被理解之物、认知主体与认知对象只有在语言中才能产生具体的关联。

计算模型使用的人工语言在确定其规则时是超越情境的，但依据规则的描述似乎依然能通达对象的结构要素，逻辑实证主义已然作过这样的尝试。相反，人的理解则是向情境敞开的，施莱尔马赫强调理解本身所具有的一种"设身处地"的精神，"理解的本质在于，通过移情的心理学方法创造性地还原或重建作者所要表达的东西"。② 此外，诠释学内在具有的开放精神使得理解本身具有一种开放性，原因在于理解活动的原初意义就是指读者与作者之间的"对话"，这一过程是以作品为中介的。"对话"意味着双方之间没有设限，并不存在一个统一的严格规则来对理解活动进行约束，也就是说，理解本身似乎是没有规范性的，理解者的主观创造性使理解呈现出多元化的趋势（莎士比亚的名言——"一千个读者眼中就会有一千个哈姆雷特"充分说明了人类理解本身具有的丰富可能性）。相比之下，计算模型在处理具有开放关系和结构的问题时却显得有些手足无措。此外，遵循线性的形式规则的计算难以应对生成的多种意义的可能性。在理解过程中，由于历史性已经被内化为普遍的原则，因此理解者无论是理解文本还是作者，总是要将其置于一个更大的历史情境当中，理解的历史性特征在很大程度上决定了人的理解是情境化的。同时，理解作为一个开放的过程，不断会有新的要素汇入，意义因而是不断涌现和生成的。

① 潘德荣：《西方诠释学史》，北京大学出版社，2016，第505页。
② 潘德荣：《西方诠释学史》，北京大学出版社，2016，第267页。

另一方面，将认知系统看作对表征状态的计算，这是人们长期以来理解智能和认知的有效方法，计算本质上涉及具有表征内容的状态转换。那么，作为人类智能的现象之一的理解，计算能否揭示或展现其包含的意义？在我们看来，这是计算成为一种人类理解形式需要具有的特征。如果计算是人类理解的一种形式，一个满足条件就在于前者须能够充分描述某种意向心理状态，并呈现出意义。很多心智哲学家，比如福多，认为计算的目的在于获取有意义的信息，计算是含有语义的过程。然而在塞尔看来，计算系统或模型只是单纯地在进行信息加工，比如，我说出"2个汉堡加1份炸薯条"这一话语，当我在表达这句话的时候可能会想象某一场景或图像，我会设想自己在快餐店里点餐，也可能在点外卖，甚至会联想到自己会因此而变胖，从而下决心改变饮食结构等。相较而言，计算机不会产生对相关情境的联想，它据有的是符号、规则以及算法。正确编程的计算机或许能够思维，但不能够像人一样进行理解，换言之，人的理解活动或内容不能用计算的形式或术语予以呈现。人们可以进行理解，原因在于心智能够将文字符号与意义相互勾连，如果计算是依据算法对符号的形式操作的话，那么理解则可以看作对意义的融贯，并因此可能产生出新的意义。

根据狄尔泰的体验诠释学，理解过程中伴随着个人体验，体验的整体性决定了意义是统一的整体，他的体验概念同时又和生命有着密切的关系。伽达默尔在谈到这一概念时指出，体验和生命处于一种整体性的关联之中，体验的整体性源自生命之总体的统一性。同时，由于体验在时间上是双向流动的，过去、现在和未来在理解过程中是融为一体的（计算依然遵循的是一种单向度的时间观念，即以一种过去—现在—未来的模式进行延伸），人在生命体验的共同性的基础上达到意义的理解。[①] 人们对事物的共同理解何以可能，对共同意义的理解何以可能，狄尔泰将解决的希望寄托于人类生命的共同性，理解意义就是"一种返回，即由生命的客观化返回到它们由之产生的富有生气的生命性中"，[②] 作为体验的理解构成了作为认知的解释之基础，更构成了对客体的一切知识的认识论基础。显而易见

---

① 潘德荣：《诠释学导论》，广西师范大学出版社，2015，第55页。

② 〔德〕伽达默尔：《真理与方法》，洪汉鼎译，商务印书馆，2017，第99页。

的是，这正是计算所缺失的维度，计算不可能，也无须体验（如同在流水线上作业的机器人按部就班的程式化操作，它们对自己工作的意义没有清楚而明晰的觉知）。即便将计算用于解释和理解生命的本质，这一形式过程没有也不会产生体验的维度，纵使被描述和理解的生命本身是体验性的。因为体验甚至理解行为是内在、深层次的，而通用的计算模式是一种表层的信息处理过程。如果狄尔泰的观点是正确的，那么基于体验而理解的东西则是具体的并具有某种感受性的东西，相较而言，计算则是基于一种完全抽象化的思维，本质上是对纯粹理性的推崇与模拟，① 是可以用准确指令清晰表述的东西，理解显然不属于这一范畴。正如狄尔泰所说的，"我们通过纯粹理智的过程进行说明，但我们却通过联结一切心理力量的领悟活动来理解"。②

我们认为，计算与理解的区别代表着描述对象或世界的两种方式，前者以抽象的、严肃理性的方式描述世界，后者以具象的、略带感性的方式描述世界。之所以说理解略带感性，是因为我们可能会在理解的过程中掺杂自己有关对象的体验，甚至是对个体生命的体验。正是体验使得理解成为可能，它使每一个体的心智与对象的纽结从心理上得以关联着，在某种意义上，这可能是理解难以摆脱个体性与主观性的原因之一。体验虽然不是孤立存在的，但终究是个别性的，而基于个别性的体验的理解在我们看来是不能提供"放之四海而皆准"的统一解释的。相较而言，普遍性正是计算的优势以及计算主义力求实现的目标——实现计算在解释智能与心智、生命过程以及世界或宇宙的刚性统一，使计算发挥元语言之作用，计算如同语言一样是人们认识世界不可或缺的工具。从这一角度来看，计算可以被我们看作一种精确性、工具性的人类理解形式。

我们看到，将人的理解活动或过程置于计算模式的解释机制，这一尝试似乎是行不通的。在理解活动中，主体（理解者）和意义并不能通过计

---

① 从这种意义上说，计算的抽象化本质似乎决定了它只能作为一种解释和说明方式，它是凭借用语言描述的、明确的概念和操作概念的形式规则构成的理论体系来描述表象世界的。（引自李建会、符征、张江：《计算主义——一种新的世界观》，中国社会科学出版社，2012，第2页）

② 〔美〕里查德·E. 帕尔默：《诠释学》，潘德荣译，商务印书馆，2012，第149～150页。

算而形成强有力的关联。此外，计算的"不充分性"，即计算不能充分说明精神的认知现象，理解的计算化也难以真正实现。计算在信息的输入和输出行为之间建立的对应与映射关系很难产生理解，因为理解者在理解活动中的心理或意向状态并不是通过信息的输入或输出就能获得的，即使可以获得，这种体验式的认知结果也很难被符号化。纯粹形式化的计算在处理和应对理解的不确定性问题时会显得力不从心，这说明"心理能力实际上超出了计算所能涵盖的范围"。[①] 在我们看来，计算与认知在某一抽象层次上的共同功能描述尚不足以覆盖整体的认知现象，背后的原因依旧是计算的不充分性。

二　计算与人类理解结合的可能性

若要寻找一个能够将计算与理解相统一的点，伽达默尔的论断或许可以给予我们一些启示。一切理解无非是对语言的理解，一切解释也无非是对语言的解释，在语言的沟通中，我们相互地理解和解释了。[②] 语言本身也是一套符号系统，是人们用于进行解释和理解的工具。施莱尔马赫认为解释是一种语言的外在表达，主要以文字、言语为载体，理解更重要的是一种心理层次的表达和实现，是在主体内部对意义的运思，而心理层次的理解一经说出口，便成了对某物、某事件的解释。解释（尤其是以计算主义为代表的科学解释）是根据客观、普遍的语法规则进行的，它关注的是对象物与解释的契合程度，关注解释能否恰当地描述对象，其目标在于追求和揭示"真"。理解关注的是主体本身的精神状态，以及个人对意义的体悟，其目标在于追求"善"。然而，无论是追求"真"还是"善"，一切过程和行为都发生在语言之中，都处在由语言编织的关系网内。一言以蔽之，理解与解释都具有语言性的特征，[③] 一切的计算与理解过程最终都要落在语言之上，都是通过语言系统产生了一种语言性的存在结果。

---

① 贾向桐：《当代人工智能中计算主义面临的双重反驳——兼评认知计算主义发展的前景和问题》，《南京社会科学》2019年第1期。
② 潘德荣：《诠释学导论》，广西师范大学出版社，2015，第71页。
③ 计算首先是作为一种解释形式存在的，自然也具备这一特征，我们这里的目的是讨论计算能够与人类理解相结合的可能性。

从这种意义上来说，计算与人的理解之间的通约意味着严格、精确的人工语言（符号语言）与灵活、模糊的自然语言之间的"对话"，也就是如何将前者应用于后者的问题。伽达默尔认为在语言层面可以将理解与解释，甚至全部的自然科学与精神科学统一起来（但他所指的语言主要指自然语言，抑或是文本语言，可能由于时代的限制，他没有考虑到计算依赖的人工式的逻辑符号语言对于自然语言所要表达和承载的意义而言是不充分的）。同样，利科也认为在一个由符号的关系体系所构成的语言系统中能够实现理解与解释的融合，消除二者间的对立。在计算主义的语境中，理解世界相当于建构语言，语言的结构即世界的结构，它试图在排除或脱离情境的前提下实现或建构符号与世界之间的映射关系。相反，理解是人与自身所处的情境之间形成的一种联系，与情境的关系决定了计算与理解之间存在的差别。在我们看来，将计算纳入理解的语境中才有可能实现两者的通约。计算语言和自然语言由于使用着不同的符号表达系统，因而之间存在着一条天然的鸿沟，意味着它们各自具有对言语行为以及对象独特的说明和描述。由于自身包含的体验要素，理解通过语言与对象物形成的是一种直接性的关联，未包含体验要素的计算与对象物之间则是隔着作为中介的表征符号，它们形成的是一种间接性的关联。计算关注的是对象在思维中可以被抽象化的部分，而不是对象本身。直接性与间接性的碰撞与对立使我们认识到，计算是将对象物以形式化和符号化的方式再现，而理解不是纯粹的再现，它在新的视域中生成了新的意义，所以理解过程就是一种创造过程，是一种意义生成活动。从这种意义上说，理解活动似乎无须借助计算来实现。

然而，我们认为，若要将人类理解予以精确化，将"真"的判断融入人的理解过程中，从而尽可能地避免误解或者错误，就不能将计算绝对地排除在人的理解活动之外，甚至应当充分发挥计算的确定性与精确性，将计算作为匡正理解的一种工具。计算与人类理解可能结合的另一个理由在于，理解者心中的理解内容必须被解释出来方能实现。①海德格尔独特的理

---

① 比如，老师在教学过程中通常会以学生能正确地解释某一知识点为其理解了所教授内容的标准。

解观表明，意义是通过理解的展开而逐步得到展现的，它是被生成的。解释与理解之间不是截然对立的关系，两者是不可分割的。解释是在理解基础上的，它植根于理解，可以被视为理解造就自身，展开自身的活动，"对理解有所裨益的一切解释，必然已经对被解释的东西有所理解"。① 由于解释是诠释学必不可少的构成要素，放弃了解释，也就意味着在诠释学中所展示的一切都将永远陷入晦暗不明的状态，缺乏任何理论思考所必备的明晰性和确定性，换句话说，理解只能是"模糊不清"的。② 计算作为一种解释方式和工具，在我们看来具有将理解展现出来的可能性，因为从根本上说，理解是对语言的理解，而符号本身并不是意义或者对象物，只是对意义或对象物的抽象化表征，人们需要将符号承载的意义揭示出来。所以，不论是怎样的一种解释形式，都是以语言为基础的，计算则是我们在以某种特殊的方式完善着理解。

此外，我们需要计算自身具有的客观性和不偏倚性来限制人在理解过程中可能具有的主观随意性，从而避免理解由于任意的主观立场而陷入相对主义。这个问题也是诠释学的不同流派所共同关注的焦点，即如何克服理解中的相对主义和不确定性，如何解决理解过程的客观性问题。如果将计算纳入理解过程，把它视为其中的一个环节或一种形式，在我们看来便有可能防止意义回归主观化的可能性。符号化的计算作为主体（理解者）理解对象或进行自我理解的媒介，它筹划展示出了理解的一种新的可能性。理解者在推动理解的过程中不可避免地加入了自己的主观要素，但也正是这种主观性帮助人们揭示出隐藏在对象背后的意义，尤其在理解文本时有可能生发出连作者自己都没有意识到的东西，这恰恰是计算难以实现的，也就是说，计算难以超越形式和先在设定之规则的约束而生成新的意义，产生新的理解，但另一方面，计算仍可作为增强人类理解确定性的工具而被加以利用。

---

① 潘德荣：《西方诠释学史》，北京大学出版社，2016，第307~308页。
② 潘德荣：《诠释学导论》，广西师范大学出版社，2015，第120页。

第三节 诠释学视域下的人工智能是否具有理解力

从哲学解释学的视角看，理解过程涉及语言、传统、思维方式以及情绪等一系列因素。人工智能执行的是符号操作的技术进路，接受的是一种关于科学知识的规范概念，沿袭的是客观主义的认知立场，遵循着严格、精确的程序与规则。唯有中立的、不带偏见的意识才能保证知识的客观性，对人而言，这确实是困难的，人工智能则成为实现这一设想的典范，它形式化地模拟了人类思维的各种认知功能，从而无限接近理想的目标，即追寻普遍性的、无关个体的推理准则。然而，笔者认为，这种功能模拟不能产生类似于人的理解活动，原因在于：第一，人的理解充斥着意识的反思要素，理解同时是一种自我理解；第二，人工智能缺乏人之理解的"前结构"，根本上仍然是人工智能的离身性与人类智能的具身性之间矛盾的外化；第三，人工智能的计算程序缺失与历史的意义关联；第四，人工智能自身的离身认知逻辑与人类具身性的理解并不融贯。

第一，人的理解是自我意识的"自思"，人工智能缺乏这种能力。人（此在）与人工智能的重要区别就在于，前者总是在向着自身的可能性不断地进行筹划和设计，体现出人自身的某种创造性和自主性，表明人类具有强烈的自我意识，它关涉着主体之于对象的理解程度。对于人工智能而言这是悬而未决的问题，它尚不具备自我意识，更没有自我反思和自我觉察的能力，人们大多担忧人工智能可能会通过自主改变自身的程序并创造新的规则，进而衍生出理解与反思能力。就目前来看，符号主义姑且不论，即便是模拟大脑神经元网络的人工神经网络也缺乏类似于人的创造性与理解力。换言之，人工神经网络只能响应固定情境下的固定特征，无法创造性地响应新的特征和情境，① 面对滚滚江水，人工智能不会发出"大江东去浪淘尽，千古风流人物"或"逝者如斯夫，不舍昼夜"的感叹。依照规则和算法生成的程序是对事物进行刻画和描述的一种形式，而理解不

---

① 夏永红：《人工智能的创造性与自主性——论德雷福斯对新派人工智能的批判》，《哲学动态》2020 年第 9 期，第 117 页。

只是一种创造性的解释，在某种意义上它也是人的自我理解。也就是说，某人对他的理解是有意识的，能够理解自己所理解的内容，理解自产生伊始就包括了反思的东西在内。据此而论，严格按照规则进行计算和推理的人工智能不构成理解，若不考虑内存，它会将 π 无限计算下去。人显然不会这样，他理解到圆周率是无限不循环小数，故以字母 π 指代，如果现在有人无脑地计算 π，我们会感到疑惑。人工智能的程序相当于人类提前输入的思想，是对人类观念系统的外化与复制，反复遵守规则的行动不具有创造性。理解是创造的前提，人借助理解是有可能避开思想陷阱的，比如"二律背反""飞矢不动"等哲学悖论。人工智能或许永远只会依照规则并在程序预先设定的范围内推理和解决问题。相比之下，人可以理解规则并在这一前提下灵活地予以运用，甚至会修改抑或废弃规则，这得益于以自我意识为基础进行的自我分析。人会根据已有的"前见"，即人自身具有的知识背景、文化传统以及信念系统不断修正自己的现有理解，而这正是人工智能缺失的一环。

　　第二，人工智能缺少人类理解具有的"前结构"。理解的可能性就存在于人（此在）向来就有的"前结构"中，它是我们进行理解的前提和基础。理解的"前结构"包括前有、前见以及前把握。前有是先行占有我们的历史、文化和传统；前见是指我们在进行认知和理解时利用的语言和观念，任何状态下的理解都需要语言和观念的参与；前把握是指人在理解之前具有的诸前提和假定，是我们理解和认知必要的知识储备，是由已知推向未知的脚手架与参照系。我们无法从空如白板的心理状态出发展开理解活动，即使"前结构"中存在某些错误的观念与假设，也只能在理解过程中予以修正。关于某物的理解和认知过程在某种程度上也是对自身的前理解结构的重塑。可以说，没有"前结构"，我们不会知道更多东西。

　　此外，理解主体和理解对象之间存在着循环结构，人自身的"前结构"与理解对象的内容之间交互的结果便是理解。在海德格尔看来，理解过程一直是在先行存在的"前结构"的引导下展开的，这种"前结构"奠定了我们现有的认知框架和模式，反过来，理解过程的推进又会不断地修正我们已有的信念系统。人们正是依据已有"框架"生成认识和理解，也就是说，人们在理解之前总是已经"有所知晓"，而"有所知晓"使人们拥有了在本质上可以被理解清晰表达的东西。① 因此，不存在无前提的理解过程，人的心灵从来不是一片认知的空白之地，它具有初始的信息存储，理解也可看作已有和现有认知状态的碰撞与循环。相较而言，计算机如果没有输入程序或者算法，就像没有心灵的躯壳，不具有任何功能状态，更遑论人类理解过程中涌现的灵感和顿悟了。

哲学解释学将"循环"作为理解的一个基本特征，经过海德格尔的改造，"解释学循环"摆脱了恶性的标签，成为人之理解活动必要牵涉的东西。他写道，"在这种循环中包藏着最原始认识的一种积极的可能性。当然，这种可能性只有在如下情况下才能得到真实理解，这就是解释（Auslegung）理解到它的首要的经常的和最终的任务始终是不让向来就有的前有（Vorhabe）、前见（Vorsicht）和前把握（Vorgriff）以偶发奇想和流俗之见的方式出现，而是从事情本身出发处理这些前有、前见和前把握，从而确保论题的科学性"。② 这一循环结构表现在，人作为此在自理解之始便置身于一种由前有、前见和前把握构成的背景之中（比如历史文化、传统观念与道德规范等），理解主体正是通过理解的前结构进入了理解的"循环"，任何关于事件、事物的理解都不是单向度的线性模式，这一结构是人的理解"程序"，可由人自主地加以修改和补足。虽然人工智能也必须依靠先行植入的程序和资料数据，例如"好的老式人工智能"预先设定或默认程序系统储存了完备的知识，设想能够以任何方式处理和应对遇到的诸多问题，但异于人自身先有的认知框架和信念系统，人为输入程序系统的知识框架不会自动进行修正和扩容，且人工智能没有能力在运行过程中自主地修正、改变程序或算法中的某些漏洞和错误，程序与算法可以看作人的"权威前见"在技术上的体现。

我们最后想指出的是，人工智能缺乏人类理解具有的"前结构"，其根本原因仍是二者背后的离身性与具身性原则的对立，"前结构"作为人类理解的组成部分，是信息的具身式存储，本质上离不开人的生物学意义

---

① 潘德荣：《西方诠释学史》，北京大学出版社，2016，第 309 页。
② 〔德〕伽达默尔：《真理与方法》，洪汉鼎译，商务印书馆，2017，第 378 页。

上的身体组织，长期以来是由大脑和身体塑造的，它不与身体相绝缘。人工智能则不属于"生物体"的意义范畴，其本质仍是离身性的人工产物，我们不认为它具有承载具身的"理解前结构"的可能性。

第三，人是历史性的存在者，而人工智能基于算法的计算程序缺失历史维度，从某种意义上说，人类理解呈现的是一种"历史理性"，人工智能则呈现出一种"计算理性"或"纯粹理性"。笔者认为，人工智能不具有理解能力的原因之一在于其缺乏对历史性的把握与关切，人的理解具有历史性，主体总是从自己的历史存在出发去理解某物，这是重要的解释学原则。理解的循环结构表明："在循环中，一切前结构与理解着的此在表现为一种历史的关联，把历史上曾发生的与正在发生的以及将要发生的东西联结起来，此在就存在于这种历史的关联之中；此在在历史的关联中存在着，它是一个历史的存在。"① 一切深思熟虑的解释与理解都是以理解者自身的历史性为基础的，即以一种从具体情境出发的对存在的前反思理解为基础，这种具体的情境同解释者的过去和未来具有内在的关系。② 人的理解具有历史性的特征，是一个由过去、现在和未来构成的复合体，历史性意味着理解不能摆脱它本身所处的历史情境，理解基于它的"前结构"向事物投射（"前结构"就是人类信念的历史积淀，通过教育、学习等途径得以保留，并内化于人的头脑当中），且人的每一理解都基于在历史情境中先行给定的信念体系，纯化的分析反思活动无法消除理解过程的历史参与。能否历史地认知事物，是人与人工智能的重要区别，后者被描述为在逻辑上融贯的人工系统，但逻辑的融贯与自洽并不能使其拥有人类理解特有的循环结构。人对事物的理解不是自我意识的自由活动产生的结果，相反，先在的人类智慧沉积已然为个体的理解奠定了可能性，并先验地塑造着个人的信念内容和结构。从这种意义上讲，在工程技术层面反映和呈现人类智慧成果的人工智能依旧是在模仿人的智能行为，程序与算法的更新凝结着人的新近思考。历史是人类丰富的智力资源，人类知识的历史沉淀造就的前见奠定了人类理解产生与进步的基石。对于人工智能而言，它

---

① 潘德荣：《西方诠释学史》，北京大学出版社，2016，第317页。
② 〔德〕伽达默尔：《哲学解释学》，洪汉鼎译，上海译文出版社，2016，第41页。

没有历史感，有的只是被浓缩的一连串的代码，它的"前见"是由符号代码依照规则组成的程序所进行的信息处理，各系统之间以及系统与历史之间缺乏有效的意义流动。虽然人工神经网络已经足够复杂，但计算机的编程算法并不能呈现人类理解的醇厚历史性，也就是说，后者不能通过数学抑或逻辑的方法纯化为形式。

第四，人工智能自身蕴含的认识论的逻辑理路与人的理解不同。众所周知，当前的人工智能主要被划分为三大流派：以好的老式人工智能为代表的符号主义、以深度学习为代表的联结主义和以智能机器人为代表的行为主义。它们背后秉持的认识论是理性主义、经验主义、控制论以及具身理论。证明当前的人工智能是否具备理解力的一个关键点就在于考察其认识论逻辑是否与人类理解的内在逻辑相契合，下面我们予以简要分析。

对于符号主义进路的人工智能来说，世界本身就充斥着逻辑和符号，是由清晰的原子事实构成的集合体。它以演绎推理为基础，以逻辑分析为方法，从信息加工的角度来研究人类认知，认知过程以计算—表征的模型展开。然而，符号主义人工智能采用的方法一直为人们所诟病，也就是将心智还原为符号化的抽象层次，因而往往难以描述和把捉人类心智的丰富内容。可以说，经典算法及其相应的符号主义人工智能较为成功地模拟了人的左脑的抽象逻辑思维。① 它是以推理和计算为主要代表的理性思维，但人类理解作为一个复杂的、有着多重维度的现象，还包括直观、感受的体验以及诸如"山重水复疑无路，柳暗花明又一村"这样带有神秘主义色彩的顿悟。为了应对在世界中遭遇的复杂、不确定的事实，我们自身的理解结构也呈现出复杂性和不确定性的特征。符号主义人工智能的逻辑结构奠基在规则之上，是以规则统摄信息/数据，但在成功地复制高阶认知能力（比如运算、推理或下棋）的同时却将世界过于简化，故而在复杂的事实面前陷入困境、手足无措。显然，符号主义人工智能的逻辑理路并不是滋生人类理解现象的土壤。

同样是"自上而下"的设计路径，以深度学习为代表的联结主义人工

---

① 肖峰：《人工智能与认识论的哲学互释：从认知分型到演进逻辑》，《中国社会科学》2020年第6期。

智能是以信息/数据来总结规则。通过模拟大脑神经元网络的效用机制和原理，将全部计算发散到人工神经元之间的动态联结，将信息存储于各个神经元之间的连接突触，计算不再由中央处理器集中进行，而是一个并行分布式的过程。基于深度学习的联结主义人工智能抓住了人类认知的自主性和适应性特征，通过"学习学习再学习"的强化机制涌现出智能，人工智能因此产生了某种自我进化、自我超越的能力和态势。然而，对以模拟人的学习能力为基础的人工智能能够涌现出类人的理解力的观点，我们持怀疑态度。人的确是通过学习获取知识、认识世界从而改造世界的，这种"学习认知也使得人具有了指称、定义、理解和构造对象、事实和世界的认知能力"。[①] 深度学习的实现以人类专家提供的大量专业信息数据为逻辑前提，但人的理解活动并不必然地需要专家知识的填充。另外，由于深度学习系统是在输入信息和目标信息之间构建一种非线性的映射关系，因而它的算法具有某种不透明性，甚至不可捉摸，出现连设计者都无法理解的神秘"黑箱"，也就是所谓算法不可知的问题，这一类型的人工智能"只知其然而不知其所以然"。相较而言，人的理解是清楚明白的，不是神秘"黑箱"的输出结果，我理解意味着我知道自己为何理解，除非进行自我欺骗。因此，逻辑上不透明的算法不能实现逻辑自明的人类理解，以深度学习为代表的联结主义人工智能也无法具备类人的理解力。

　　行为主义人工智能所秉持的认知观是：智能源自感知和行动，它是在与环境的相互作用中得以体现的，认知就是身体应对环境的一种活动，是智能系统与环境的交互过程，是在不断适应周围复杂环境时所进行的行为调整。[②] 它取消了符号表征和逻辑推理，强调智能系统在世界中的自适应行动，"通过建构能对环境作出适恰应对的行为模块来实现人工智能"。[③]在我们看来，这一系统形成和展现出的行动与人类本身的行动是不同的，

---

① 肖峰：《人工智能与认识论的哲学互释：从认知分型到演进逻辑》，《中国社会科学》2020年第 6 期，第 57 页。
② 肖峰：《人工智能与认识论的哲学互释：从认知分型到演进逻辑》，《中国社会科学》2020年第 6 期，第 53 页。
③ 肖峰：《人工智能与认识论的哲学互释：从认知分型到演进逻辑》，《中国社会科学》2020年第 6 期，第 53 页。

前者呈现刺激—反应的映射关系，后者呈现的是理解关系，行动是理解的外化，人既因理解而行动，又在行动中丰富着理解，而行为主义人工智能模拟的行动之中并不包含理解的要素。换句话说，通过模拟人的行动而设计的人工智能也不具有理解力。

总体来看，一方面，当前流行的人工智能关注的是"人如何认知"以及"人如何行动"的问题，希望以对人类计算力和行动力的成熟模拟和分析为跳板，跃入更高智能层次的理解力。从某种意义上说，它们实现的是各自意义上的"理解"：推理计算、学习和行动，这些都是人类理解的片段或部分，它是兼蓄理性、体验、直觉和行动的复杂现象。另一方面，人工智能蕴含的内在逻辑仍然是离身认知的，不论是深度学习、强化学习还是类脑人工智能，都在刻画人类神经系统的运作细节，模拟神经回路的计算，却将认知的具身性忽略了。人类理解之所以复杂，根本原因可能就在于大脑不是唯一的理解器官，还有身体的参与，人工智能的算法依赖的是"硬件"，而人的理解则是靠"湿件"。

人工智能的发展使人们产生了其具有类似于人类理解力的期盼，但基于哲学解释学的分析后我们看到，人的理解是基于前见的自我反思活动，自产生便具有某种反思因素。就此而言，目前的人工智能尚不具备类人的理解力，它不像人一样具有理解的"前结构"。作为理解之"循环"过程的关键环节，前见是我们正确对待人这一有限、历史的理性存在时需予以重视的概念。人类理解无法从历史的直接缠绕和伴随着这种缠绕的前见中解脱出来，理解的历史性因之向人们呈现，而这恰是人工智能缺失的维度。任何关于人工智能理解力的讨论都应严肃看待理解本有的历史之维，它是人的理解自身的本质特征。人工智能的设计者试图使之具有"理解之心"，但后者缺失了与历史之间的意义关联。当前人工智能的主要流派都是从各自的维度朝着"理解力"的金字塔尖推进，它们实现的只是一种"人工理解力"，仍然没有实现带有自然和文化属性的人类理解力。如果能够出现将计算、学习和行动相整合的"超级人工智能"，也许实现人的理解力是可能的，但就目前而言，人工智能的"理解之路"依然道阻且长。

第四节　诠释学对于认知研究的意义

以派利夏恩（Zenon W. Pylyshyn）等人为代表的传统认知科学主张，人的心智是一种表征结构以及在这种结构上进行操作的计算程序，并通过计算来对认知加以解释和说明，这就是心智的计算—表征假设。派利夏恩在其代表作《计算与认知》一书中指出，计算是心理行为的实际模型而不仅仅是模拟，计算过程与认知过程应由同样的方式形成，人的认知与计算之间存在很强的等同性。① 心智是对符号表征与代码的操作，关于认知行为的解释基于三个层面：功能层面、符号层面以及语义层面。心智的计算理论强调三者缺一不可。概言之，在一般人看来，认知就是一种计算，认知主义的愿景在于成为认知科学的基础假设，而且这在很大程度上已经得以实现。虽然遭受前所未有的冲击，但计算依然是可以将支离破碎的认知科学各片断连接起来的稳定要素，从而使得后者避免成为一个形式松散的学科联盟，并具备某种普遍的共性，即心理表征是理解人类认知活动的理论设定，计算是理解人类认知机制的核心。这种认知的信息加工理论或认知主义（也称为符号主义）的强大立场使人们几乎达成了普遍的共识——人类认知应被理解为基于规则对符号表征的计算过程和活动。虽然之后兴起了以具身认知为核心的新的认知科学研究纲领（注重身体体验以及主体与情境之间的互动），它认为以表征和计算为核心的认知解释不能真实地理解和再现人类的认知现象（尤其是知觉、情感和体验等低阶的认知现象），但又无法视之为无用之物而被彻底摈弃。正如有学者指出："随着新知识和新理论的不断涌现，表征—计算这一经典假说由于其局限性受到了广泛的挑战和质疑。但目前解决问题的最好的方法仍是对这一假设不断修改和完善，而非彻底抛弃它。"② 这在很大程度上反映了计算与认知难以割舍的关联，也表现出人对于认知精确性和确定性的不懈追求：认知，需要

---

① 〔加〕泽农·W. 派利夏恩：《计算与认知》，任晓明、王左立译，中国人民大学出版社，2007，第9页。

② 周昊天、傅小兰：《认知科学——新千年的前沿领域》，《心理科学进展》2005年第4期，第390页。

精确的描述。形式化是最为普遍的做法，思想与观念的推演完全是程序式的，符号自身含有的各种可能解释被搁置不论。这种类型的理解已然变成了一种根据某些句法规则进行的无意义的符号游戏。一般而言，形式的符号处理机制缺乏重要的灵活性与可塑性。也就是说，虽然该机制可以产生任意的输入—输出函数，但如果输入的符号是确定的，那么可输出的结果也只有一个。然而，人类认知与思维具有发散性的特征，诸个体对同一信息的理解可能不同，即便是同一个体，在不同时间段对同一信息的理解也会有所差异。也就是说，理解作为一种人类认知形式可能并不适合符号的输入—输出机制。这样的实践会遇到一个显著的困难：潜在的输入—输出函数太多，我们无法用有限的指令集合，或任何其他有限的手段来确认它们。①

正如我们在前述中指出的，理解不能通过函数式的输入—输出机制进行窥视，因为理解并不单纯显现为一种认知模式。按照海德格尔的说法，理解是"此在"的一种存在方式，"此在"的生存意义在于对世界的敞开，也就是同世界上的其他人或者事物在时间与空间维度上的交互，理解作为一个诠释学术语代表着这一敞开的认知维度。海德格尔创造性地将人类理解置于"在世存在"的框架内进行描述，我们作为"此在"皆"被抛入世"，理解被海德格尔描述为一种被抛的筹划，并根据理解的诠释学循环来解释人类认知的结构。作为一种认知活动形式，人类理解是一个与世界进行意义建构的开放循环，它始于"此在"先验地具有的与世界之间的前反思性的亲熟，这一循环结构之所以是开放性的，原因在于理解本身是一个具有差异性的筹划，我们自出生伊始便与之亲熟的世界和我们通过理解来维持和改变的世界是不同的。

正是这一条件使理解与解释得以可能，也就是说，我们在进行理解和认知活动之前，必须首先发现自己，发现我们自己"在那儿"。烦心（care）、忧虑（anxiety）等情绪体验在海德格尔看来都揭示了"此在"与现实的关联，它比主—客关系更加根本。在认知中，我们把对象放置于面前，但将我们置于世界之中（也就是"在－世界－中－存在"）使得我们对情境的

---

① 〔加〕泽农·W. 派利夏恩：《计算与认知》，任晓明、王左立译，中国人民大学出版社，2007，第9页。

感觉先于对对象的感觉。因而在海德格尔眼中，认知的目的不是把握某种对象事实，不是去揭示在先地包含于对象中的意义，而是领会和揭露它所指示的存在可能性。解释是一种说明，同时可看成是一种理解的进展，它是"领会（理解）使自己成形的活动"，"解释并非要对被领会的东西有所认知，而是把领会中所筹划的可能性整理出来"。① 以往的古典诠释学将解释与理解割裂开了，视之为认知主体的两种不同行动，二者互有分殊，互不等同，却有着相同的目标——认识对象。海德格尔在"此在"的生存论层面将二者统一起来：解释植根于理解，而不是相反。理解是前主题性的，即它尚未将被理解者变为一个主题，而阐释（解释）则是主题性的，即它确定和规定所理解的东西。② 所有的解释向来是奠基于一种先有之见，都体现了人（"此在"）自身的先行掌握。因此，海德格尔颇有预见性地使我们认识到，不存在"中立的""局外的"认知行为，不存在"纯粹的"看，也不存在未经解释的"纯粹的"事物。哲学在传统意义上始终在追寻关于对象的纯粹知觉和经验（比如笛卡尔与胡塞尔），殊不知这样的尝试往往徒劳无功，因为任何知觉，尤其是关于上手用具的知觉都已经是有所理解、有所解释的了。我们并不是先遭遇到事物并产生关于它的知觉，然后再对这种知觉作出理解和解释。两者基本上是同时发生的：当我们说出"天上有一架飞机"这一事实描述时，我们已然理解了"飞机"是什么，我们是以理解的方式与事物照面的。

在我们看来，海德格尔的哲学诠释学为关于认知问题的探讨提供了有益的思想资源。第一，它使我们意识到自身关于事物的认知与解释渗透着诸多前见，它在相当程度上影响着我们的认知态度以及在认识事物时采取的角度和方向。前见不是作为模糊的背景而存在，相反，它因为明确的前概念而得到清晰的表达。前概念是我们预先已经掌握的东西，我们用它来使在先见中的东西概念化，③ 也就是说，前概念使人对与之照面的事物具有清晰的概念图像，知晓其解释和认知的东西为何物，这也就是我们会把

---

① 谢地坤主编《西方哲学史（学术版）》第 7 卷上册，江苏人民出版社，2011，第 173 页。
② 张汝伦：《〈存在与时间〉释义》上册，上海人民出版社，2014，第 420 页。
③ 张汝伦：《〈存在与时间〉释义》上册，上海人民出版社，2014，第 425 页。

某物作为某物加以解释的原因。海德格尔早已指明，解释从来不是对先行给定的东西所作的无前提的把握。① 即便是关于"无"的解释也是基于"有"这一前提而展开的，"无"中不能生"有"。绝对无前提的理解和认知活动是无本之木，就像人在绝对光滑、摩擦力为零的地面无法站立一样。理解与认知的前结构规定着它的方向性，使我们不会闹出指鹿为马的笑话，不会将爆炸声理解为雷声。

追寻着海德格尔的足迹，伽达默尔也认为，我们对于某一对象的理解与认知，并非按照对象如其所示的那样，而是通过效果历史的积累加以把握，在理解与认知的过程中，我们朝向对象投射自己的意向，对象之于我们自身也有作用力。故而这一过程不是主体之于对象客体的予取予求，在投射意向的过程中对象和主体世界相互融合了。② 在我们看来，所谓效果历史是以往关于对象的认知结果的沉积，它显示了我们与传统以及他者之间的联系，为新的认知经验和理解的产生提供了可能。效果历史形成了伽达默尔所说的前判断，而前见在他看来决定着一切理解活动。伽达默尔充分正视了前见带来的积极意义和效果，正如海德格尔所言——此在"被抛入世"，同时也被抛入一个"充斥着前见"的世界。③ 即使我们能够有意识地规避掉某一特定的前见，我们亦无法消除所有的偏见或前见，因为前见对于理解而言是必要的，理解者总是从自身的前见和观念体系出发展开解释和理解活动。当然，前见等可能会产生消极的作用，比如干扰人们正常的理解和判断，但在某种意义上它仍有积极的作用与效果，这是伽达默尔力图表达的一个重要观点。④

---

① 谢地坤主编《西方哲学史（学术版）》第 7 卷上册，江苏人民出版社，2011，第 176 页。

② 〔爱〕德尔默·莫兰：《现象学：一部历史的和批评的导论》，李幼蒸译，中国人民大学出版社，2017，第 281 页。

③ 我们认为，理解作为深植于语境之中的东西，它建立在先于语言的某种东西之上，也就是说，一切前判断的单纯视见，其本身都已经是正在理解着的视见了。

④ 在伽达默尔看来，科学认知和理解之所以要完全排除前见，是因为要遵循笛卡尔的普遍怀疑原则，即不把任何一般可以的东西认为是确实的。前见可以划分为两种类型，即产生于人的威望以及过分轻率的判断。从某种意义上讲，正是人类理性的强化使得人们认为自己的普遍行动能够摆脱前见的束缚，因为只有理性才是权威的最终源泉，一切都要放到理性的审判台上加以权衡，是理性赋予了前见可信性，同样，理性也可以将这种可信性移除。

任何理解与解释都不是随心所欲的突发奇想，都具有难以察觉的思维的局限性。海德格尔早已指出这一点，他认为理解和筹划向来被一种先行存在的结构引导着，理解的前结构是理解产生的前提。此在的种种可能性，理解的可能筹划，都基于这种先在结构，海德格尔更多的是将前结构当作理解的结构要素来揭示。① 可以说，理解的诸多可能性取决于前结构本身作用的可能性与内容的丰富性，举例而言，牛顿从苹果落地这一常规现象中发现了万有引力定律，而普通人即使目睹无数次也不能洞察分毫（要么选择无视，要么一脚踢开或把苹果吃掉）。这表明，对于现象的纯粹事实性判断，在很大程度上是基于主体先行具有的理论框架，从某种意义上说，正是理解的前结构指引人们作出关于世界的诸判断。故而如伽达默尔所主张的，前见属于个人的视域，它是滋生判断的温床，导引着我们的所思并构成了我们向世界敞开的预设和前提。这些前见是人们基于特定的文化或传统的特殊体验，是人们如何看待世界的部分表现。所以，前见并不必然地等价于一种错误的判断，它是包含有肯定和否定价值的丰富概念。伽达默尔之所以如此重视前见，在我们看来，原因在于他的诠释学为自身规定的任务，即试图描述理解实际的生成方式，而不是构造某种增进主体间实践的规定性，它关注的是理解源始的规定性。

如此这般，和理解活动相类似，人的认知和思维活动也并非从某种零点和无开始，我们通常不构造概念，而是在活生生的历史传统和情境中承袭它们。我们也并非先知觉到某种纯粹在手边的东西然后才将其解释为某一事物，而是我们遇到的事物已经通过一组可能性被解释了，此组可能性我们把握为该物所具有，"在每一情况下此解释都是基于某种我们预先已有者，即一种'前有'"，我们根据对该物的一种"前有"、一种"前见"来把握和解释对象。② 前见积淀于人们的心智当中，纯粹的无知不可能产生问题，我们不可能将前见从头脑中完全去除，不可能像蛇蜕皮一样摆脱前见对我们的影响。人的认知活动不能单纯依靠知觉分析，决定人们视角

---

① 潘德荣：《西方诠释学史》，北京大学出版社，2016，第309页。
② 〔爱〕德尔默·莫兰：《现象学：一部历史的和批评的导论》，李幼蒸译，中国人民大学出版社，2017，第303～304页。

和观点的不是视觉、身体甚至空间感知，而是其自身具有的信念系统以及历史、文化传统造成的前见和前判断体系，人们在展开认知活动的伊始便已经随附着这些因素了。人类认知不存在绝对澄明的、纯粹的无前提，我们甚至可以断言，绝大部分理解和认知活动都只在我们的前见内并通过我们的前见而发生。前见并没有构成阻断人们获取知识和把握真理的任意盲目性，反之，它成为人们展开认知活动（甚至科学认知）的脚手架。人们往往是以某种最初的前见或认知模式接近某一主题，正是这初始的一组信念使我们能够思考并质疑，全部的理解和认知活动都以这类前见为基础。为了理解和认知某一对象，我们必须进入由自身与对象之间的关系所建立的那种"熟悉和陌生的辩证法"：一方面，对象因为我们自身的"前见"和"前把握"具有了熟悉性；另一方面，它也由于和我们之间的距离而对我们提出了挑战。若以伽达默尔的口吻描述，认知则是基于"一种由熟悉性和异他性构成的对极性关系"。[①] 从这种意义上说，我们认为人类认知可能包含着一种不可移除的间距，间距是认知产生的一个前提条件，而不是某种亟待克服和略去的东西，认知主体与所要认知的对象客体之间的鸿沟似乎并不那么容易填平，完全被同化的东西也没有被理解和认识的必要。在我们看来，人作为认知者、诠释者需要心怀谦卑地面对眼前的对象，不要被自己的虚荣傲慢所误导。保持对前见足够的尊重，这是我们在以诠释学研究认知问题时获得的重要启示。

第二，诠释学使我们意识到情境的重要性，强调人的理解和解释活动离不开当下以及历史的情境关联，人的认知行为是与情境关联在一起的，人的观念是根据某种情境得出的，并且依托情境而获得理解。当然，这一观念数见不鲜，语境论、情境认知等理论都持有这一主张。我们在展开理解等认知活动时，要重视其情境的历史性特征，它不单指过去，更绵延至现在以及未来。文化传统不是一成不变的静态存在，在人的生存以及与他人的交互过程中不断地变化着，因此人总是生存在他的传统中。从这个前提出发，认知的可理解性便基于情境，后者关乎能否正确地解释人的认知和行动。如今，诠释学在追问人对作品的理解时反对以旧有的主—客体模

---

① 〔德〕伽达默尔：《真理与方法》，洪汉鼎译，商务印书馆，2010，第279页。

式对诠释学情境展开界定，认为这一模式只是虚构出来的，"它不是源自理解的经验，而是被反思地建构起来的，且又投射到诠释情境的一种模式"。① 存在于主体—客体框架内的理解和解释活动已然成为一种主体性和心智的反思活动，体验式的生动理解成了一种冰冷的技术性分析，得到的结果自然也就不是生动的经验，而是静态的知识，是一种关于客体的纯粹、明晰的观念，每一事物都成了可度量、可重复或可显现的图式。② 计算主义盛行的原因之一可能是，符号和逻辑规则是最为纯粹、明晰和抽象的观念，是知识与经验形式化的基础。

概言之，认知研究需要而且应当考虑文化传统等历史性、情境性要素，正如伽达默尔所主张的，我们不能脱离自身的历史。前见是先于一切的绝对知识和状态，如果说这一主张是独断论和抽象的，那么彻底抛弃前见的主张亦是一种独断论。前见作为人类理解和认知的历史传承物，摒弃它意味着切断了人类理解自身所有的意义连续性。对一切前见的根本贬斥本身也是一种前见，这展现出前见对于人类理性的绝对影响，同时支配着我们的理解意识。理性对于我们来说只是作为实际历史性的东西而存在，即根本地说，理性不是它自己的主人，而总是经常地依赖于它所活动的被给予的环境。③ 狄尔泰将"体验"作为理解的基础和出发点，是最初的、先于意义而存在的东西，生命体验汇入了被理解的对象，虽然他也认为个人总是在历史和社会的关联中被理解的，但其最终根据是个人的心智，也就是基于个体性。但在伽达默尔看来则恰恰相反，"体验"的内在意识不能架起一座通向理解他人的桥梁，历史和社会传统产生的前见对于任何"体验"总是具有"先行决定性"。早在我们通过自我反思理解我们自己之前，我们就以某种明显的方式在我们所生活的家庭、社会和国家中理解了我们自己……因此个人的前见比起个人的判断来说，更是个人存在的历史实在。④ 这样的历史实在是被全部个体所共享的情境，它构成了我们认知对象、理解他人的基石。

---

① 〔美〕里查德·E. 帕尔默：《诠释学》，潘德荣译，商务印书馆，2012，第 290 页。
② 〔美〕里查德·E. 帕尔默：《诠释学》，潘德荣译，商务印书馆，2012，第 291 页。
③ 〔德〕伽达默尔：《真理与方法》，洪汉鼎译，商务印书馆，2010，第 391 页。
④ 〔德〕伽达默尔：《真理与方法》，洪汉鼎译，商务印书馆，2010，第 392 页。

第三，我们还应该看到，诠释学强调的情境关联还与时间性有关，也就是说，理解和解释不是在静态、非时间的范畴中进行。人的理解具有前结构这一事实说明理解是一个具有历史性和时间性特征的概念，它关涉到我们自身历史地形成的对世界的认知架构。可以说，我们是在历史地形成的世界中展开活动的，理解等认知活动和过程都是在时间性的模式中进行的。也就是说，一个人既是在当前情境中与事物相照面，也是在回忆（他历史地形成的认知架构和模式）和预测（他的理解投射到未来的方式）的基础上与事物照面。认知并不是外在于时间的一种静态活动，它处于时空某一特定的位置，不同时空条件下的认知呈现的结果也有可能不同。因此，关于认知对象的把握和理解，不能只在空间的、静止的以及非时间的概念知识的范畴内进行，认知过程是动态的、时间的。它不是仅仅涉及人类心智的某一部分功能（比如信息加工和表征计算等等），人的自我理解同样发挥着重要的作用，换言之，我们总是理解地认识着对象世界。从某种意义上说，计算不是人类智能的单一本质，在计算力之外更多体现的是一种理解力（该能力有可能是进化选择的结果）。彭罗斯认为，"对我们遥远的祖先而言，会做复杂数学问题的特殊能力很难构成选择优势，而所需要的是一般的理解能力"，[①] 这也是人工智能面临的主要难题之一。相较于人，计算机在处理和应对复杂和庞大的科学计算时具有明显的优势，但是却不能理解计算本身的意义。如果计算机的设计不能改变传统的依靠编码程序运行的方式，便很难触碰人类认知中居于更高层面的理解领域。[②]

第四，诠释学的引入使得我们对人类认知有了新的划分。根据维斯特林（Veronica Vasterling）的观点，人的认知也是意向的理解活动，主要包括前反思性的直接理解（direct understanding）与反思性的叙事理解（narrative understanding）。在她看来，直接理解是人们在日常生活中基本的认

---

① 转引自孟伟《身体、情境与认知——涉身认知及其哲学探索》，中国社会科学出版社，2015，第86页。

② 例如，机器翻译将初始语言转换为目标语言，在很大程度上消除了不同语言和文字之间的隔阂，但它很难达到人们常说的"信、达、雅"（忠实原文谓"信"，文辞言畅谓"达"，有文采谓"雅"）的要求和标准。"信、达、雅"是建立在对初始语言的深度理解的基础上，所体现得更多的是人类理解力而非计算力，而以计算和形式化为方法并基于规则的机译系统几乎不可能达到这一程度。

知模式，它是人在世界中同其他事物、事件和情境进行非反思性交互的认知维度。① 它类似于我们关于世界的整体性、直接性的感知能力，当我们环顾四周时所看到的不是形状和色彩的斑块，而是书本、电脑和水杯，当下的直接理解暗含着记忆的影响，能够被人直接理解的对象早已内化于个人的记忆当中。如果说直接理解的对象是我们熟悉的东西，比如婴儿对勺子的理解基于行动和解释可能性的前反思的熟悉，当他能够熟练地用勺子吃饭时，我们会认为他理解了勺子的功能。那么，叙事理解应对的则是陌生的对象，当我们试图理解不熟悉的某物或者向他人解释某一行为、境况或技能时，通常便会陷入叙事理解。② 与直接理解不加反思地为我们呈现出恰当的行动可能性相比，叙事理解是对行动和解释蕴含的可能性进行的反思性探究。直接理解构成了我们日常认知活动的默认模式，叙事理解则是对直接理解的进一步阐释和延伸，而这种阐释和延伸往往以语言为中介，比如我们习惯性地社会互动。由于交互性的实践在很大程度上与习惯相牵涉，比如遇到熟人习惯性地寒暄与打招呼，而遇到陌生人则需要思考恰当的言语内容和行为。因此，维斯特林认为叙事理解的反思实质上是一个程度问题，习惯使得叙事理解能够近乎直接理解的非反思性，以至与直接理解几乎没有区别。③

此外，叙事理解还包含命题理解，也就是"雪是白的"这类具有真值的谓词陈述。由于命题理解需要以语言作为载体，因此这一理解形式可能是叙事理解的一个部分或子集，它内嵌于作为整体的叙事理解当中，反过来说，后者是命题理解的意义背景，我们是在叙事理解的整体描述中判断命题理解的真值条件。比如，母亲告诉我玻璃很干净，但在角上有一点脏的痕迹，她的话语表达了对我所做之事的满意程度，经过仔细检查后，我可能会回答："这只是一道划痕，根本擦不掉。"这一回答纠正了她话语中

---

① Veronica Vasterling, "Heidegger's Hermeneutic Account of Cognition," *Phenomenology and Cognitive Science* 14 (2015): 1149.

② Veronica Vasterling, "Heidegger's Hermeneutic Account of Cognition," *Phenomenology and Cognitive Science* 14 (2015): 1150.

③ Veronica Vasterling, "Heidegger's Hermeneutic Account of Cognition," *Phenomenology and Cognitive Science* 14 (2015): 1150 – 1151.

包含的谓词陈述。叙事理解表现了人们对所处情境的完满解释（thick interpretation），其中包括个人的情感状态（满意）、评价（玻璃很干净）、关切（玻璃角有脏痕）以及目的（擦掉脏痕）。概言之，人们通过熟悉自己所栖居的世界的行动和解释的可能性来实现直接理解，考虑到习惯和语言因素的影响，在某些情况下我们很难将叙事理解和直接理解区分开来，因此两者之间是相互重叠的关系。命题理解是叙事理解的子集，某人具备叙事理解能力也意味着他能够理解命题。

我们看到，诠释学的构建是基于一种行动和解释可能性的整体网络，非诠释学认知是对这一可能性网络的抽象，因而属于表征认知的范畴。维斯特林认为，诠释学认知作为一种低阶认知确立了人的实践知识、技能、常识以及朝向世界的根本趋向，表征认知从实践维度、存在维度和逻辑维度上依赖于诠释学认知。① "在世存在" 的生存特征给予了人们诠释学认知模式的可能性，诠释学认知表明人们总是居于某一特定的世界背景并在世界中活动。人工智能和相应的人工认知尚不具备这种诠释学认知的能力，它是以一种非诠释学的表征框架来呈现人们日常接触的现象，它的解释路径是自上而下的，诠释学认知采取的是类似于进化论和具身认知的自下而上的路径。由于人工智能是在执行或操作着机械过程或算法，并以数学化、信息化了的人工语言和算法取代了基于行动和诠释的可能性，因而缺失了人们在生存维度上具有的丰富语义内容，客观上使得遵循这一技术路线的人工智能不会具有类人的理解力。

小　结

在我们看来，人的理解从某种意义上仍然可以被视为人类认知的范畴，是一种认知现象。海德格尔认为源始的理解是某种实践知识，在一般的存在者层次的意义上，理解是指 " '能够领受某事'、'会某事' 或 '胜任

---

① Veronica Vasterling, "Heidegger's Hermeneutic Account of Cognition," *Phenomenology and Cognitive Science* 14 (2015)：1158.

某事'、'能做某事'"，① 我知道如何处理手头正在做的事情，如何能够在合适的情境中做出恰当的行为。因此，对某一事物（例如锤子）的理解不以知晓该事物的具体知识为前提，最源始的理解就是知道如何上手操用器具。德雷福斯认为这是一种实践性的应对活动，他以锤子为例，说明领会（理解）一把锤子并不意味着知道如下事实：锤子拥有如此这般的属性……或者为了进行捶打，人们遵循某种程序，即把锤子抓在手里，等等。② 然而我们认为，海德格尔似乎过分迷恋像拿锤子敲击东西这类活动了，活动的过程与机制过于单一，锤子这样的工具也过于简易。如今，人们使用的工具已愈来愈智能化和精密化，复杂程度也愈来愈高（例如人工智能），以至我们在使用时需要先了解工具特有的属性并且熟悉它的使用方法，而并非无缝衔接地上手操作。人工智能的迅猛发展使得工具不再以上手的方式与人照面，人以一种审慎的方式视见着工具。简单的锤打能够使我们达到／获得关于锤子的最为源始的理解，而非上手或无须上手的工具是否也能得到同样的结果呢？海德格尔并未予以明确的分析和讨论，从这种意义上说，海德格尔与德雷福斯所谓的"熟练应对"并不能完全取消认知表征。

　　总之，我们重视诠释学并认为它对阐明和解决认知相关问题是有所助益的，希望将认知纳入诠释学的框架中进行新的解释，并不试图构建一种彻底颠覆人类旧有或传统的描述方式。在我们看来，诠释学能够给予认知研究最核心的启发就在于使我们意识到"前见"是人类认知和理解活动中不可缺少的环节和组分。③ 它不是凌驾于认知主体之上的观念或信息，而是能够被心智予以修正的知识体系和信念系统，甚至心智本身都是处于由人的历史存在造就的前见之中，心智不是一个容纳知识和信念的器皿，前

---

① 谢地坤主编《西方哲学史（学术版）》第 7 卷上册，江苏人民出版社，2011，第 167 页。

② 〔美〕休伯特·德雷福斯：《在世：评海德格尔〈存在与时间〉第一篇》，朱松峰译，浙江大学出版社，2018，第 22 页。

③ 前见是主体在认识和理解对象时具有的"唯一视域"，主体之外的"客观视域"其实并不存在，这个视域乃是主体基于自身的视域而加以重构的，或者说，是内化于主体视域中的"历史视域"，换言之，是被主体所理解的视域。关于对象的认知就表现为主体视域内的两种因素的张力平衡，认知的客体由此而主体化了，传统的主体—客体的认知关系，在某种程度上转化和演变为主体间的内在关系。

见就是它具有的认知状态,① 改变、修正前见也是一种自我认知的过程。人类认知是一个同世界相交互的意义建构的开放循环,认知不是知识积累的单向、均匀的线性过程,而是行动和解释的可能性网络与认知对象之间循环往复式的运动,也是通过视域的不断融合而逐步发展的非线性过程。诠释学以其特有的方式反映了人类认知的复杂性:认知不是主体认识结构中某种结构单独作用的结果,也不是各种结构的机械相加造成的加和性(迭加性),而是由前理解、成见中蕴含的由知识能力结构与驱动调控结构组成的心理结构,理解中使用的相关文本与语言媒体组成的工具结构,认知主体的历史性中蕴含的认识关系结构等,在视域的交互作用中产生的整体涌现的结果。② 前见使我们对自身的历史存在有了明确的觉知,认知过程并非主体不断地自我否定,从而获得一种毫无偏倚、不受任何前见"污染"的认知结果,而是主体始于"前见"足下,由已知迈向未知的脚手架与参照系。人类认知由此呈现出开放性特征,拓展出了向未知的无限开放性。

---

① 通过阅读哲学史,我们看到,作为经验论者的洛克主张人的心智是一块空无一物的白板,上面没有任何记号和观念,人即便是有前见也是由后天的经验产生的,该观念本身即一种偏见,因为心智不可能满足成为清净无染的自然之境的幻想。唯理论哲学家则认为人的心智中原本就存在着某些原则和观念,如数学公理、逻辑规则、道德原则以及上帝观念等等。然而天赋观念并不属于前见的范畴,因为后者是人自身存在的历史局限性造就的,不是上帝放置于人心中的可靠真理。

② 赵光武:《哲学解释学的解释理论与复杂性探索》,《北京大学学报》(哲学社会科学版) 2004 年第 4 期。

结语：存在论认知

——存在论现象学与作为延伸的诠释学对于认知科学的意义

本书主要致力于以下两方面的工作。

一方面，对认知科学的主要研究路径（主要是"4E + S"的认知模型）以及哲学根源进行梳理和分析，澄清它们对于认知研究的积极意义和可能产生的消极后果，从而为我们将视线转向海德格尔的存在论现象学，甚至构建一门新的"存在论认知"进行铺垫。我们看到，旧的认知科学研究范式，包括计算—表征主义、认知主义以及人工神经网络的符号操作，它们背后深刻的哲学基础都能够追溯至笛卡尔的二元认识论。"4E + S"认知模型内的具身认知、嵌入认知、生成认知、延展认知以及情境认知这些理论都将批判的矛头指向了这一点，其核心的主张是，旧的认知范式在考虑人的认知或智能活动时，忽略了身体和环境在其中产生的重要作用。之所以将其置于一个认知模型，在于它们都被认为拒斥或至少从各自方面重构了传统的认知主义。区别在于，不同认知理论在心智/大脑和身体/环境之间此消彼长的参与程度上有所差异，这是促使梅纳里对"4E"模型加以整合的一个原因，但同时他也承认这几种认知理论在侧重点和方法上都具有差异性。在我们看来，大体的特征是从对等性向互补性的转换，"4E"理论试图将每个"E"所代表的立场（即认知的具身、生成、嵌入以及延展立场）更好地区分开来，并找出它们之间的关联。然而，每一种立场都提供了一个充分、明确的研究框架，我们没有理由认为一个统一的模型适用于所有关于认知的科学研究，而是认为有必要采取一种多元的开放性态度。也就是说，利用明晰的"4E"框架考虑认知的科学研究时，我们要清楚其研究目的，因为不同研究的目标是相异的。例如，脑科学的方法可能更适于探究杏仁核功能的神经科学研究，而延展认知这一框架则有可能深化我们关于认知的具身性与离身性的理解。

另一方面，认知研究转向对存在论现象学的思考是有意义的，因为海德格尔注意到了作为人类主体更深层次基础的世界性，它比胡塞尔绝对的"先验意识"与笛卡尔无身性的"我思"更为接地（grounded）。他明确指出，存在于世界之中的不是孤立、俯瞰一切的"纯粹意识"，并为自身创造一个由与己相关的存在者所构成的世界。在我们看来，将主体性设想为在世界中存在的一种事实性，海德格尔的这一独特理解有可能流畅地改变人类主体惯常的概念内容，后者是具身地嵌入被科学揭示的世界之中的。惠勒采用的正是这一思路，他将海德格尔视作认知科学的新研究范式在哲学上的亲密联盟，认为海德格尔的存在论现象学可以为他所指的嵌入—具身式认知科学提供某种哲学根基，他以和环境进行动态交互的具身和嵌入系统为框架，用更为"海德格尔式"的认知描述取代以孤立的表征系统为框架的"笛卡尔式"认知描述。一言以蔽之，就是构建新的"海德格尔式认知科学"。

那么，认知科学家惠勒做了什么工作呢？他认为，作为一条新的认知研究路径，海德格尔式认知科学的目标在于提供构成"此在"在世存在的现象的可能解释，我们将之理解为褪去海德格尔的存在论现象学本身具有的思辨性特征，代之以因果状态和过程的描述。因为认知科学的目的在于整合各种要素，这些要素之因果性地组织、运作和交互生成了人的心智或认知现象，进而弄清潜在的因果机制。厘清人类认知需要哲学的构成性理解（constitutive understanding）和经验科学的可实现性理解（enabling understanding）相结合，也就是说，哲学（存在论现象学）提供概念的现象学解释（比如上手活动、被抛、情绪等"此在"在世的诸多现象），而认知科学提供的是实现这些现象的可被量化和观察的状态和过程，这也是为什么德雷福斯和惠勒将海德格尔描述的"我们对存在的领会"解释为一种"背景应对活动"。后者之于人们具有一种直接的可理解性，而这种可理解性则源于比较容易描述的因果要素和结构，惠勒认为这就是海德格尔认知科学家的工作，也就是使我们知晓如何在我们存在的世界中实现背景应对。① 然而，这样会使所谓的"海德格尔式认知科学"出现问题：第一，经验性的可实现解释可能只适于描述人的心理现象，遇到"此在"的存在方式便显得无能为力；第二，存在论与科学的自然主义是否相容的问题，首先便是"此在"能否被自然化的问题。

关于第一个问题，海德格尔早已明确地区分了人作为"此在"和心理或意识主体的存在方式，拒绝对"此在"作意识或心理学意义的解释，在他看来，这绝不是正确的途径。"海德格尔式认知科学"以因果机制对心理现象的有效描述并不能确保同样的因果机制在人们在世存在这一根本的生存状况层面的等同实现，从根本上说，"此在"的存在方式不能依据因果关系得到理解，在世存在呈现出的是一种存在论的本质性关联。那么，对存在论现象学的方法和科学的自然主义方法而言，"此在"被因果机制加以实现的设想是有问题的。对"此在"的因果说明和描述在本质上意味着我们对客观实体的形而上依赖，客观实在成为描述可靠或有效的支撑性条件，然而恰恰相反，海德格尔明确指出，"此在"之在世存在既不是自然科学研究的客观存在的对象，也不能还原为某种实体现象，更不能依据自然科学来解释。"此在"的在世存在不是集合了物理属性与心理属性的客观存在，不论从本体意义，还是从存在论的意义而言，"此在"的在世存在都不是任何物理和心理属性的复杂或简单的结合。即使这种可实现性理解提供的因果机制可能有助于我们揭示人类认知的具体过程，但心理的认知过程并不完全等于"此在"在世的存在方式，正如海德格尔所指出的，认知是人们在世界中存在的一种派生而非根本的方式。

关于第二个问题，如果可实现性理解对于"此在"而言是不可能的，也就是说，"此在"不是能够通过因果过程实现的存在者（海德格尔明确拒绝了这一可能性）。那么，我们便不能依循世界中的对象来理解人本质的存在方式，这也表明强调因果性的自然化方法并不适用于"此在"。我们要看到，海德格尔关于"此在"在世存在的基本论断为我们先验地描述了人类一开始所面对的现象结构，描述了人的这一存在方式为何能够使其

---

① M. Wheeler, "Science Friction: Phenomenology, Naturalism and Cognitive Science," *Royal Institute of Philosophy Supplement* 72 （2013）: 147.

理解存在。因而，就"此在"是对存在的唯一领会者而言，它不可能以这样或那样的方式还原为在世界中存在的实体。对于海德格尔来说，人的生存并不只是成为实在的，石头甚至上帝都不在他的这个术语的意义上生存，只有能够进行自我解释的存在者（也就是人本身）才能生存。① 如果排除掉功能主义的影响，承认"此在"不能从本体论上被还原为自然主义的概念，我们会发现，海德格尔的存在论现象学与惠勒提出的形而上学解释之间有着不可调和的矛盾点，"此在"的在世存在与自然科学的研究对象具有本质上的不同，"此在"不能被自然化。海德格尔提出的一些先验哲学概念有效地使人类经验的可能性条件摆脱了科学的影响，关于人之在世存在的现象学理解不太可能简单地归于因果性的反馈循环，对于实证认知科学的因果—机械性解释而言，"此在"仍然难以理解，甚至可以说是一个"幻象"，这可能是海德格尔式认知科学以及存在论认知面临的最大困境与挑战。

作为海德格尔式认知科学以及存在论认知的重要组成部分与内容，海德格尔式人工智能面临着"框架问题"的诘难。与其他解决路径不同的是，它主要借鉴和利用了"被抛"这一思想资源。这一存在论概念被德雷福斯和惠勒视为可以规避表征的有效手段，尤其是惠勒，他认为动力学的涌现机制能够给予人"被抛"的细节描述。在某种意义上，我们认为他们简化了海德格尔关于"此在""被抛"的哲学意蕴，单纯地将"被抛"当作一种情境化的操作，人"被抛入世界中"也体现出人具有的嵌入性特征。确实，以"被抛"的机制化来解决"框架问题"是一项有益的尝试，意图说明日常认知中的智能主体总是发现自身处于一个有意义的语境当中，他的一系列行为都是语境敏感的，因而无须建立或检索关于情境的亚主体层次的表征。但我们经过分析后认为，人类智能离不开表征，它是人类智能的重要体现，表征的主动性也是智能的特征之一。按照"被抛"设计的机器可能会具有机器意义上的智能，但不一定会产生类人的智能现象，而机器智能的核心目标就是在物理符号系统的硅基架构上模拟和再现

---

① 〔美〕休伯特·德雷福斯：《在世：评海德格尔的〈存在与时间〉第一篇》，朱松峰译，浙江大学出版社，2018，第19页。

人类智能。"被抛"呈现出来的是一种被动的智能，着重强调在受到外在世界的作用时产生的交互活动，不属于主动智能的范畴。

如果从"被抛"的结果来考量，人被抛入了一个受语言裹挟的世界当中，"被抛"涉及的是"此在"的本真性生存，并不能够被某种预先设定的抽象、逻辑性的技术语言描述。在我们看来，惠勒对"被抛"作因果的、形式化的说明可能表现了自然主义对人类认知的影响，因果性构成了自然主义解释的"集－置"。技术的集－置"带有一种强迫性，将一切在场者纳入技术之中，并且使得语言成为形式化的语言，在形式化的语言中得不到真正的本质"，① 而自然主义的集－置利用因果概念来界定"被抛"这一"此在"的生存现象，具身—嵌入机制的解释有可能会遮蔽海德格尔意图通过"被抛"所表达的生存论意蕴。从这一角度看，"被抛的机器"似乎不太可能完整地呈现人类智能的全貌。

我们看到，海德格尔的存在论现象学同认知科学的结合产生了两种结果，即"海德格尔式认知科学"与"存在论认知"。它们的共同点是都反对认知主义和联结主义范式内在持有的笛卡尔哲学假设，后者的困难在于如何解释人们为了适应所处的情境，在产生流畅而灵活的适应性行动时对相关性的敏感程度。正是对这一能力的解释催生了认知科学研究中的海德格尔转向，并迫使认知科学家逐渐放弃这一假设，即认知主体在基于表征纯粹事实来应对无意义的情境时，根本上是以去世界、离身的方式进行的。在这里需要明确的一点是，二者并非"A 是 A"的同义反复，存在论认知并不等同于"海德格尔式认知科学"，其中重要的区分在于我们将诠释学包纳了进来。我们推动存在论（以及诠释学）同认知研究的结合，目的并不是构建一门具有科学规范性的认知研究纲领，在前述的内容中已经论证了这一可能后果，当人们试图这样做时，"此在"的自然化问题就立刻凸显出来了。也就是说，存在论以及诠释学的一些观点与方法虽然对认知科学的研究有所帮助，但与构建一门"海德格尔式认知科学"之间并无绝对直接的因果关联，在我们看来，这是由海德格尔的存在论现象学与认知科学之间的差异所决定的。

---

① 陶锋：《人工智能语言的哲学阐释》，《南开学报》（哲学社会科学版）2020 年第 3 期。

现在，我们要对存在论认知与惠勒的"海德格尔式认知科学"作简要的描述和区分：一方面，惠勒的"海德格尔式认知科学"似乎作了科学上的考量，意图寻找和海德格尔哲学相呼应的思考心智的方式，他将海德格尔关于"此在"在世界中存在的论断描述为认知主体之于情境的嵌入性，描述为对不同情境或语境之间的敏感程度，人类认知与智能产生于大脑、身体和环境之间巧妙的适应性耦合之中。他对认知主体所处的情境作了空间意义上的解释，主张将认知放回大脑中，将大脑放回身体中，将身体放回世界中，而存在论认知强调情境的整体性和统一性，强调认知主体与认知情境之间浑然一体的亲缘性。另一方面，惠勒的"海德格尔式认知科学"提倡一种行动导向的表征，将表征视作行动的先行准备，将行动视作表征的必然结果。存在论认知主张表征也是人们灵活、流畅地适应情境的方式之一，只是行动相对于表征具有存在论上的优先性，表征与行动之间并不彼此取代，后者并不排斥对认知的表征说明，及时的行动反馈保证着表征的有效性，行动是认知主体在表征之上的扩展和延伸，认知是行动与表征能力的叠加耦合。

惠勒的目的不在于另起炉灶，独辟蹊径，而是要对正统的认知科学（Orthodox Cognitive Science）进行基于海德格尔哲学的改造，并使二者相互联结。这与我们的目的和做法不同，存在论认知是在认知研究中汲取海德格尔存在论现象学这一思想资源的产物，它以"此在""世界""在世存在"为核心概念，强调"此在"是具身的、有实践意蕴的、情境性的存在者，具有身体、实践以及情境三个维度；世界不止具有空间性的维度，同时是通过实践被构造起来的指引网络；"在世存在"是人（"此在"）产生认知经验的背景或场域，它离不开人的身体，我们是以"作为身体"和"拥有身体"两种方式在世界中展开着自身。存在论认知具有三个主要命题：（1）以动态的原初上手活动取代静态的静观认知，（2）以具身的情境性认知取代无身的离身性认知，（3）由表征性认知扩展和延伸为行动与表征的叠加耦合。在我们看来，存在论认知在"此在"能否自然化以及海德格尔式人工智能尝试解决"框架问题"这两个方面可能会遭到批评，前文也作了具体讨论。这一形式的认知科学，其实质是把海德格尔对"此在"的生存论分析转变为一种科学解释。同时我们也要看到，只从海德格尔的这一分析汲取思想资源是不够的，我们有必要将诠释学与认知科学结合，作为对存在论认知的有益补充。具体原因有以下三点。首先，海德格尔的诠释学关注的是"此在"的生存，诠释学是构成"此在"生存的一部分，因此它与存在论之间具有紧密的连续性；其次，诠释学自觉或不自觉地克服了笛卡尔的主体认知模式，理解活动同时也是人与世界之间关联的深化；最后，诠释学与认知科学都在寻求关于人类认知的普遍理解或解释，二者的某些问题域相互重合（比如"他心问题"），而且在处理非形式的、具有不确定性的模糊认知活动方面，诠释学具有某种优势。这是我们在书中提出的一个新的观点。"前见"是构成人类认知与理解的重要因素，后者同时离不开当下以及历史的情境关联，人的认知根基于一种行动与解释的可能性，同时，诠释学划分的前反思性的直接理解与反思性的叙事理解使我们对人类认知有了新的认识，我们有理由相信，诠释学对认知哲学的研究而言是有所助益的。

概言之，存在论现象学与认知科学的结合使我们看到了一种不同于以往的"海德格尔式认知科学"，惠勒基于科学主义的立场称之为具身—嵌入式认知，他自己也认为这种科学的可实现性解释同现象学的构成性解释之间不能相互还原。然而，他本人却有意或无意地违背了自己坚持的信条。严格地说，与现象学自然化的问题类似，惠勒关于海德格尔式认知科学的设想仍需要进一步商榷。相比之下，我们持较弱的立场，不主张构建类似于惠勒的"海德格尔式认知科学"，而是试图提出将海德格尔存在论现象学与认知科学进行泛化结合的存在论认知，不谋求使之成为认知研究中的一个科学范式。在我们看来，以"在世存在"这一整体性的现象学描述说明智能主体的处境，以上手活动的实践领会说明关于人的具身性知识，以"被抛"的因果机制尝试解决人工智能的"框架问题"，这些都展现出了海德格尔的存在论哲学对认知研究的影响和启示，诠释学也为我们揭示出人类认知的复杂之维，客观上阐明了认知具有的动态性与不断的自我超越性。存在论现象学需要和诠释学共同构成推动认知科学发展的新基础和新动力，这也是我们将来需要继续深入研究的方向，认知科学有可能在诠释学中寻找到新的哲学支撑。

致　谢

　　曾经无数次地畅想书写《致谢》时的洒脱与轻松，以为自己会有李白斗酒诗百篇一般的顺畅与豪情，可真到落笔之时，心中却感慨万千，不知从何说起。六年的博士生涯如同白驹过隙般一闪而逝，现在还记得当初2017年金秋入学时的意气风发，博士生的光环使自己短暂地产生了"春风得意马蹄疾，一日看尽长安花"的奇妙之感，想到自己未来拿到博士学位，不免心生悸动。只是没有料到，这条路我走了六年之久。道路虽艰难曲折，但在老师亲朋的关怀之下，我还是走到了最后，没有你们的支持和帮助，我是绝对坚持不到现在的。

　　首先，我要深挚地感谢我的博导魏屹东教授。从2014年拜入导师门下，到如今已近十个春夏秋冬，导师对学术的执着追求深深地影响了我，使我暗下决心走上学术研究的道路。可以说，如果没有导师，我绝不会成为今天的自己。现在还记得，自己第一次将写好的论文交给导师时的紧张与不安，食不知味，夜不能寐，心中无数次设想着被导师批评的场景。然而，当忐忑不安的我走进导师的办公室时，看到的却是导师亲切的微笑，脑海中的臆想不仅没有出现，而且导师还热心地给予了肯定。当我拿到论文，映入眼帘的是密密麻麻的修改痕迹，甚至细微到每一个标点符号。每一次的论文写作和修改，我都获益良多，导师不止一次地叮嘱我，要时刻保持对学术前沿问题的敏锐洞察，学术研究要杜绝闭门造车，并且要走出去进行充分的交流。除此之外，导师对学术研究的严谨也令我叹服，他一直强调研究成果的独创性，切忌各种学术不端行为。正是在魏老师的严格要求下，我最终完成了博士论文的写作，从论文的选题策划到最后的定稿，无不倾注了导师大量的心血。近十年的光阴，导师渊博的学识，宽厚的为人、严谨的治学态度以及在学术上不断探索、勇攀高峰的精神都深深地感染着我，使我终于明晰了自己的人生方向。

同时，我想要感谢一路走来遇到的老师和朋友，感谢山西大学哲学学院的各位老师，正是他们的传道授业指引着我这个半路出家的"和尚"通向哲学殿堂的大门，特别是王航赞老师、王玉彬老师、原海成老师、陈敬坤老师、胡瑞娜老师、邢媛老师、韩宁老师、范莉老师；感谢周斌老师、吴文清老师、胡瑞娜老师在预答辩时提出细致的修改意见；感谢一起打篮球的球友伙伴，非常感谢球友们的信任，不停地为我挡拆、传球，让我每次都能在球场上宣泄出积聚已久的压力。还要感谢我的师姐杜雅君博士，在我心情低落的时候积极地开导我，让我得以迅速重整旗鼓，她总能及时地回复我的疑问，让我倍受感动。感谢同学们给予我无私的帮助，特别要感谢赵秀红老师，每次都特别耐心地帮我校对和润色英文翻译。感谢王凯兄日常组织的茶局，与建斌兄、春羊兄还有李肖兄的茶余闲谈为我平淡的读博生涯添抹了有趣的一笔。正是因为有你们相伴，我才能在并不平坦的求学之路上披荆斩棘，一路前行。

感谢国家社科基金重大项目"人工认知对自然认知挑战的哲学研究"（21&ZD061）、山西省"1331工程"重点学科建设计划以及山西大学"双一流"学科建设规划的资助，正因如此，本书才得以出版。最后要特别感谢社会科学文献出版社的编辑周琼老师，她对全书内容进行了认真细致的审校，感谢周琼老师的辛勤付出。

在山西大学将近十载，家人始终是我最有力的后盾，每当遭遇挫折，无论感到多么沮丧，回家看到爷爷慈祥的面庞，心情就会平静下来。求学二十余载，爷爷和天堂里的奶奶是我最大的精神支柱，他们是我努力前行、刻苦奋斗的力量源泉，爷爷奶奶将我从襁褓中的婴儿抚养成人，没有他们，便没有我如今的成就！感谢父母在我离家的日子里对爷爷的悉心照料，使我可以心无旁骛地专注于自己的学业。

谨以此书献给我挚爱的爷爷奶奶！

王敬

2023 年 12 月 13 日

参考文献

1. 中文著作

[1] 〔美〕埃利泽·斯腾伯格：《神经的逻辑》，高天羽译，广西师范大学出版社，2018。

[2] 〔加〕埃文·汤普森：《生命中的心智：生物学、现象学和心智科学》，李恒威、李恒熙、徐燕译，浙江大学出版社，2013。

[3] 〔加〕保罗·萨伽德：《热思维：情感认知的机制与应用》，魏屹东、王敬译，科学出版社，2019。

[4] 〔德〕彼得·特拉夫尼：《海德格尔导论》，张振华、杨小刚译，同济大学出版社，2012。

[5] 〔美〕查尔斯·吉尼翁编《剑桥海德格尔研究指南》，李旭、张东锋译，北京师范大学出版社，2018。

[6] 陈嘉映编著《存在与时间　读本》，广西师范大学出版社，2019。

[7] 陈嘉映：《海德格尔哲学概论》，商务印书馆，2014。

[8] 陈剑涛：《认知的自然起源与演化》，中国社会科学出版社，2012。

[9] 陈巍、殷融、张静：《具身认知心理学：大脑、身体与心智的对话》，科学出版社，2021。

[10] 陈勇：《海德格尔的实践知识论研究》，人民出版社，2021。

[11] 程志民、江怡主编《当代西方哲学新词典》，吉林人民出版社，2003。

[12] 〔丹〕丹·扎哈维：《胡塞尔现象学》，李忠伟译，上海译文出版社，2007。

[13] 〔爱〕德尔默·莫兰：《现象学：一部历史的和批评的导论》，李幼蒸译，中国人民大学出版社，2017。

［14］〔法〕笛卡尔：《第一哲学沉思集》，庞景仁译，商务印书馆，2012。

［15］〔法〕笛卡尔：《哲学原理》，关琪桐译，商务印书馆，1958。

［16］〔美〕杜威：《经验与自然》，傅统先译，商务印书馆，2014。

［17］樊岳红：《认知哲学导论》，科学出版社，2018。

［18］〔智〕F. 瓦雷拉、〔加〕E. 汤普森、〔美〕E. 罗施：《具身心智：认知科学和人类经验》，李恒威等译，浙江大学出版社，2010。

［19］费多益：《心身关系问题研究》，商务印书馆，2018。

［20］郭熙煌：《语言认知的哲学探源》，华中师范大学出版社，2009。

［21］〔美〕R. M. 哈尼什：《心智、大脑与计算机：认知科学创立史导论》，王淼、李鹏鑫译，浙江大学出版社，2010。

［22］〔德〕海德格尔：《存在论：实际性的解释学》，何卫平译，商务印书馆，2017。

［23］〔德〕海德格尔：《存在与时间》，陈嘉映、王庆节译，商务印书馆，2017。

［24］〔德〕海德格尔：《什么叫思想》，孙周兴译，商务印书馆，2017。

［25］〔德〕海德格尔：《时间概念史导论》，欧东明译，商务印书馆，2014。

［26］〔德〕海德格尔：《现象学之基本问题》，丁耘译，商务印书馆，2018。

［27］〔德〕海德格尔：《在通向语言的途中》，孙周兴译，商务印书馆，2015。

［28］〔德〕海因里希·罗姆巴赫：《结构存在论》，王俊译，浙江大学出版社，2015。

［29］〔德〕汉斯·伦克：《诠释建构—诠释理性批判》，励洁丹译，商务印书馆，2021。

［30］〔德〕汉斯·约阿西姆·施杜里希：《世界哲学史》，吕叔君译，广西师范大学出版社，2017。

［31］〔美〕赫伯特·施皮格伯格：《现象学运动》，王炳文、张金言译，商务印书馆，2016。

［32］〔德〕胡塞尔：《纯粹现象学通论》，李幼蒸译，商务印书馆，2012。

［33］〔德〕胡塞尔：《逻辑研究》，倪梁康译，上海译文出版社，2006。

［34］〔德〕胡塞尔：《内意识现象学》，倪梁康译，商务印书馆，2009。

［35］〔德〕胡塞尔：《哲学作为严格的科学》，倪梁康译，商务印书馆，2010。

［36］〔德〕伽达默尔：《哲学解释学》，洪汉鼎译，上海译文出版社，2016。

[37]〔德〕伽达默尔:《真理与方法》,洪汉鼎译,上海译文出版社,1999。

[38]〔德〕伽达默尔:《真理与方法》,洪汉鼎译,商务印书馆,2010。

[39]〔德〕伽达默尔:《真理与方法》,洪汉鼎译,商务印书馆,2017。

[40] 高宣扬:《存在主义》,上海交通大学出版社,2016。

[41] 贾江鸿:《作为灵魂和身体的统一体的"人"——笛卡尔哲学研究》,中国社会科学出版社,2013。

[42] 江怡主编《西方哲学史(学术版)》第8卷,江苏人民出版社,2011。

[43]〔德〕康德:《纯粹理性批判》,邓晓芒译,杨祖陶校,人民出版社,2004。

[44]〔德〕康德:《判断力批判》,邓晓芒译,杨祖陶校,人民出版社,2004。

[45]〔意〕克罗齐:《美学的理论》,田时纲译,中国人民大学出版社,2014。

[46] 李建会、符征、张江:《计算主义——一种新的世界观》,中国社会科学出版社,2012。

[47] 李建会:《走向计算主义》,中国书籍出版社,2004。

[48] 李建会等:《心灵的形式化及其挑战:认知科学的哲学》,中国社会科学出版社,2017。

[49]〔美〕里查德·E. 帕尔默:《诠释学》,潘德荣译,商务印书馆,2012。

[50] 凌继尧:《美学十五讲》北京大学出版社,2014。

[51] 刘晓力、孟伟:《认知科学前沿中的哲学问题》,金城出版社,2014。

[52]〔德〕马丁·海德格尔:《形而上学的基本概念:世界—有限性—孤独性》,赵卫国译,商务印书馆,2017。

[53] 么秋胜:《存在论》,河北大学出版社,2014。

[54]〔法〕莫里斯·梅洛-庞蒂:《知觉现象学》,姜志辉译,商务印书馆,2001。

[55]〔英〕尼古拉斯·布宁、余纪元编著《西方哲学英汉对照辞典》,人民出版社,2001。

[56] 倪梁康:《现象学概念通释》,三联书店,2007。

[57] 倪梁康:《意识的向度——以胡塞尔为轴心的现象学问题研究》,商务印书馆,2019。

[58] 潘德荣:《西方诠释学史》,北京大学出版社,2016。

[59]〔美〕普特南:《理性、真理与历史》,童世俊、李光程译,上海译

文出版社，2005。

[60] 任晓明、桂起权：《计算机科学哲学研究：认知，计算与目的性的哲学思考》，人民出版社，2010。

[61] 孙周兴：《语言存在论：海德格尔后期思想研究》，商务印书馆，2011。

[62] 托马斯·霍布斯：《利维坦》，陆道夫、牛海、牛涛译，群众出版社，2019。

[63] 〔英〕托马斯·霍布斯：《论物体》，段德智译，商务印书馆，2019。

[64] 王庆节、张任之编《海德格尔翻译、解释与理解》，三联书店，2017。

[65] 汪子嵩等：《希腊哲学史》，人民出版社，2014。

[66] 王志良：《脑与认知科学概论》，北京邮电大学出版社，2011。

[67] 〔美〕威廉·詹姆斯：《心理学原理》第3卷，方双虎等译，北京师范大学出版社，2019。

[68] 〔苏〕维果茨基：《思维与语言》，李维译，浙江教育出版社，1997。

[69] 魏屹东等：《认知、模型与表征：一种基于认知哲学的探讨》，科学出版社，2016。

[70] 魏屹东：《认知科学哲学问题研究》，科学出版社，2008。

[71] 魏屹东：《科学表征：从结构解析到语境建构》，科学出版社，2018。

[72] 〔美〕肖恩·加拉格尔：《现象学导论》，张浩军译，中国人民大学出版社，2021。

[73] 〔德〕肖尔兹：《简明逻辑史》，张家龙译，商务印书馆，1977。

[74] 〔美〕休伯特·德雷福斯：《在世：评海德格尔的〈存在与时间〉第一篇》，朱松峰译，浙江大学出版社，2018。

[75] 〔英〕休谟：《人性论》，关文运译，商务印书馆，1981。

[76] 徐献军：《现象学对于认知科学的意义》，浙江大学出版社，2016。

[77] 叶浩生：《具身认知的原理与应用》，商务印书馆，2017。

[78] 谢地坤主编《西方哲学史（学术版）》第7卷上册，江苏人民出版社，2005。

[79] 俞吾金、徐英谨主编《当代哲学经典：西方哲学卷》（下），北京师范大学出版社，2014。

[80] 〔美〕约翰·克里斯蒂安:《认知科学的历史基础》,武建峰译,魏屹东校,科学出版社,2014。

[81] 〔英〕约翰·洛克:《人类理解论》,关文运译,商务印书馆,2009.

[82] 〔美〕约翰·塞尔:《心、脑与科学》,杨音莱译,上海译文出版社,1991。

[83] 〔美〕约翰·塞尔:《心灵、语言与社会》,李步楼译,上海译文出版社,2001。

[84] 〔美〕约翰·塞尔:《心灵的再发现》,王巍译,中国人民大学出版社,2012。

[85] 〔美〕约翰·塞尔:《意识的奥秘》,刘叶涛译,南京大学出版社,2009。

[86] 〔美〕约翰·塞尔:《意向性:论心灵哲学》,刘叶涛译,上海人民出版社,2007。

[87] 〔美〕约瑟夫·科克尔曼斯:《海德格尔的〈存在与时间〉:对作为基本存在论的此在的分析》,陈小文等译,商务印书馆,1996。

[88] 〔加〕泽农·W. 派利夏恩:《计算与认知》,任晓明、王左立译,中国人民大学出版社,2007。

[89] 张汝伦:《〈存在与时间〉释义》,上海人民出版社,2014。

[90] 张汝伦:《二十世纪德国哲学》,人民出版社,2008。

[91] 张慎主编《西方哲学史(学术版)》第6卷,江苏人民出版社,2011。

[92] 张世英:《哲学导论》,北京大学出版社,2016。

[93] 张祥龙:《海德格尔传》,商务印书馆,2007。

[94] 张祥龙:《海德格尔思想与中国天道:终极视域的开启与交融》,三联书店,1996。

[95] 张一兵:《回到海德格尔——本有与构境 第一卷 走向存在之途》,商务印书馆,2014。

[96] 张之沧、张卨:《身体认知论》,人民出版社,2014。

2. 中文论文

[1] 陈嘉映:《真理掌握我们》,《云南大学学报》(社会科学版)2005年

第 1 期。

[2] 陈攀文：《现象学意向性理论的生存论转向：从胡塞尔到海德格尔》，《求索》2015 年第 5 期。

[3] 陈少明：《"心外无物"：从存在论到意义建构》，《中国社会科学》2014 年第 1 期。

[4] 费多益：《情绪的哲学分析》，《哲学动态》2013 年第 10 期。

[5] 费多益：《认知视野中的情感依赖与理性、推理》，《中国社会科学》2012 年第 8 期。

[6] 费多益：《认知研究的解释学之维》，《哲学研究》2008 年第 5 期。

[7] 费多益：《认知研究的现象学趋向》，《哲学动态》2007 年第 6 期。

[8] 费多益：《他心感知如何可能?》，《哲学研究》2015 年第 1 期。

[9] 费多益：《心身难题的概念羁绊》，《哲学研究》2016 年第 10 期。

[10] 费多益：《意义的来源》，《世界哲学》2016 年第 6 期。

[11] 符征：《哥德尔不完备性定理与心智的可计算性》，《自然辩证法研究》2015 年第 3 期。

[12] 高新民、刘占峰：《心性多样论：心身问题的一种解答》，《中国社会科学》2015 年第 1 期。

[13] 高新民、杨飞：《联结主义的意向性缺失难题及其化解》，《自然辩证法通讯》2018 年第 8 期。

[14] 关群德：《梅洛 – 庞蒂的身体概念》，《世界哲学》2010 年第 1 期。

[15] 管云波、魏屹东：《从环境作用机制看认知的本质》，《科学技术哲学研究》2015 年第 5 期。

[16] 郭建莉：《解释学视阈下的语言存在论》，《长白学刊》2016 年第 6 期。

[17] 韩连庆：《哲学与科学的短路——德雷福斯人工智能的批判》，《哲学分析》2017 年第 6 期。

[18] 何静：《论生成认知的实用主义路径》，《自然辩证法研究》2017 年第 3 期。

[19] 何静：《一种温和的具身认知研究进路——读〈此在：重整大脑、身体和世界〉》，《哲学分析》2013 年第 4 期。

[20] 何静等：《自然主义认识论的不同形式》，《自然辩证法通讯》2006年第3期。

[21] 黄家裕：《根植认知及其难题》，《哲学研究》2016年第7期。

[22] 黄侃：《认知科学的方法论探析》，《哲学动态》2016年第12期。

[23] 黄侃：《认知主义之后——从具身认知和延展认知的视角看》，《哲学动态》2012年第7期。

[24] 黄侃：《延展心智论题与认知的标志之争》，《自然辩证法通讯》2013年第1期。

[25] 金延、高常营：《理解与语言：存在论生存论分析的意义与困难——哲学解释学语言观反思》，《兰州大学学报》（社会科学版）2004年第3期。

[26] 李革新：《在遮蔽与无蔽之间——海德格尔现象学的一种理解》，《复旦学报》（社会科学版）2003年第2期。

[27] 李恒威：《生成认知：基本观念和主题》，《自然辩证法通讯》2009年第2期。

[28] 李孟国：《海德格尔的无弊之思与其"转向"问题》，《贵州大学学报》（社会科学版）2017年第3期。

[29] 李日容：《海德格尔的时间性此在与人工智能发展的自主性难题——兼论德雷福斯人工智能批判的局限性》，《陕西师范大学学报》（哲学社会科学版）2022年第1期。

[30] 李为等：《认知科学与当代认识论自然化路向》，《社会科学战线》2006年第6期。

[31] 郦全民：《认知计算主义的威力和软肋》，《自然辩证法研究》2004年第8期。

[32] 郦全民：《认知研究中的行动概念》，《自然辩证法通讯》2019年第1期。

[33] 廖德明：《认知的界限之争及其辨析》，《自然辩证法通讯》2013年第2期。

[34] 刘高岑：《延括认知假说认知科学的新范式?》，《科学技术哲学研究》2009年第6期。

[35] 刘辉:《普遍语言与人工智能:莱布尼茨的语言观探析》,《外语学刊》2020 年第 1 期。

[36] 刘晓力、孟伟:《交互式认知建构进路及其现象学哲学基础》,《中国人民大学学报》2009 年第 6 期。

[37] 刘晓力:《当代哲学如何面对认知科学的意识难题》,《中国社会科学》2014 年第 6 期。

[38] 刘晓力:《进化-涉身认知框架下的"作为行动指南的表征理论"》,《哲学研究》2010 年第 11 期。

[39] 刘晓力:《认知科学研究纲领的困境与走向》,《中国社会科学》2003 年第 1 期。

[40] 刘晓力:《延展认知与延展心灵论辨析》,《中国社会科学》2010 年第 1 期。

[41] 柳海涛:《心灵真的可以被延展吗?》,《自然辩证法研究》2014 年第 3 期。

[42] 孟伟、刘晓力:《认知科学哲学基础的转换——从笛卡尔到海德格尔》,《科学技术与辩证法》2008 年第 6 期。

[43] 孟伟:《自然化现象学——一种现象学介入认知科学研究的建设性路径》,《科学技术哲学研究》2013 年第 2 期。

[44] 宁晓萌:《空间性与身体性——海德格尔与梅洛庞蒂在对"空间性"的生存论解说上的分歧》,《首都师范大学学报》(社会科学版)2006 年第 6 期。

[45] 齐磊磊:《从强计算主义到弱计算主义——走出"万物皆数"之梦》,《学术研究》2016 年第 11 期。

[46] 孙冠臣:《从表象主义到现象主义——认知语境中的"存在问题"》,《天津社会科学》2012 年第 6 期。

[47] 孙周兴:《为什么我们需要一种低沉的情绪?——海德格尔对哲学基本情绪的存在历史分析》,《江苏社会科学》2004 年第 6 期。

[48] 谭光辉:《情感先验与情感经验的本质与互动机制》,《南京社会科学》2017 年第 6 期。

[49] 唐佩佩、叶浩生:《作为主体的身体:从无身认知到具身认知》,《心

理研究》2012 年第 3 期。

[50] 陶锋：《人工智能语言的哲学阐释》，《南开学报》（哲学社会科学版）2020 年第 3 期。

[51] 王波：《后人类纪的现象学与认知科学：对心智的重新思考——访肖恩·加拉格尔教授》，《哲学动态》2020 年第 12 期。

[52] 王建辉：《延展心灵论题与胡塞尔现象学的对比研究》，《科学技术哲学研究》2016 年第 6 期。

[53] 王珏：《大地式的存在——海德格尔哲学中的身体问题初探》，《世界哲学》2009 年第 5 期。

[54] 王珏：《技术时代的时间图像——海德格尔论无聊情绪》，《现代哲学》2018 年第 4 期。

[55] 王珏：《身体的位置：海德格尔空间思想演进的存在论解析》，《世界哲学》2018 年第 6 期。

[56] 王亚娟：《梅洛－庞蒂与海德格尔之间“缺失的对话”》，《哲学动态》2014 年第 10 期。

[57] 维之：《心－身问题的出路何在？》，《科学技术哲学研究》2017 年第 5 期。

[58] 魏屹东：《语境同一论：科学表征问题的一种解答》，《中国社会科学》2017 年第 6 期。

[59] 武潇洁：《论海德格尔“真理”概念的存在论基础》，《南昌大学学报》（人文社会科学版）2015 年第 6 期。

[60] 夏永红、李建会：《超越大脑界限的认知：情境认知及其对认知本质问题的回答》，《哲学动态》2015 年第 12 期。

[61] 夏永红、李建会：《人工智能的框架问题及其解决策略》，《自然辩证法研究》2018 年第 5 期。

[62] 夏永红：《人工智能的创造性与自主性——论德雷福斯对新派人工智能的批判》，《哲学动态》2020 年第 9 期。

[63] 肖峰：《脑机接口与认识主体新进化》，《求索》2022 年第 4 期。

[64] 肖峰：《人工智能与认识论的哲学互释：从认知分型到演进逻辑》，《中国社会科学》2020 年第 6 期。

[65] 肖峰：《作为哲学范畴的延展实践》，《中国社会科学》2017 年第
12 期。

[66] 谢利民：《何种"自然"？——胡塞尔与海德格尔存在之辩的一种解
读视角》，《世界哲学》2018 年第 3 期。

[67] 徐献军：《海德格尔与计算机——兼论当代哲学与技术的理想关系》，
《浙江大学学报》（人文社会科学版）2013 年第 1 期。

[68] 徐献军：《论德雷福斯、现象学与人工智能》，《哲学分析》2017 年
第 6 期。

[69] 徐献军：《现象学对计算主义的批判》，《杭州电子科技大学学报》
（社会科学版）2017 年第 3 期。

[70] 徐献军：《现象学对认知科学的贡献》，《自然辩证法通讯》2013 年
第 3 期。

[71] 徐越如：《自然主义能解决当代认识论的问题吗?》，《自然辩证法研
究》1992 年第 7 期。

[72] 于小晶、李建会：《对延展认知的再审视》，《自然辩证法研究》
2014 年第 12 期。

[73] 余平：《"朝向实事本身"之思——从笛卡尔到海德格尔》，《四川大
学学报》（哲学社会科学版）2013 年第 2 期。

[74] 俞吾金：《海德格尔的"世界"概念》，《复旦学报》（社会科学版）
2001 年第 10 期。

[75] 俞吾金：《海德格尔的"世界"概念》，《复旦学报》（社会科学版）
2001 年第 1 期。

[76] 郁锋：《环境、载体和认知——作为一种积极外在主义的延展心灵
论》，《哲学研究》2009 年第 12 期。

[77] 郁锋：《麦克道尔和德雷福斯论涉身性技能行动》，《哲学分析》
2019 年第 3 期。

[78] 袁鋆、魏屹东：《心智可以延展吗——关于认知界限、认知标准的思
考》，《学术研究》2014 年第 6 期。

[79] 张铁山：《延展心灵论题中的积极的外在主义和认知颅内主义之争》，
《南京林业大学学报》（人文社会科学版）2015 年第 2 期。

[80] 张铁山：《对质疑和挑战延展心灵论题论证策略的辩证分析》，《自然辩证法研究》2016 年第 11 期。

[81] 张兴娟：《对海德格尔"历史性"与"时间性"关系理论的理解和质疑——在解构在场形而上学的层面上》，《世界哲学》2014 年第 1 期。

[82] 张尧均：《哲学家与在世——梅洛 - 庞蒂对海德格尔的一个批判》，《同济大学学报》2005 年第 3 期。

[83] 张一兵：《实际生命：此在是一个在世界中的存在——海德格尔〈存在论：实际性的解释学〉解读》，《山东社会科学》2012 年第 10 期。

[84] 张一兵：《意蕴：遭遇世界中的上手与在手——海德格尔早期思想构境》，《中国社会科学》2013 年第 1 期。

[85] 赵博：《认知的具身性——自然主义哲学的一个潜在困难》，《科学技术哲学研究》2017 年第 6 期。

[86] 赵光武：《哲学解释学的解释理论与复杂性探索》，《北京大学学报》（哲学社会科学版）2004 年第 4 期。

[87] 赵玉鹏等：《情感、机器、认知——斯洛曼的人工智能哲学思想探析》，《自然辩证法通讯》2009 年第 31 期。

[88] 赵泽林：《"计算的解释鸿沟"的新证据及其哲学反思》，《自然辩证法通讯》2009 年第 6 期。

[89] 赵泽林：《认知计算主义的解释难题与威尔逊宽计算主义的回应》，《科学技术哲学研究》2016 年第 4 期。

[90] 周理乾：《认知科学需要去自然化现象学吗?》，《自然辩证法通讯》2018 年第 12 期。

[91] 朱清华：《德雷福斯与海德格尔式人工智能》，《哲学动态》2020 年第 10 期。

3. 学位论文

[1] 黄侃：《认知边界的哲学问题》，博士学位论文，浙江大学，2013。

[2] 韩翔宇：《论伽达默尔理解观的性质》，硕士学位论文，华东师范大学，2007。

［3］徐献军：《具身认知论——现象学在认知科学研究范式转型中的作用》，博士学位论文，浙江大学，2007。

4. 英文著作

［1］Baumeister, R., Mele, A. R., Vohs, K. D., *Free Will and Consciousness: How Might They Work?* (Oxford: Oxford University Press, 2010).

［2］Blattner, W., *Heidegger's Being and Time: A Reader's Guide* (London: Continuum International Publishing Group, 2007).

［3］Clark, A., *Being There: Putting Brain, Body, and World Together Again* (Cambridge: The MIT Press, 1997).

［4］Clark, A., *Supersizing the Mind: Embodiment, Action, and Cognitive Science* (Oxford: Oxford University Press, 2008).

［5］Dreyfus, H. L., *Being-in-the-World: A Commentary on Heidegger's Being and Time*, Division I (Cambridge: The MIT Press, 1990).

［6］Dreyfus, H. L., *What Computers Still Can't Do: A Critique of Artificial Reason* (Cambridge: The MIT Press, 1992).

［7］Freeman, W. J., *How Brains Make up Their Minds* (New York: Columbia University Press, 2000).

［8］Gallagher, S., Schmicking, D., *Handbook of Phenomenology and Cognitive Science* (New York: Springer, 2010).

［9］Gallagher, S., *How the Body Shapes the Mind* (Oxford: Oxford University Press, 2005).

［10］Gallagher, S., Zahavi, D., *The Phenomenological Mind: An Introduction to Philosophy of Mind and Cognitive Science* (New York: Routledge, 2008).

［11］Kiverstein, J., Wheeler, M., *Heidegger and Cognitive Science* (Basingstoke: Palgrave Macmillan, 2012).

［12］Leidlmair, K., *After Cognitivism—A Reassessment of Cognitive Science and Philosophy* (Netherlands: Springer, 2009).

［13］Malpas, J., *Heidegger's Topology: Being, Place and World* (Cambridge: The MIT Press, 2008).

[14] Wrathall, Mark A., Malpas, Jeff, *Heidegger*, *Coping*, *and Cognitive Science*: *Essays in Honor of Hubert L. Drefus*, Vol. 2 (Cambridge: The MIT Press, 2000).

[15] Menary, R., *Cognitive Integration*: *Mind and Cognition Unbounded* (Basingstoke: Palgrave Macmillan, 2007).

[16] Müller, Vincent C., *Fundamental Issues of Artificial Intelligence* (Switzerland: Springer, 2016).

[17] Olafson, F., *Heidegger and the Philosophy of Mind* (New Haven: Yale University Press, 1987).

[18] Petitot, J., Varela, F., Pachoud, B., Roy, J. M. (eds), *Naturalizing Phenomenology*: *Issues in Contemporary Phenomenology and Cognitive Science* (Stanford, CA: Stanford University Press, 1999).

[19] Price, H., "Naturalism without Representationalism," In DeCaro, M. & Macarthur, D. (eds), *Naturalism in Question* (Cambridge, MA: Harvard University Press, 2004).

[20] Ratcliffe, M., *Feelings of Being*: *Phenomenology*, *Psychiatry and the Sense of Reality* (Oxford: Oxford University Press, 2008).

[21] Rouse, J., *Dasein Disclosed*: *John Haugeland's Heidegger* (Massachusetts: Harvard University Press, 2013).

[22] Rowland, M., *The New Science of the Mind*: *From Extended Mind to Embodied Phenomenology* (Cambridge: The MIT Press, 2010).

[23] Rowlands, M., *The Body in Mind*: *Understanding Cognitive Processes* (Cambridge: Cambridge University Press, 1999).

[24] Rupert, R., *Cognitive Systems and the Extended Mind* (Oxford: Oxford University Press, 2009).

[25] Sellars, W., *Science*, *Perception and Reality* (London: Routledge and Kegan Paul, 1963).

[26] Stewart, J. R., Gapenne, O., & Di Paolo, E., *Enaction*: *Towards a New Paradigm for Cognitive Science* (Cambridge, MA: The MIT Press,

2011）．

[27] Thompson, E. , *Mind in Life: Biology, Phenomenology and the Sciences of the Mind* (Cambridge: Harvard University Press, 2007) .

[28] Varela, F. , *Dasein's Brain: Phenomenology Meets Cognitive Science* (Einstein Meets Magritte: An Interdisciplinary Reflection, 1999) .

[29] Wheeler, M. , *Reconstructing the Cognitive World: The Next Step* (Cambridge, MA: MIT Press, 2005) .

5. 英文论文

[1] Adams, F. , Garrison, R. , "The Mark of the Cognitive," *Minds and Machines* 23 (2013) .

[2] Ainbinder, B. , John Haugeland, "Dasein Disclosed: John Haugeland's Heidegger," Edited by Joseph Rouse, *Phenomenology & the Cognitive Sciences* 4 (2015) .

[3] Aizawa, K. , "Cognition and Behavior," *Synthese* 194 (2017) .

[4] Akagi, M. , "Rethinking the Problem of Cognition," *Synthese* 195 (2018) .

[5] Baber, C. , Chemero, T. , Hall J. , "What the Jeweller's Hand Tells the Jeweller's Brain: Tool Use, Creativity and Embodied Cognition," *Philosophy and Technology* 32 (2019) .

[6] Blatter, W. , "Is Heidegger a Representationalist?," *Philosophical Topics* 2 (1999) .

[7] Bortolan, A. , "Affectivity and Moral Experience: An Extended Phenomenological Account," *Phenomenology & the Cognitive Sciences* 3 (2017) .

[8] Buckner, C. , Fridland, E. , "What Is Cognition? Angsty Monism, Permissive Pluralism (s), and the Future of Cognitive Science," *Synthese* 194 (2017) .

[9] Buskell, A. , Joseph, K. Schear (eds.), "Mind, Reason, and Being-in-the-world: The McDowell-Dreyfus Debate," *Phenomenology & the Cognitive Sciences*, 2 (2015) .

[10] Cerbone, D. R. , "Heidegger and Dasein's 'Bodily Nature': What Is

the Hidden Problem?," *International Journal of Philosophical Studies* 2 (2000).

[11] Christensen, C., "Heidegger's Representationalism," *The Review of Metaphysics*, 1 (1997).

[12] Ciocan, C., "Heidegger's Phenomenology of Embodiment in the *Zollikon Seminars*," *Continental Philosophy Research* 48 (2015).

[13] Clark, A., Chalmers, D., "The Extended Mind," *Analysis* 1 (1998).

[14] Dempsey, Liam P., Shani., I., "Stressing the Flesh: In Defense of Strong Embodied Cognition," *Philosophy and Phenomenological Research* 3 (2013).

[15] Dennett, D. C., "Cognitive Wheels: The Frame Problem of AI," In M. Boden (ed.), *The Philosophy of Artificial Intelligence* (Oxford: Oxford University Press, 1990).

[16] Dierckxsens, G., "Introduction: Ethical Dimensions of Enactive Cognition—Perspectives on Enactivism," *Bioethics and Applied Ethics*, *Topoi* 41 (2022).

[17] Dreyfus, H. L., "Why Heideggerian AI Failed and How Fixing It would Require Making It More Heideggerian," *Philosophical Psychology* 2 (2007).

[18] Fresco, N., "Objective Computation Versus Subjective Computation," *Erkenntnis* 80 (2015).

[19] Furtak, R. A., "Emotion, the Bodily, and the Cognitive," *Philosophical Explorations*, 1 (2010).

[20] Gelder, T. V., "What might Cognition Be, If Not Computation?," *Journal of Philosophy* 7 (1995).

[21] Gerken, M., "Outsourced Cognition," *Philosophical Issues* 24 (2014).

[22] Goldie, P., "Emotions, Feelings and Intentionality," *Phenomenology and the Cognitive Sciences* 3 (2002).

[23] Guilherme Sanches de Oliveria, "The Strong Program in Embodied Cognitive Science," *Phenomenology and the Cognitive Science*, 2022, https://

doi. org/10. 1007/s11097 −022 − 09806 − w.

[24] Hopkins, J. , "Are Moods Cognitive?: A Critique of Schmitt on Heidegger," *Journal of Value Inquiry* 1 (1972) .

[25] Jelscha, S. , "Disordered Existentiality: Mental Illness and Heidegger's Philosophy of Dasein," *Phenomenology & the Cognitive Sciences* 34 (2017) .

[26] Jeuk, A. , "The Pragmatist Domestication of Heidegger: Dreyfus on 'Skillful' Understanding," *Synthese* 200 (2022) .

[27] Jorba, M. , Vicente, A. , "Cognitive Phenomenology, Access to Contents, and Inner Speech," *Journal of Consciousness Studies* 9 − 10 (2014) .

[28] Kaplan, D. M. , "How to Demarcate the Boundaries of Cognition," *Biology and Philosophy* 27 (2012) .

[29] Keijzer, F. , "Schouten, M. , Embedded Cognition and Mental Causation: Setting Empirical Bounds on Metaphysics," *Synthese* 158 (2007) .

[30] Kriegel, U. , Consciousness as Sensory Quality and as Implicit Self-awareness," *Phenomenology & the Cognitive Sciences* 1 (2003) .

[31] Kriegel, U. , "The Functional Role of Consciousness: A Phenomenological Approach," *Phenomenology & the Cognitive Sciences* 2 (2004) .

[32] Krueger, J. W. , "Concrete Consciousness: A Sartrean Critique of Functionalist Accounts of Mind," *Sartre Studies International* 2 (2006) .

[33] Lassiter, C. , Vukov, J. , "In Search of an Ontology for 4E Theories: From New Mechanism to Causal Powers Realism," *Synthese* 199 (2021) .

[34] Ledsham, C. , "Disrupted Cognition as an Alternative Solution to Heidegger's Ontotheological Challenge: F. H. Bradley and John Duns Scotus," *International Journal of Philosophy & Theology* 4 (2013) .

[35] Leduc, C. , "The Epistemological Functions of Symbolization in Leibniz's Universal Characteristic," *Foundations of Science* 19 (2014) .

[36] Leidlmair, K. , "Being-in-the-world Reconsidered: Thinking beyond Absorbed Coping and Detached Rationality," *Human Studies* 43 (2020) .

［37］ Leon, C. , de Bruin, Lena Kästner, "Dynamic Embodied Cognition," *Phenomenology and the Cognitive Science* 11 （2012）.

［38］ Levy, L. , "Intentionality, Consciousness, and the Ego: The Influence of Husserl's on Sartre's Early Work," *European Legacy* 5 – 6 （2016）.

［39］ Maiese, M. , How Can Emotions Be Both Cognitive and Bodily?," Phenomenology & the Cognitive Sciences 4 （2014）.

［40］ Marsh, L. , Wheeler, M. , "Reconstructing the Cognitive World: The Next Step," *Phenomenology & the Cognitive Sciences* 1 （2008）.

［41］ Menary, R. , "Introduction to the Special Issue on 4E Cognition," *Phenomenology and the Cognitive Science* 9 （2010）.

［42］ Montague, M. , "Cognitive Phenomenology and Conscious Thought," *Phenomenology & the Cognitive Sciences* 2 （2016）.

［43］ Montague, M. , "Perception and Cognitive Phenomenology," *Philosophical Studies* 8 （2017）.

［44］ Nagataki, S. , Hirose, S. , "Phenomenology and the Third Generation of Cognitive Science: Towards a Cognitive Phenomenology of the Body," *Human Studies* 3 （2007）.

［45］ Noschka, M. , "Extended Cognition, Heidegger, and Pauline Post/Humanism," *Literature & Theology* 3 （2014）.

［46］ Okrent, M. , "Being-in-the-World: A Commentary on Heidegger's Being and Time, Division I. by Hubert L. Dreyfus," *Philosophy & Literature* 2 （1991）.

［47］ Tibbetts, Paul E. , Where does Cognition Occur: In One's Head or in One's Embodied Extended Environment?," *The Quarterly Review of Biology* 4 （2014）.

［48］ Pessoa, L. , "On the Relationship between Emotion and Cognition. Nat," *Nature Reviews Neuroscience* 2 （2008）.

［49］ Peters, M. E. , "Heidegger's Embodied Others: On Critiques of the Body and 'Intersubjectivity' in Being and Time," *Phenomenology & the Cognitive Sciences* 7 （2018）.

［50］Petitot, J. , Varela, F. J. , Pachoud, B. , et al. , "Naturalizing Phenomenology: Issues in Contemporary Phenomenology and Cognitive Science," Inquiry An Interdisciplinary Journal of Philosophy 2 (1999) .

［51］Phillips, J. , "The Hermeneutic Critique of Cognitive Psychology," *Philosophy Psychiatry & Psychology* 4 (1999) .

［52］Preston, B. , "Heidegger and Artificial Intelligence," *Philosophy & Phenomenological Research* 1 (1993) .

［53］Ramstead, M. J. D. , "Naturalizing What? Varieties of Naturalism and Transcendental Phenomenology," *Phenomenology & the Cognitive Sciences* 4 (2015) .

［54］Ratcliffe, M. , "Heidegger's Attunement and the Neuropsychology of Emotion," *Phenomenology and the Cognitive Sciences* 3 (2002) .

［55］Ratcliffe, M. , "The Feeling of Being," *Journal of Consciousness Studies* 8 (2005) .

［56］Rowlands, M. , "Sartre, Consciousness, and Intentionality," *Phenomenology & the Cognitive Sciences* 3 (2013) .

［57］Rupert, R. D. , "Challenges to the Hypothesis of Extended Cognition," *Journal of Philosophy* 101 (2004) .

［58］Schlosser, M. E. , "Embodied Cognition and Temporally Extended Agency," Synthese 195 (2018) .

［59］Seguna, J. A. , "Disability: An Embodied Reality (or Space) of Dasein," *Human Studies* 37 (2014) .

［60］Shim, M. K. , "Representationalism and Husserlian Phenomenology," *Husserl Studies* 3 (2011) .

［61］Slaby, J. , "Affective Intentionality and the Feeling Body," *Phenomenology and the Cognitive Sciences* 4 (2008) .

［62］Smith, D. W. , "Three Facets of Consciousness," *Axiomathes* 1 – 2 (2001) .

［63］Smithies, D. , "The Nature of Cognitive Phenomenology," *Philosophy Compass* 8 (2013) .

[64] Smithies, D. , "The Significance of Cognitive Phenomenology," *Philosophy Compass* 8 (2013) .

[65] Stafford, S. P. , Gregory, W. T. , "Heidegger's Phenomenology of Boredom, and the Scientific Investigation of Conscious Experience," *Phenomenology & the Cognitive Sciences* 2 (2006) .

[66] Steinberg, Jesse, Steinberg, Alan, "Disembodied Minds and the Problem of Identification and Individuation," *Philosophia* 35 (2007) .

[67] Steinert, S. , Bublitz, C. , "Doing Thing with Thoughts: Brain-Computer Interfaces and Disembodied Agency," *Philosophy and Technology* 32 (2019) .

[68] Stroh, K. M. , "Intersubjectivity of Dasein in Heidegger's Being and Time: How Authenticity Is a Return to Community," Human Studies 2 (2015) .

[69] Suarez, D. A. , "Dilemma for Heideggerian Cognitive Science," *Phenomenology & the Cognitive Sciences* 16 (2017) .

[70] Thoibisana, Akoijam, "Heidegger on the Notion of Dasein as Habited Body," *Indo-Pacific Journal of Phenomenology* 2 (2008) .

[71] Ulric Neisser, J. , "On the Use and Abuse of Dasein in Cognitive Science," *Monist* 2 (1999) .

[72] Vasterling, V. , "Heidegger's Hermeneutic Account of Cognition," *Phenomenology & the Cognitive Sciences* 4 (2015) .

[73] Walsh, P. J. , "Cognitive Extension, Enhancement, and the Phenomenology of Thinking," *Phenomenology and the Cognitive Sciences* 16 (2017) .

[74] Wehrle, M. , "Being a Body and Having a Body. The Twofold Temporality of Embodied Intentionality," *Phenomenology and the Cognitive Sciences* 19 (2020) .

[75] Weichold, M. , "Situated Agency: Towards an Affordance-based, Sensorimotor Theory of Action," *Phenomenology and Cognitive Science* 17 (2018) .

[76] Wheeler, M., "Cognition in Context: Phenomenology, Situated Robotics and the Frame Problem," *International Journal of Philosophical Studies* 3 (2008).

[77] Wheeler, M., "Science Friction: Phenomenology, Naturalism and Cognitive Science," *Royal Institute of Philosophy Supplement* 72 (2013).

[78] Whiting, D., "The Feeling Theory of Emotion and the Object-Directed Emotions," *European Journal of Philosophy* 2 (2011).

[79] Yoshimi, J., "Husserl's Theory of Belief and the Heideggerean Critique," *Husserl Studies* 2 (2009).

[80] Zahavi, Dan, "Phenomenology and the Project of Nnaturalization," *Phenomenology and the Cognitive Sciences* 3 (2004).

图书在版编目（CIP）数据

认知的存在论研究 / 王敬著. -- 北京：社会科学
文献出版社，2023.12（2025.3 重印）
　（认知哲学文库）
　ISBN 978 - 7 - 5228 - 2943 - 2

　Ⅰ. ①认…　Ⅱ. ①王…　Ⅲ. ①认知科学 - 科学哲学 -
研究　Ⅳ. ①B842.1

　中国国家版本馆 CIP 数据核字（2023）第 230648 号

认知哲学文库
认知的存在论研究

著　　者 / 王　敬

出 版 人 / 冀祥德
责任编辑 / 周　琼
文稿编辑 / 梅怡萍
责任印制 / 王京美

出　　版 / 社会科学文献出版社·马克思主义分社（010）59367126
　　　　　　地址：北京市北三环中路甲 29 号院华龙大厦　邮编：100029
　　　　　　网址：www.ssap.com.cn
发　　行 / 社会科学文献出版社（010）59367028
印　　装 / 唐山玺诚印务有限公司

规　　格 / 开 本：787mm × 1092mm　1/16
　　　　　　印 张：16.5　字 数：261 千字
版　　次 / 2023 年 12 月第 1 版　2025 年 3 月第 2 次印刷
书　　号 / ISBN 978 - 7 - 5228 - 2943 - 2
定　　价 / 89.00 元

读者服务电话：4008918866